冶金工业出版社

普通高等教育"十四五"规划教材

电气控制与 S7-1200 PLC 应用技术案例教程

主 编 郭利霞 汤 毅 黄 超
副主编 胡聪娟 苏盈盈 李正中

U0314172

北 京

冶金工业出版社

2024

内 容 提 要

本书从实际工程应用出发，以电气控制技术和西门子 S7-1200 系列 PLC 为背景，全面介绍了常用低压电器的基本类型、工作原理、主要用途，以及由低压电器构成的典型电气控制系统；以西门子 S7-1200 系列 PLC 为例，详细介绍了 PLC 的工作原理、控制技术以及 PLC 应用系统的设计方法等，突出科学性、实用性和可操作性。为了便于学习和教学，在书中编排了大量的实例，在每章后还附有适量的习题，以便于读者学习和掌握本章的内容。

本书可作为高等院校电气工程及自动化等专业的教材，也可作为电气、机电等领域的工程技术人员和管理人员的培训教材或参考书。

图书在版编目（CIP）数据

电气控制与 S7-1200 PLC 应用技术案例教程/郭利霞，汤毅，黄超主编. —北京：冶金工业出版社，2023.6（2024.8 重印）
普通高等教育"十四五"规划教材
ISBN 978-7-5024-9449-0

Ⅰ.①电…　Ⅱ.①郭…　②汤…　③黄…　Ⅲ.①电气控制—高等学校—教材　②PLC 技术—高等学校—教材　Ⅳ.①TM571.2　②TM571.61

中国国家版本馆 CIP 数据核字（2023）第 047220 号

电气控制与 S7-1200 PLC 应用技术案例教程

出版发行	冶金工业出版社	电　话	（010）64027926
地　址	北京市东城区嵩祝院北巷 39 号	邮　编	100009
网　址	www. mip1953. com	电子信箱	service@ mip1953. com

责任编辑　郭冬艳　美术编辑　吕欣童　版式设计　郑小利
责任校对　郑　娟　责任印制　窦　唯
北京印刷集团有限责任公司印刷
2023 年 6 月第 1 版，2024 年 8 月第 4 次印刷
787mm×1092mm　1/16；20 印张；487 千字；310 页
定价 55.00 元

投稿电话　（010）64027932　投稿信箱　tougao@cnmip. com. cn
营销中心电话　（010）64044283
冶金工业出版社天猫旗舰店　yjgycbs. tmall. com
（本书如有印装质量问题，本社营销中心负责退换）

前　言

电气控制与 PLC 应用技术是普通高等院校机电专业最重要的专业基础课程之一，随着科学技术的不断发展，电气控制与 PLC 应用技术在机械制造、冶金、化工、电力、建筑、交通运输等领域的应用越来越广泛。PLC 源于电气控制，是在电子技术、计算机技术、自动控制技术和通信技术发展的基础上产生的一种新型工业自动控制装置，具有工作可靠、功能丰富、使用方便、经济合理等一系列优点，不仅可以用于开关量控制、运动控制、过程控制，还可以用于联网通信。目前，PLC 技术已成为现代工业控制的重要技术之一。

本书立足于应用型本科教育的教学需求，从实际工程应用出发，以电气控制技术和西门子 S7-1200 系列 PLC 为背景，遵循"结合工程实际，突出技术应用"的编写思想，精选教材内容，突出应用，培养能力，充分体现教材的科学性、实用性和可操作性。

全书共分 8 章，第 1 章主要介绍了常用低压电器的基本类型、工作原理、用途、选用规则、图形和文字符号，电气控制线路的基本环节的控制线路分析；后 7 章介绍了 PLC 应用技术，以西门子 S7-1200 系列 PLC 为例，详细介绍了 PLC 的工作原理，西门子 S7-1200 系列 PLC 的硬件配置、指令系统，在此基础上结合工程实际，介绍了 S7-1200 PLC 的工艺功能及其使用方法、PLC 的通信及其应用。

此外，本书在内容阐述上力求简明扼要，层次清楚，图文并茂，通俗易懂；在结构安排上，循序渐进、由浅入深；在实例的选择上，强调实用性、可操作性和可选择性。

本书由重庆科技学院郭利霞老师、汤毅老师、黄超老师担任主编。编写分工为：第 1 章由李正中老师编写，第 2、3 章由郭利霞老师和苏盈盈老师编写，

第 4 章由黄超老师编写，第 5、6 章由郭利霞老师和重庆工程学院胡聪娟老师编写，第 7、8 章由汤毅老师编写。全书由郭利霞老师统稿。

由于编者水平有限，书中不当之处，恳请广大读者批评指正。

编　者

2022 年 7 月

目　　录

1 电气控制基础

【知识要点】

电器的定义、分类、表示方法；电磁式低压电器的结构和工作原理；开关电器、熔断器、主令电器、继电器、接触器的符号、作用、结构与工作原理、技术指标及选用方法；电气图的定义、分类、表示方法及读图方法；电气控制线路的典型环节；三相异步电动机的启动、调速及制动的电气原理图的分析与设计；绕线型异步电动机的启动、调速控制线路的分析与设计。

【学习目标】

了解电气控制技术的发展概况，电磁式电器的结构与原理，开关电器、熔断器及接触器、热继电器、主令电器、控制电器与保护电器的构造、原理及其符号应用，掌握这几种电器的动作原理、文字符号和图形符号；了解其技术参数，掌握选用方法，能识别电磁式电器和其他类型的电器；了解电气图的分类与特点、绘图规则、读图方法，掌握电气控制线路的基本规律，能灵活运用自锁、互锁电路和顺序控制电路设计一些典型控制电路；了解电动机直接启动的优点和缺点，掌握电动机降压启动的一般方法和原理、三种降压启动控制的主电路和控制电路的结构原理；了解三种降压启动控制线路的优缺点，三相异步电动机调速和制动的一般方法，三相异步电动机机械制动的原理和控制线路；掌握能耗制动和反接控制的控制线路的分析方法。

传统的继电器、接触器控制技术是近代先进电气控制的基础，并且至今仍被广泛应用。本章将从应用的角度出发，介绍常用低压电器的用途、基本结构、工作原理、主要参数和选用方法，并介绍由这些器件组成的电气控制基本线路的结构与工作原理。在此基础上，举例说明电气控制线路的阅读分析方法，本章内容是正确选择、合理使用电器和培养电气控制线路分析与设计基本能力的基础。

1.1 低压电器基础知识

1.1.1 低压电器概述

低压电器是指使用在交流额定电压 1200V、直流额定电压 1500V 及以下的电路中，根据外界施加的信号和要求，通过手动或自动方式，断续或连续地改变电路参数，以实现对电路或非电对象的切换、控制、检测、保护、变换和调节的电器。

低压电器广泛应用在工业、农业、交通、国防以及人们日常生活中，低压供电的输送、分配和保护是依靠刀开关、自动开关以及熔断器等低压电器来实现的。而低压电力的使用则是将电能转换为其他能量，其过程中的控制、调节和保护都是依靠各类接触器和继电器等低压电器来完成的。无论是低压供电系统还是控制生产过程的电力拖动控制系统，均是由用途不同的各类低压电器组成的。

1.1.1.1 低压电器的分类

低压电器的种类繁多，按其结构用途及所控制的对象不同，可以有不同的分类方式，常用的有以下三种分类方式。

（1）按用途和控制对象不同，可将低压电器分为配电电器和控制电器。

1）用于低压电力网的配电电器：这类电器包括刀开关、转换开关、空气断路器和熔断器等。对配电电器的主要技术要求是断流能力强、限流效果在系统发生故障时保护动作准确，工作可靠；有足够的热稳定性和动稳定性。

2）用于电力拖动及自动控制系统的控制电器：这类电器包括接触器、启动器和各种控制继电器等。对控制电器的主要技术要求是操作频率高、寿命长，有相应的转换能力。

3）主令电器：用于自动控制系统中分送控制指令的电器，如控制按钮、主令开关、行程开关等。

4）保护电器：用于保护电路及电气设备的电器，如熔断器、热继电器、断路器、避雷器等。

5）执行电器：用于完成某种动作或传动功能的电器，如电磁铁、电磁阀、电磁离合器等。

（2）按操作方式不同，可将低压电器分为自动电器和手动电器。

1）自动电器：通过电磁（或压缩空气）操作来完成接通、分断、启动、反向和停止等动作的电器称为自动电器，常用的自动电器有接触器、继电器等。

2）手动电器：通过人力做功直接操作来完成接通、分断、启动、反向和停止等动作的电器称为手动电器，常用的手动电器有刀开关、转换开关和主令电器等。

（3）按工作原理可分为非电量控制电器和电磁式电器。

1）非电量控制电器：电器的工作是靠外力或某种非电物理量的变化而动作的电器，如行程开关、按钮、速度继电器、压力继电器和温度继电器等。

2）电磁式电器：根据电磁感应原理来工作的电器，如接触器、各类电磁式继电器等。电磁式电器在低压电器中占有十分重要的地位，在电气控制系统中应用最为普遍。

1.1.1.2 低压电器的基本用途

电器是构成控制系统的最基本元件，它的性能将直接影响控制系统能否正常工作。电器能够依据操作信号或外界现场信号的要求，自动或手动地改变系统的状态、参数，实现对电路或被控对象的控制、保护、测量、指示、调节。它的工作过程是将一些电量信号或非电信号转变为非通即断的开关信号或随信号变化的模拟量信号，实现对被控对象的控制。电器有以下主要作用。

（1）控制作用：如电梯的上下移动、快慢速自动切换与自动停层等。

（2）保护作用：能根据设备的特点，对设备、环境以及人身安全实行自动保护，如电动机的过热保护、电网的短路保护、漏电保护等。

（3）测量作用：利用仪表及与之相适应的电器，对设备、电网或其他非电参数进行测量，如电流、电压、功率、转速、温度、压力等。

（4）调节作用：低压电器可对一些电量和非电量进行调整，以满足用户的要求，如电动机速度的调节、柴油机油门的调整、房间温度和湿度的调节、光照度的自动调节等。

（5）指示作用：利用电器的控制、保护等功能，显示检测出设备的运行状况与电气电路工作情况。

（6）转换作用：在用电设备之间转换或对低压电器、控制电路分时投入运行，以实现功能切换，如被控装置操作的手动与自动的转换、供电系统的市电与自备电源的切换等。

当然，电器的作用远不止这些，随着科学技术的发展，新功能、新设备会不断出现。

1.1.1.3　低压电器的全型号表示法及代号含义

为了生产、销售、管理和使用方便，我国对各种低压电器都按规定编制型号，即由类别代号、组别代号、设计代号、基本规格代号和辅助规格代号几部分构成低压电器的全型号。每一级代号后面可根据需要加设派生代号。产品全型号的含义如图 1-1 所示。

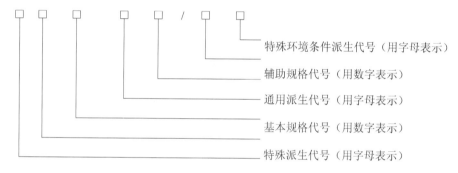

图 1-1　低压电器全型号的含义

低压电器全型号各部分必须使用规定的符号或数字表示，其含义为以下几种。

（1）类组代号：包括类别代号和组别代号，用汉语拼音字母表示，代表低压电器元件所属的类别，以及在同一类电器中所属的组别。

（2）设计代号：用数字表示，表示同类低压电器元件的不同设计序列。

（3）基本规格代号：用数字表示，表示同一系列产品中不同的规格品种。

（4）辅助规格代号：用数字表示，表示同一系列、同一规格产品中有某种区别的不同产品。

其中，类组代号与设计代号的组合表示产品的系列，一般称为电器的系列号。同一系列电器元件的用途、工作原理和结构基本相同，而规格、容量则根据需要可以有许多种。

例如：JR16 是热继电器的系列号，同属这一系列热继电器的结构、工作原理都相同；但其热元件的额定电流从零点几安培到几十安培，有十几种规格。其中辅助规格代号为3D 的有 3 相热元件，装有差动式断相保护装置，因此能对三相异步电动机有过载和断相保护功能。

1.1.1.4　低压电器的主要技术指标

为保证电器设备安全可靠地工作，国家对低压电器的设计、制造规定了严格的标准，合格的电器产品具有国家标准规定的技术要求。我们在使用电器元件时，必须按照产品说明书中规定的技术条件选用。低压电器的主要技术指标有以下几项。

（1）绝缘强度：是指电器元件的触头处于分断状态时，动静触头之间耐受的电压值（无击穿或闪络现象）。

（2）耐潮湿性能：是指保证电器可靠工作的允许环境潮湿条件。

（3）极限允许温升：电器的导电部件，通过电流时将引起发热和温升，极限允许温升是指为防止过度氧化和烧熔而规定的最高温升值（温升值＝测得实际温度−环境温度）。

（4）操作频率：电器元件在单位时间（1h）内允许操作的最高次数。

（5）寿命：电器的寿命包括电寿命和机械寿命两项指标。电寿命：电器元件的触头在规定的电路条件下，正常操作额定负荷电流的总次数。机械寿命：电器元件在规定使用条件下，正常操作的总次数。

1.1.1.5　低压电器的结构要求

低压电器产品的种类多、数量大，用途极为广泛。为了保证不同产地、不同企业生产的低压电器产品的规格、性能和质量一致，通用和互换性好，低压电器的设计和制造必须严格按照国家的有关标准，尤其是基本系列的各类开关电器必须保证执行三化（标准化、系列化、通用化），四统一（型号规格、技术条件、外形及安装尺寸、易损零部件统一）的原则。我们在购置和选用低压电器元件时，也要特别注意检查其结构是否符合标准，防止给今后的运行和维修工作留下隐患和麻烦。

1.1.2　电磁式低压电器的结构和工作原理

低压电器一般都有两个基本组成部分，即检测部分和执行部分。检测部分接受外界输入的信号，通过转换、放大与判断做出一定的反应，使执行部分动作，输出相应的指令，实现控制的目的。对于有触点的电磁式电器，检测部分是电磁机构，执行部分是触头系统。

1.1.2.1　电磁机构

电磁机构由吸引线圈、铁芯和衔铁组成，其结构形式按衔铁的运动方式可分为直动式和拍合式。图 1-2 是直动式和拍合式电磁机构的常用结构形式，图 1-2（a）为衔铁沿棱角转动的拍合式铁芯，这种形式广泛用于直流电器中；图 1-2（b）为衔铁沿轴转动的拍合式铁芯，为拍合式电磁机构，这种结构多用于触头容量较大的交流电器以及直流电器中；图 1-2（c）为衔铁沿直线运动的双 E 形直动式铁芯，多用于交流接触器、继电器中。

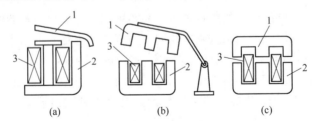

图 1-2　常见的电磁机构
（a）衔铁沿棱角转动的拍合式铁芯；（b）衔铁沿轴转动的拍合式铁芯；
（c）衔铁沿直线运动的双 E 形直动式铁芯
1—衔铁；2—铁芯；3—吸引线圈

吸引线圈的作用是将电能转换为磁能，即产生磁通，衔铁在电磁吸力作用下产生机械位移使铁芯吸合。根据线圈在电路中的连接方式可分为串联线圈（电流线圈）和并联线圈（电压线圈）。串联（电流）线圈串接在线路中，流过的电流大，为减少对电路的影响，线圈的导线粗、匝数少，线圈的阻抗较小。并联（电压）线圈并联在线路上，为减少分流作用，降低对原电路的影响，需要较大的阻抗，因此线圈的导线细且匝数多。

A 直流电磁铁和交流电磁铁

按吸引线圈所通电流性质的不同，电磁铁可分为直流电磁铁和交流电磁铁。

直流电磁铁由于通入的是直流电，其铁芯不发热，只有线圈发热，因此，线圈与铁芯接触以利散热，线圈做成无骨架、高而薄的瘦高型，以改善线圈自身散热。铁芯和衔铁由软钢和工程纯铁制成。

交流电磁铁由于通入的是交流电，铁芯中存在磁滞损耗和涡流损耗，这样线圈和铁芯都发热，所以交流电磁铁的吸引线圈设有骨架，使铁芯与线圈隔离并将线圈制成短而厚的矮胖型，这样做有利于铁芯和线圈的散热。铁芯用硅钢片叠加而成，以减小涡流损耗。

电磁铁工作时，线圈产生的磁通作用于衔铁，产生电磁吸力，并使衔铁产生机械位移。衔铁在复位弹簧的作用下复位，衔铁回到原位。因此，作用在衔铁上的力有两个：电磁吸力与弹簧反力。电磁吸力由电磁机构产生，弹簧反力则由复位弹簧和触头弹簧所产生。铁芯吸合时要求电磁吸力大于弹簧反力，即衔铁位移的方向与电磁吸力方向相同；衔铁复位时要求弹簧反力大于电磁吸力。

电磁铁的电磁吸力公式为：

$$F_{at} = 4B^2 S \times 10^5 \tag{1-1}$$

式中　　F_{at} ——电磁吸力，N；

　　　　B ——气隙磁感应强度，T；

　　　　S ——磁极截面积，m^2。

当线圈中通以直流电时，B 不变，F_{at} 为恒值。当线圈中通以交流电时，磁感应强度为交变量，即

$$B = B_m \sin\omega t \tag{1-2}$$

将式（1-2）代入式（1-1）整理得：

$$\begin{aligned}
F_{at} &= 4 B^2 S \times 10^5 \\
&= 4S \times 10^5 B_m^2 \sin^2\omega t \\
&= 2B_m^2 S \times 10^5 (1 - \cos2\omega t) \\
&= \frac{F_{atm}}{2}(1 - \cos2\omega t)
\end{aligned} \tag{1-3}$$

式中，F_{atm} 为电磁吸力最大值，$F_{atm} = 4B^2 S \times 10^5$，$F_0$ 为电磁吸力平均值，$F_0 = \dfrac{F_{atm}}{2}$。由式（1-3）可知：交流电磁铁的电磁吸力在 0（最小值）～ F_{atm}（最大值）之间变化，其吸力曲线如图 1-3 所示。在一个周期内，当电磁吸力的瞬时值大于弹簧反力时，铁芯吸合；当电磁吸力 F_{at} 的瞬时值小于反力 F 时，铁芯释放。所以电源电压变化一个周期，电磁铁吸合两次、释放两次，使电磁机构产生剧烈的振动和噪音，因而不能正常工作。

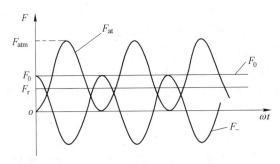

图 1-3　交流电磁铁吸力变化情况

B　短路环的作用

为了消除交流电磁铁产生的振动和噪音，在铁芯的端面开一小槽，在槽内嵌入铜制短路环，如图 1-4 所示。加上短路环后，磁通被分成大小相近、相位相差约 90° 电角度的两相磁通 Φ_1 和 Φ_2，因此两相磁通不会同时为零。由于电磁吸力与磁通的平方成正比，所以由两相磁通产生的合成电磁吸力较为平坦，在电磁铁通电期间电磁吸力始终大于反力，使铁芯牢牢吸合，这样就消除了振动和噪音。

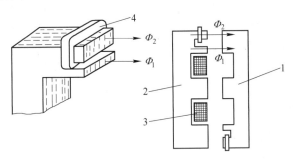

图 1-4　交流电磁铁的短路环
1—衔铁；2—铁芯；3—线圈；4—短路环

1.1.2.2　触头系统

触头是电磁式电器的执行部分，电器就是通过触头的动作来分合被控制的电路。触头在闭合状态下动、静触点完全接触，并有工作电流通过时，称为电接触。电接触的情况将影响触头的工作可靠性和使用寿命。影响电接触工作情况的主要因素是触头的接触电阻，接触电阻大时，易使触头发热而温度升高，从而易使触头产生熔焊现象，这样既影响工作可靠性又降低了触头的寿命。触头的接触电阻不仅与触头的接触形式有关，而且还与接触压力、触头材料及表面状况有关。

触头主要有两种结构方式：桥式触头和指形触头，如图 1-5 所示。

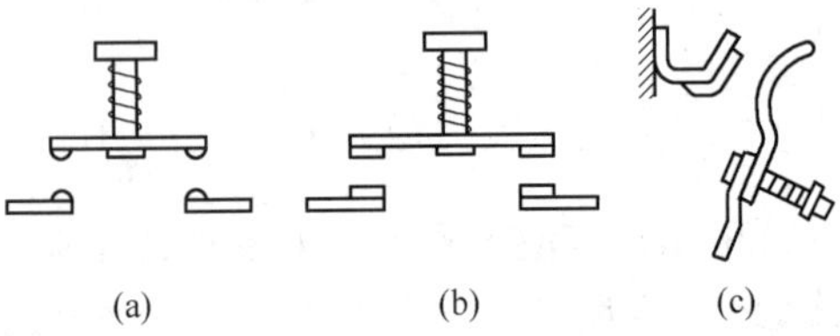

触点的接触形式有点接触、线接触和面接触三种，如图 1-6 所示。

当动、静触点闭合后，不可能是全部紧密地接触。从微观来看，只是在一些突出的

图 1-5　触头的结构形式
（a）（b）桥式触头；（c）指形触头

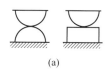

(a)　　　　　　　　(b)　　　　　　　(c)

图 1-6　触点的接触形式

（a）点接触；（b）线接触；（c）面接触

凸起点存在着有效接触，从而造成了从一个导体到另外一个导体的过渡区域。在过渡区域里，电流只通过一些相接触的凸起点，因而使这个区域的电流密度大大增加。另外，由于只是一些凸起点相接触，使有效导电面积减少，因此该区域的电阻远远大于金属导体的电阻。这种由于动、静触点闭合时在过渡区域所形成的电阻，称为接触电阻。由于接触电阻的存在，不仅会造成一定的电压损失，还会使铜耗增加，造成触点温升超过允许值。这样，触点在较高的温度下很容易产生熔焊现象而使触点工作不可靠，因此，在实际中应采取相应措施减少接触电阻、限制触头的温升。

1.1.2.3　电弧与灭弧方法

触点在通电状态下动、静触点脱离接触时，由于电场的存在，使触点表面的自由电子大量溢出而产生电弧。电弧的存在既烧损触点金属表面，降低电器的寿命，又延长了电路的分断时间，所以必须采取一定的措施使电弧迅速熄灭。

常用的灭弧方法有增大电弧长度、冷却弧柱、把电弧分成若干短弧等，灭弧装置就是根据这些原理设计的。

（1）电动力灭弧。电动力灭弧如图 1-7 所示，桥式触点在分断时本身就具有电动力灭弧功能。当触头打开时，在断口中产生电弧，同时也产生如图 1-7 所示的磁场。根据左手定则，电弧电流要受到一个指向外侧的力 F 的作用，使其向外运动并拉长，迅速离开触头而熄灭，这种灭弧方法多用于小容量交流接触器中。

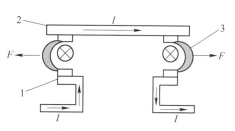

图 1-7　电动力灭弧示意图

1—静触头；2—动触头；3—电弧

（2）磁吹灭弧。在触点电路中串入吹弧线圈，如图 1-8 所示。该线圈产生的磁场由导磁夹板引向触点周围，其方向由右手定则确定（见图 1-8），触点间的电弧所产生的磁场，其方向为 ⊙ 和 ⊗。这两个磁场在电弧下方方向相同（叠加），在弧柱上方方向相反（相减），所以弧柱下方的磁场强于上方的磁场。在下方磁场作用下，电弧受力的方向为 F 所指的方向，在 F 的作用下电弧被吹离触点，经引弧角引进灭弧罩，使电弧熄灭。

（3）栅片灭弧。灭弧栅是一组薄铜片，它们彼此间相互绝缘，如图 1-9 所示。当电弧进入栅片时被分割成一段段串联的短弧，而栅片就是这些短弧的电极。每两片灭弧片之间都有 150~250V 的绝缘强度，使整个灭弧栅的绝缘强度大大加强，以致外加电压无法维持，电弧迅速熄灭。此外，栅片还能吸收电弧热量，使电弧迅速冷却。基于上述原因，电弧进入栅片后就会很快熄灭。由于栅片灭弧装置的灭弧效果在交流时要比直流时强得多，因此在交流电器中常采用栅片灭弧。

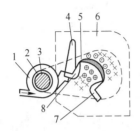

图 1-8　磁吹灭弧示意图

1—磁吹线圈；2—绝缘套；3—铁芯；4—引弧角；
5—导磁夹板；6—灭弧罩；7—动触点；8—静触点

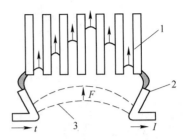

图 1-9　栅片灭弧示意图

1—灭弧栅片；2—触点；3—电弧

1.2　常用低压电器

常用低压电器主要有低压配电器、低压控制电器、主令电器等几类，下面对这几类电器的用途、基本结构、主要类型与产品型号、图形和文字符号，以及使用和选用的注意事项作简要介绍。

1.2.1　低压配电电器

低压配电电器是指正常或事故状态下接通和断开用电设备和供电电网所用的电器，广泛用于电力配电系统，实现电能的输送和分配以及系统的保护。这类电器一般不经常操作，机械寿命的要求比较低，但要求动作准确迅速、工作可靠、分断能力强，操作过电压低、保护性能完善，动作稳定和热稳定性高。常用的低压配电电器包括开关电器和保护电器等。

1.2.1.1　刀开关

刀开关是低压配电电器中结构最简单、应用最广泛的电器，主要用在低压成套配电装置中，作为不频繁地手动接通和分断交直流电路或作隔离开关用；也可以用于不频繁地接通与分断额定电流 15A 以下的负载，如小型电动机等。

A　刀开关的结构

刀开关的典型结构如图 1-10 所示，它由手柄、触刀、静插座和底板组成。

刀开关按极数分为单极、双极和三极；按操作方式分为直接手柄操作式、杠杆操作机构式和电动操作机构式；按刀开关转换方向可分为单投和双投等。

B　常用的刀开关

目前常用的刀开关型号有 HD（单投）和 HS（双投）等系列。其中，HD 系列刀开关按现行新标准应该称为 HD 系列刀形隔离器，而 HS 系列称为双投刀形转换开关。在 HD 系列中，HD11、HD12、HD13、HD14 为老型号，HD17 系列为新型号，产品结构基本相同，功能相同。

HD 系列刀开关、HS 系列刀形转换开关，主要用于交流 380V、50Hz 电力网路中作电源隔离或电流转换之用，是电力网路中必不可少的电器元件，常用于各种低压配电柜、配电箱、照明箱中。当电源进入时首先是接刀开关，之后再接熔断器、断路器、接触器等其他电器元件，以满足各种配电柜、配电箱的功能要求。当其以下的电器元件或线路中出现故障时，切断隔离电源就靠它来实现，以便对设备、电器元件的修理更换。HS 刀形转换开关，主要用于转换电源，即当一路电源不能供电，需要另一路电源供电时就由它来进行转换，当转换开关处于中间位置时可以起隔离作用。

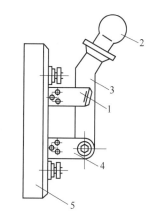

图 1-10　刀开关典型结构

1—静插座；2—手柄；3—触刀；
4—铰链支座；5—绝缘底板

刀开关的型号及其含义如图 1-11 所示。

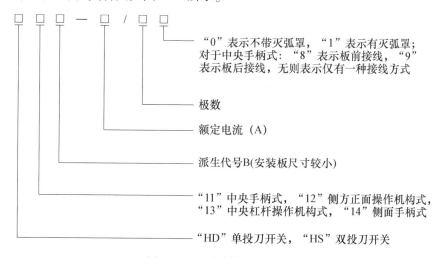

图 1-11　刀开关的型号及其含义

HD17 系列刀开关的主要技术参数见表 1-1。为了使用方便和减少体积，在刀开关上安装熔丝或熔断器，组成兼有通断电路和保护作用的开关电器，如胶盖刀开关、熔断器式刀开关等。

表 1-1　HD17 系列刀开关的主要技术参数

额定电流 /A	通断能力			在 AC 380V 和 60% 额定电流时，刀开关的电气寿命/次	电动稳定性 电流峰值/kA	1s 热稳定性 电流/kA
	交流电 (AC) 380V, $\cos\phi=0.72\sim0.80$	直流电（DC）				
		220V	440V			
		$T=0.01\sim0.011$s				
200	200	200	100	1000	30	10
400	400	400	200	1000	40	20
600	600	600	300	500	50	25
1000	1000	1000	500	500	60	30
1500	—	—	—	—	80	40

为了使用方便和减少体积，在刀开关上安装熔丝或熔断器，组成兼有通断电路和保护作用的开关电器，如胶盖刀开关、熔断器式刀开关等。

C　刀开关的选用及图形、文字符号

刀开关的额定电压应等于或大于电路额定电压。其额定电流应等于（在开启和通风良好的场合）或稍大于（在封闭的开关柜内或散热条件较差的工作场合，一般选 1.15 倍）电路工作电流。在开关柜内使用还应考虑操作方式，如杠杆操作机构、旋转式操作机构等。当用刀开关控制电动机时，其额定电流要大于电动机额定电流的 3 倍。

使用刀开关时应注意：安装时应使手柄向上，不得倒装或平装，避免由于重力自动下落引起的误动作合闸。接线时应将电源线接在上端，负载线接在下端，这样在拉闸后刀片与电源隔离，可防止意外事故。

刀开关的图形符号及文字符号如图 1-12 所示。

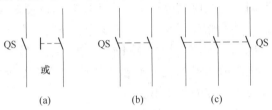

图 1-12　刀开关的图形符号及文字符号

（a）单极；（b）双极；（c）三极

1.2.1.2　低压断路器

低压断路器又称为自动空气开关或自动空气断路器，主要用于低压动力线路中。它相当于刀开关、熔断器、热继电器和欠压继电器的组合，不仅可以接通和分断正常负荷电流和过负荷电流，还可以分断短路电流。低压断路器可以手动直接操作和电动操作，也可以远距离遥控操作。

A　低压断路器的工作原理

低压断路器主要由触点系统、操作机构和保护元件三部分组成。主触点由耐弧合金制成，采用灭弧栅片灭弧；操作机构较复杂，其通断可用操作手柄操作，也可用电磁机构操作，故障时自动脱扣，触点通断瞬时动作与手柄操作速度无关。其工作原理如图 1-13 所示。

断路器的主触点 2 是靠操作机构手动或电动合闸的，并由自动脱扣机构将主触点锁在合闸位置上。如果电路发生故障，自动脱扣机构在有关脱扣器的推动下动作，

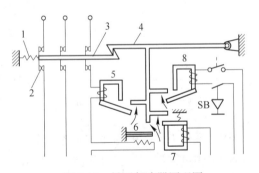

图 1-13　低压断路器原理图

1—分闸弹簧；2—主触点；3—传动杆；
4—锁扣；5—过电流脱扣器；
6—过载脱扣器；7—失压脱扣器；8—分励脱扣器

使锁扣脱开，于是主触点在弹簧的作用下迅速分断。过电流脱扣器 5 的线圈和过载脱扣器 6 的线圈与主电路串联，失压脱扣器 7 的线圈与主电路并联，当电路发生短路或严重过载时，过电流脱扣器的衔铁被吸合，使自动脱扣机构动作；当电路过载时，过载脱扣器的热元件产生的热量增加，使双金属片向上弯曲，推动自动脱扣机构动作；当电路失压时，失压脱扣器的衔铁释放，也使自动脱扣机构动作。分励脱扣器 8 则作为远距离分断电路使用，根据操作人员的命令或其他信号使线圈通电，从而使断路器跳闸。断路器根据不同用

途可配备不同的脱扣器。

B 低压断路器的主要技术参数和典型产品介绍

a 低压断路器的主要技术参数

（1）额定电压。断路器的额定工作电压在数值上取决于电网的额定电压等级，我国电网标准规定为 AC220V、380V、660V 及1140V，DC 220V、440V 等。应该指出，同一断路器可以规定在几种额定工作电压下使用，但相应的通断能力并不相同。

（2）额定电流。断路器的额定电流就是过电流脱扣器的额定电流，一般是指断路器的额定持续电流。

（3）通断能力。开关电器在规定的条件下（电压、频率及交流电路的功率因数和直流电路的时间常数），能在给定的电压下接通和分断的最大电流值，也称为额定短路通断能力。

（4）分断时间。分断时间是指切断故障电流所需的时间，它包括固有的断开时间和燃弧时间。

b 低压断路器典型产品介绍

低压断路器按其结构特点可分为框架式低压断路器和塑料外壳式低压断路器两大类。

（1）框架式低压断路器。框架式低压断路器又称为万能式低压断路器，主要用于40~100kW 电动机回路的不频繁全压启动，并起短路、过载、失压保护作用。其操作方式有手动、杠杆、电磁铁和电动机操作四种。额定电压一般为 380V，额定电流有 200~4000A 若干种。常见的框架式低压断路器有 DW 系列等。

（2）塑料外壳式低压断路器。塑料外壳式低压断路器又称为装置式低压断路器或塑壳式低压断路器，一般用作配电线路的保护开关，以及电动机和照明线路的控制开关等。

塑料外壳式断路器有一绝缘塑料外壳，触点系统、灭弧室及脱扣器等均安装于外壳内，而手动扳把露在正面壳外，可手动或电动分合闸，它也有较高的分断能力、动稳定性以及比较完善的选择性保护功能。我国目前生产的塑壳式断路器有 DZ5、DZ10、DZX10、DZ12、DZ15、DZX19、DZ20 及 DZ108 等系列产品，DZ108 为引进德国西门子公司 3VE 系列塑壳式断路器技术而生产的产品。

常见的 DZ20 系列塑壳式低压断路器的型号意义及技术参数如图 1-14 所示。

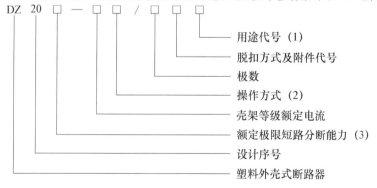

图 1-14　DZ20 系列塑壳式断路器的型号意义及技术参数

1—配电用无代号：保护电动机用以"2"表示；

2—手柄直接操作无代号：电动机操作用"P"表示，转动手柄用"Z"表示；

3—按额定极限短路分断能力高低分为：Y 为一般型、G 为最高型、S 为四极型、J 为较高型、C 为经济型

DZ20 系列塑料外壳式断路器的主要技术参数列于表 1-2 中。

表 1-2　DZ20 系列塑料外壳式断路器的主要技术参数

型号	额定工作电压/V	壳架额定电流/A	断路器额定电流 I_N/A	瞬时脱扣器整定电流倍数
DZ20Y-100	约 380（400）	100	16，20，25，32，40，50，63，80，100	配电用 $10I_N$，保护电动机用 $12I_N$
DZ20J-100				
DZ20G-100				
DZ20Y-225		225	100，125，160，180，200，225	配电用 $5I_N$、$10I_N$，保护电动机用 $12I_N$
DZ20J-225				
DZ20G-225				
DZ20Y-400		400	250，315，350，400	配电用 $10I_N$，保护电动机用 $12I_N$
DZ20J-400				
DZ20G-400				
DZ20Y-630		630	400，500，630	配电用 $5I_N$，$10I_N$
DZ20J-630				

断路器的图形符号及文字符号如图 1-15 所示。

C　低压断路器的选用

（1）断路器的额定工作电压应大于或等于线路或设备的额定工作电压。对于配电电路来说应注意区别是电源端保护还是负载端保护，电源端电压比负载端电压高出 5% 左右。

图 1-15　断路器的图形符号及文字符号

（2）断路器主电路额定工作电流大于或等于负载工作电流。

（3）断路器的过载脱扣整定电流应等于负载工作电流。

（4）断路器的额定通断能力应大于或等于电路的最大短电流。

（5）断路器的欠电压脱扣器额定电压等于主电路额定电压。

（6）断路器类型的选择，应根据电路的额定电流及保护的要求来选用。

1.2.1.3　漏电保护断路器

漏电保护断路器是一种安全保护电器，在电路中作为触电或漏电保护之用。在电路或设备出现对地漏电或人身触电时，能迅速自动断开电路，有效保护人身和线路安全。

A　漏电保护断路器的结构与工作原理

（1）结构：电磁式电流型漏电保护器由开关装置、试验回路、电磁式漏电脱扣器和零序电流互感器组成。

（2）工作原理：电磁式漏电保护器的工作原理如图 1-16 所示。

当电网正常运行时，不论三相负载是否平衡，通过零序电流互感器主电路的三相电流的相量和等于零，因此其二次绕组中无感应电动势，漏电保护器也工作于闭合状态。一旦电网中发生漏电或触电事故，上述三相电流的相量和不再等于零，因为有漏电或触电电流通过人体和大地而返回变压器中性点。于是，互感器二次绕组中便产生感应电压加到漏电脱扣器上。当达到额定漏电动作电流时，漏电脱扣器就动作，推动开关装置的锁扣，使开关打开，分断主电路。

由于漏电保护器以漏电电流或由此产生的中性点对地电压变化为动作信号，所以不必用电流值来整定动作值，所以灵敏度高，动作后能有效地切断电源，保障人身安全。

B　漏电保护器的型号及技术数据

漏电保护器有单相式和三相式等形式。单相式的主要产品有 DZL18-20 型，三相式有 DZ15L、DZ47L、DS250M 等。漏电保护器的额定漏电动作电流为 30~100mA，漏电脱扣器动作时间小于 0.1s。表 1-3 为 DZ15L 系列漏电保护器的技术数据。

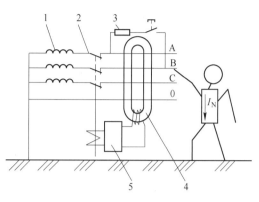

图 1-16　电磁脱扣型漏电保护器原理图
1—电源变压器；2—主开关；3—试验回路；
4—零序电流互感器；5—电磁式漏电脱扣器

表 1-3　DZ15L 系列漏电保护器的技术数据

额定电压 /V	额定频率 /Hz	额定电流 /A	极数	过电流脱扣器额定电流 I_N/mA	额定漏电动作电流/mA	额定漏电不动作电流/mA	额定漏电动作时间/s
约 380	50~60	40	3	6，10，16，20，25，40	30	15	<0.1
					50	25	
					75	40	
			4	40	50	25	
					75	40	
					100	50	
		63（100）	3	10，16，25，32，40，50，63，80，100	50	25	
					75	40	
					100	50	
			4	10，16，25，32，40，50，63，80，100	50	25	
					75	40	
					100	50	

C　漏电保护器的使用方法

漏电保护器接入电路时，应接在电表和熔断器后面，安装时应按开关规定的标志接线。接线完毕后应按下试验按钮，检查保护断路器是否可靠动作。漏电保护器投入使用后，应定期检查，一般每月需在合闸通电状态下按下试验按钮一次，检查漏电保护器是否正常工作，以确保其安全性。

漏电保护器按脱扣方式不同分为电子式与电磁式两类：

（1）电磁脱扣型漏电保护器，以电磁脱扣器作为中间机构，当发生漏电电流时使机构脱扣断开电源。这种保护器缺点是：成本高、制作工艺要求复杂；优点是：电磁元件抗干扰性强和抗冲击（过电流和过电压的冲击）能力强，不需要辅助电源，零电压和断相后的漏电特性不变。

（2）电子式漏电保护器，以晶体管放大器作为中间机构，当发生漏电时由放大器放大后传给继电器，由继电器控制开关使其断开电源。这种保护器优点是：灵敏度高（可到 5mA），整定误差小，制作工艺简单、成本低；缺点是：晶体管承受冲击能力较弱、抗环境干扰差，需要辅助工作电源（电子放大器一般需要十几伏的直流电源），使漏电特性受工作电压波动的影响，当主电路缺相时保护器会失去保护功能。

目前市场上的漏电保护开关有以下几种常用的功能：

（1）仅具有漏电保护断电功能，使用时必须与熔断器、热继电器、过流继电器等保护元件配合；

（2）同时具有过载保护功能；

（3）同时具有过载、短路保护功能；

（4）同时具有短路保护功能；

（5）同时具有短路、过负荷、漏电、过压、欠压保护功能。

1.2.1.4　低压熔断器

低压熔断器是一种广泛应用的简单有效的保护电器，在电路中用于过载与短路保护，具有结构简单、体积小、重量轻、使用维护方便、价格低廉等优点。熔断器的主体是低熔点金属丝或金属薄片制成的熔体，串联在被保护的电路中。在正常情况下，熔体相当于一根导线，当发生短路或过载时电流很大，熔体因过热熔化而切断电路。

A　熔断器的结构和工作原理

熔断器主要由熔体（俗称保险丝）和安装熔体的熔管（或熔座）组成。熔体是熔断器的主要部分，其材料一般由熔点较低、电阻率较高的金属材料（如铝锑合金丝、铅锡合金丝和铜丝）制成。熔管是装熔体的外壳，由陶瓷、绝缘钢纸或玻璃纤维制成，在熔体熔断时兼有灭弧作用。

熔断器的熔体与被保护的电路串联，当电路正常工作时，熔体允许通过一定大小的电流而不会熔断。当电路发生短路或严重过载时，熔体中流过很大的故障电流，当电流产生的热量达到熔体的熔点时，熔体熔断切断电路，从而达到保护电路的目的。

电流流过熔体时产生的热量与电流的平方和电流通过的时间成正比，因此，电流越大，则熔体熔断的时间越短。这一特性称为熔断器的保护特性（或安秒特性），如图 1-17 所示。

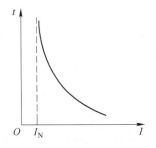

图 1-17　熔断器的保护特性

熔断器的安秒特性为反时限特性，即短路电流越大，熔断时间越短，这样就能满足短路保护的要求。由于熔断器对过载反应不灵敏，因此不宜用于过载保护，主要用于短路保护。表 1-4 示出了某熔体安秒特性的数值关系。

表 1-4　常用熔体的安秒特性

熔体通过电流/A	$1.25I_N$	$1.6I_N$	$1.8I_N$	$2.0I_N$	$2.5I_N$	$3I_N$	$4I_N$	$8I_N$
熔断时间/s	∞	3600	1200	40	8	4.5	2.5	1

B　熔断器的分类

熔断器的类型很多，按结构形式可分为瓷插式熔断器、螺旋式熔断器、封闭管式熔断器、快速熔断器和自复式熔断器等。

（1）插入式熔断器。常用的插入式熔断器有 RC1A 系列，其结构如图 1-18 所示，它由瓷盖、瓷座、触头和熔丝 4 部分组成。由于其结构简单、价格便宜、更换熔体方便，因此广泛应用于 380V 及以下的配电线路末端作为电力、照明负荷的短路保护。

（2）螺旋式熔断器。常用的螺旋式熔断器是 RL1 系列，其外形与结构如图 1-19 所示，由瓷座、瓷帽和熔断管组成。熔断管上有一个标有颜色的熔断指示器，当熔体熔断时熔断指示器会自动脱落，显示熔丝已熔断。

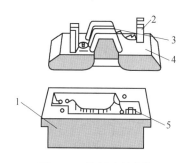

图 1-18　瓷插式熔断器
1—瓷底座；2—动触点；3—熔体；
4—瓷插件；5—静触点

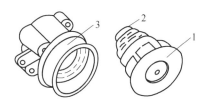

图 1-19　螺旋式熔断器
1—瓷帽；2—熔芯；3—底座

在装接使用时，电源线应接在下接线座，负载线应接在上接线座，这样在更换熔断管时（旋出瓷帽），金属螺纹壳的上接线座便不会带电，保证维修者安全，它多用于机床配线中作短路保护。

（3）封闭管式熔断器。

封闭管式熔断器主要用于负载电流较大的电力网络或配电系统中，熔体采用封闭式结构，一是可防止电弧的飞出和熔化金属的滴出；二是在熔断过程中，封闭管内将产生大量的气体，使管内压力升高，从而使电弧因受到剧烈压缩而很快熄灭。封闭式熔断器包括无填料式和有填料式两种，常用的型号有 RM10 系列、RT0 系列。

（4）快速熔断器。快速熔断器是在 RL1 系列螺旋式熔断器的基础上，为保护可控硅半导体元件而设计的，其结构与 RL1 完全相同。常用的型号有 RLS 系列、RS0 系列等，RLS 系列主要用于小容量可控硅元件及其成套装置的短路保护；RS0 系列主要用于大容量晶闸管元件的短路保护。

（5）自复式熔断器。RZ1 型自复式熔断器是一种新型熔断器，其结构如图 1-20 所示，它采用金属钠作熔体。在常温下，钠的电阻很小，允许通过正常工作电流。当电路发生短路时，短路电流产生高温使钠迅速气化，气态钠电阻变得很高，从而限制了短路电流。当故障消除时，温度下降，气态钠又变为固态钠，恢复其良好的导电性。其优点是动作快，能重复使用，无需备用熔体；缺点是不能真正分断电路，只能利用高阻闭塞电路，故常与自动开关串联使用，以提高组合分断性能。

C　熔断器的选择

在选用熔断器时，应根据被保护电路的需要，首先确定熔断器的形式，然后选择熔体的规格，再根据熔体确定熔断器的规格。

（1）熔断器类型的选择。选择熔断器的类型时，主要根据线路要求、使用场合、安装条件、负载要求的保护特性和短路电流的大小等来进行。电网配电一般用管式熔断器；电动机

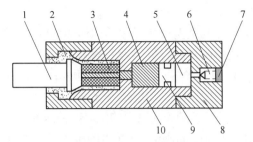

图 1-20　自复式熔断器结构

1—进线端子；2—特殊玻璃；3—瓷芯；4—熔体；5—氩气；
6—螺钉；7—软铅；8—出线端子；9—活塞；10—套管

保护一般用螺旋式熔断器；照明电路一般用瓷插式熔断器；保护可控硅元件则应选择快速式熔断器。

（2）熔断器额定电压的选择。熔断器的额定电压应大于或等于线路的工作电压。

（3）熔断器熔体额定电流的选择：

1）对于变压器、电炉和照明等负载，熔体的额定电流 I_{FU} 应略大于或等于负载电流 I。

$$I_{FU} \geqslant I \tag{1-4}$$

2）保护一台电动机时，考虑启动电流的影响，可按下式选择：

$$I_{FU} \geqslant (1.5 \sim 2.5) I_N \tag{1-5}$$

式中　I_N——电动机额定电流，A。

3）保护多台电动机时，可按下式计算：

$$I_{FU} \geqslant (1.5 \sim 2.5) I_{Nmax} + \sum I_N \tag{1-6}$$

式中　I_{Nmax}——容量最大的一台电动机的额定电流；

　　　$\sum I_N$——其余电动机额定电流之和。

（4）熔断器额定电流的选择。熔断器的额定电流必须大于或等于所装熔体的额定电流，熔断器型号的含义和电气符号如图 1-21 所示。

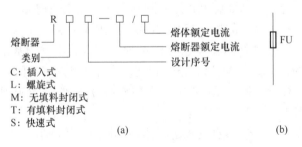

图 1-21　熔断器型号的含义和电气符号

（a）型号意义；（b）符号

（5）选择性保护特性。在电路系统中，电器之间的选择保护特性非常重要，它能把故障影响限制在最小范围内，即要求电路中某一支路发生短路或过载故障时，只有距离故障点最近的熔断器动作，而主回路的熔断器或断路器不动作，这种合理的选配称为选择性

配合。根据系统的具体条件可分为熔断器之间上一级和下一级的选择性配合以及断路器与熔断器的选择性配合等，具体选择可参考各电路的保护特性。

1.2.2 主令电器

主令电器是自动控制系统中专用于发布控制指令的电器。主令电器的种类很多，按用途可分为控制按钮、行程开关、万能转换开关和主令控制器等。

1.2.2.1 控制按钮

控制按钮是一种结构简单、应用广泛的主令电器，在低压控制电路中，用于发布手动控制指令。

控制按钮由按钮帽、复位弹簧、桥式触头和外壳等组成，通常做成复合式，即具有常开触点和常闭触点，典型控制按钮的结构示意图如图 1-22 所示。按钮在外力作用下，首先断开常闭触点，然后再接通常开触点。复位时，常开触点先断开，常闭触点后闭合。

控制按钮的选用要考虑其使用场合，对于控制直流负载，因直流电弧熄灭比交流困难，故在同样的工作电压下直流工作电流应小于交流工作电流，并根据具体控制方式和要求选择控制按钮的结构形式、触点数目及按钮的颜色。一般红色表示停止按钮，绿色表示启动按钮。控制按钮的图形符号和文字符号如图 1-23 所示。

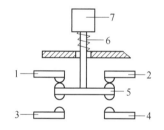

图 1-22 典型控制按钮结构示意图

1，2—常闭触头；3，4—常开触头；5—桥式动触头；6—复位弹簧；7—按钮

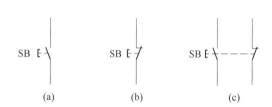

图 1-23 控制按钮的图形符号和文字符号

（a）常开触头；（b）常闭触头；（c）复合触头

1.2.2.2 行程开关

行程开关又称为位置开关或限位开关。它是利用生产机械的某些运动部件上的挡铁碰撞其滚轮使触头动作来发出控制指令的主令电器，用于控制机械的运动方向、行程大小和位置保护等。

行程开关的结构分为三个部分：操作机构、触头系统和外壳。行程开关分为单滚轮、双滚轮及径向传动杆等形式，其中，单滚轮和径向传动杆行程开关可自动复位，双滚轮为碰撞复位。图 1-24 为 LX19 系列行程开关的外形图。

在选用行程开关时，主要根据机械位置对开关形式的要求，控制线路对触头数量和触头性质的要求，闭合类型（限位保护或行程控制）和可靠性以及电压、电流等级确定其型号。行程开关的图形和电气符号如图 1-25 所示。

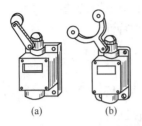

图 1-24　LX19 系列行程开关外形图

（a）单轮旋转式；（b）双轮旋转式

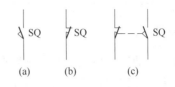

图 1-25　行程开关的图形和电气符号

（a）常开触点；（b）常闭触点；（c）复合触点

1.2.2.3　接近开关

接近开关是一种开关型传感器（即无触点开关），它既有行程开关所具备的行程控制及限位保护特性，同时又可用于高速计数、检测金属体的存在、测速、液位控制、检测零件尺寸以及用作无触点式按钮等。

接近开关的动作可靠，性能稳定，频率响应快，使用寿命长，抗干扰能力强，并具有防水、防震、耐腐蚀等特点，所以在工业生产方面获得了广泛应用。

接近开关按工作原理可以分为高频振荡型、电容型、光电型、超声波型、永磁型等，其中以高频振荡型最为常用。高频振荡型接近开关的工作原理图如图 1-26 所示，它属于一种有开关量输出的位置传感器，由 LC 高频振荡器、整形检波电路和放大处理电路组成。振荡器产生一个交变磁场，当金属物体接近这个磁场，并达到感应距离时，在金属物体内产生涡流。这个涡流反作用于接近开关，使接近开关振荡能力衰减，以至停振。振荡器振荡及停振的变化被后级放大电路处理并转换成开关信号，进而控制开关的通或断，由此识别出有无金属物体接近，这种接近开关能检测的物体必须是金属物体。

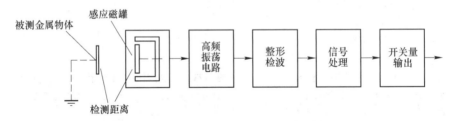

图 1-26　高频振荡型接近开关的工作原理图

对于不同材质的检测体和不同的检测距离，应选用不同类型的接近开关，以使其在系统中具有高的性能价格比。为此，在选型中应遵循以下原则：

（1）当检测体为金属材料时，应选用高频振荡型接近开关，该类型接近开关对铁镍、A3 钢类检测体检测最灵敏；对铝、黄铜和不锈钢类检测体，其检测灵敏度就低。

（2）当检测体为非金属材料时，如木材、纸张、塑料、玻璃和水等，应选用电容型接近开关。

（3）金属体和非金属要进行远距离检测和控制时，应选用光电型接近开关或超声波型接近开关。

（4）对于检测体为金属，若检测灵敏度要求不高时，可选用价格低廉的磁性接近开关或霍尔式接近开关。

接近开关的电气符号如图 1-27 所示。

1.2.2.4 万能转换开关

万能转换开关是一种多档式、控制多回路的主令电器，一般可作为多种配电装置的远距离控制，也可作为电压表、电流表的换相开关，还可作为小容量电动机的启动、制动、调速及正反向转换的控制。由于其触头档数多、换接线路多、用途广泛，故有"万能"之称。

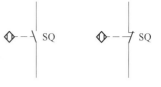

图 1-27 接近开关的电气符号

万能转换开关主要由操作机构、面板、手柄及数个触点座等部件组成，用螺栓组装成为整体。触点座可有 1~10 层，每层均可装三对触点，并由其中的凸轮进行控制。由于每层凸轮可做成不同的形状，因此当手柄转到不同位置时，通过凸轮的作用，可使各对触点按需要的规律接通和分断。

常见的万能转换开关的型号为 LW5 系列和 LW6 系列。选用万能开关时，可从以下几方面入手：若用于控制电动机，则应预先知道电动机的内部接线方式，根据内部接线方式、接线指示牌以及所需要的转换开关断合次序表，画出电动机的接线图，只要电动机的接线图与转换开关的实际接法相符即可；其次，需要考虑额定电流是否满足要求。若用于控制其他电路时，则只需考虑额定电流、额定电压和触头对数。

万能转换开关的原理图和电气符号如图 1-28 所示。

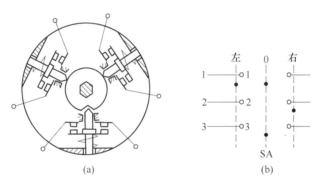

图 1-28 万能转换开关的原理图和电气符号

（a）结构原理图；（b）电气符号

1.2.2.5 主令控制器

主令控制器是用来频繁地按照预定顺序切换多个控制电路，它与磁力控制盘配合，可实现对起重机、轧钢机、卷扬机及其他生产机械的远距离控制。

图 1-29 是主令控制器结构示意图。其中，1 为固定于方轴上的凸轮块，2 为接线柱，3 是固定静触点，4 是固定于绕转动轴 6 转动的支杆 5 上的动触点。当转动方轴时，凸轮块随之转动，当凸轮块的凸起部分转到与小轮 7 接触时，则推动支杆 5 向外张开，使动触点 4 离开固定静触点 3，将被控回路断开。当凸轮块的凹陷部分与小轮 7 接触时，支杆 5 在反力弹簧的作用下复位，使动触点闭合，从而接通被控回路。这样安装一串不同形状的凸轮块，可使触点按一定顺序闭合与断开，以获得按一定顺序进行控制的电路。

主令控制器的图形符号及触点在各挡位的通断状态的表示方法与万能转换开关类似，文字符号也用 SA 表示。

1.2.3　低压控制电器

1.2.3.1　接触器

接触器能频繁地接通或分断交直流主电路，实现远距离自动控制，主要用于控制电动机、电热设备、电焊机、电容器组等。它具有低电压释放保护功能，在电力拖动自动控制电路中被广泛应用。

接触器有交流接触器和直流接触器两大类型。

A　交流接触

图1-30为交流接触器的外形和结构示意图，它由以下四部分组成。

（1）电磁机构：电磁机构由线圈、铁芯和衔铁组成。

（2）触点系统：交流接触器的触点系统包括主触点和辅助触点。主触点用于通断主电路，有3对或4对常开触点并带有灭弧罩。辅助触点用于控制电路，起电气联锁或控制作用，通常有两对常开和两对常闭触点，分布在主触点两侧，无灭弧装置。

（3）灭弧装置：容量在10A以上的接触器都有灭弧装置，对于小容量的接触器常采用桥式双断点触点与陶土灭弧罩，对于大容量的接触器常采用栅片灭弧或磁吹灭弧装置。

灭弧装置有常开和常闭辅助触点，在结构上它们均为桥式双断点。

（4）其他部件：包括释放弹簧和触点弹簧、传动机构以及外壳等。

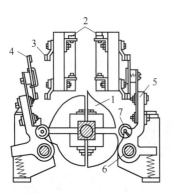

图1-29　主令控制器的结构示意图

1—凸轮块；2—接线柱；3—固定静触点；
4—动触点；5—支杆；6—转动轴；7—小轮

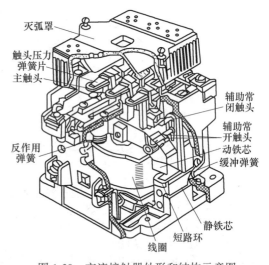

图1-30　交流接触器外形和结构示意图

B　直流接触器

直流接触器的结构和工作原理与交流接触器类似，结构上也是由电磁机构、触点系统和灭弧装置等部分组成。但也有不同之处，主要区别在铁芯结构、线圈形状、触点形状与数量、灭弧方式以及吸力特性、故障形式等方面。

C　接触器的主要技术参数

（1）额定电压：接触器铭牌上标注的额定电压是指主触点的额定电压。交流接触器常用的额定电压等级为 220V、380V、660V 和 1140V，直流接触器常用的额定电压等级为 220V、440V、660V。

（2）额定电流：接触器铭牌上标注的额定电流是指主触点的额定工作电流。其值是在一定的条件（额定电压、使用类别和操作频率等）下规定的，交流接触器常用的额定电流等级为 10~600A，直流接触器常用的额定电流等级为 40~600A。

（3）线圈的额定电压：线圈的额定电压是指接触器电磁线圈正常工作的电压值。常用的交流线圈额定电压等级为 36V、127V、220V、380V，直流线圈额定电压等级为 24V、48V、110V、220V 和 440V。

（4）接通和分断能力：主触点在规定条件下能可靠地接通和分断的电流值。在此电流值下，接通时主触点不应发生熔焊，分断时主触点不应发生长时间燃弧。若超出此电流值，其分断则是熔断器、自动开关等保护电器的任务。

（5）额定操作频率：接触器的额定操作频率是指每小时允许的操作次数。交流接触器最高为 600 次/h，而直流接触器最高为 1200 次/h。操作频率直接影响到接触器的电寿命和灭弧罩的工作条件，对于交流接触器还影响到线圈的温升。

（6）机械寿命和电气寿命：接触器是频繁操作的电器，应用较高的机械寿命和电气寿命，该指标是产品质量的重要指标之一。机械寿命是指接触器在需要修理或更换机械零件前所能承受的无载操作循环次数；电气寿命是在规定的正常工作条件下，接触器不需修理或更换零件的负载操作循环次数。

（7）动作值：动作值是指接触器的吸合电压和释放电压，规定接触器的吸合电压大于线圈额定电压的 85%时应可靠吸合，释放电压不高于线圈额定电压的 70%。

交流接触器的常用产品有 CJ10、CJ20、CJX1 和 CJX2 等系列。CJX1 系列是从德国西门子公司引进技术制造的新型接触器，性能等同于西门子公司 3TB、3TF 系列产品。CJX2 系列交流接触器是参照法国 TE 公司 LC1-D 产品开发制造的，其结构先进、外形美观、性能优良、组合方便、安全可靠。CJ20 系列是全国统一设计的新型接触器，其主要技术参数表见表 1-5。

表 1-5　CJ20 系列交流接触器技术参数表

型号	额定电压 /V	额定电流 /A	可控制电动机 最大功率/kW	最大操作频率 /次·h⁻¹	吸引线圈消耗功率/W		机械寿命 /万次	电气寿命 /万次
					启动功率	吸持功率		
CJ20-10	380	10	2.2	1200	65	8.3	1000	100
CJ20-25		25	11		93.1	13.9	1000	100
CJ20-40		40	22		175	19	1000	200
CJ20-63		63	30		480	57	1000	200
CJ20-100		100	50		570	61	1000	200
CJ20-160		160	85	600	855	82	1000	200
CJ20-400		400	200		3578	250	600	120
CJ20-630		630	300		3578	250	600	120

常用的直流接触器有 CZ0、CZ18 等系列，其中 CZ18 系列为 CZ0 系列的换代产品。其

主要技术参数表见表 1-6。

表 1-6　CZ18 系列直流接触器技术参数表

型号	额定电压/V	额定电流/A	辅助触点数目	额定操作频率/次	吸引线圈电压值/V	线圈消耗功率/W	机械寿命/万次	电气寿命/万次
CZ18-40		40		1200		65	1000	100
CZ18-80		80		1200	24，48，110，220，440	93.1	1000	100
CZ18-160	440	160	两常开、两常闭	600		175	1000	200
CZ18-315		315		600		480	1000	200
CZ18-630		630		600		570	1000	200

交流接触器的型号含义如图 1-31 所示。

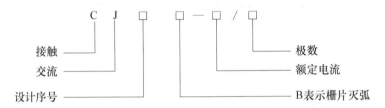

图 1-31　交流接触器的型号含义

直流接触器的型号含义如图 1-32 所示。

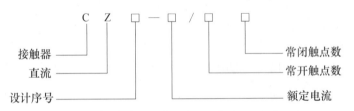

图 1-32　直流接触器的型号含义

D　接触器的选用

（1）接触器类型选择：接触器的类型应根据负载电流的类型和负载的轻重来选择，即是交流负载或是直流负载，是轻负载、一般负载或是重负载。

（2）主触头额定电流的选择：接触器的额定电流应大于或等于被控回路的额定电流。对于电动机负载可根据下列经验公式计算：

$$I_{NC} \geqslant P_{NM}/(1 \sim 1.4)U_{NM}$$

式中　I_{NC}——接触器主触头电流，A；

　　　　P_{NM}——电动机的额定功率，W；

　　　　U_{NM}——电动机的额定电压，V。

若接触器控制的电动机启动、制动或正反转频繁，一般将接触器主触头的额定电流降一级使用。

（3）额定电压的选择：接触器主触头的额定电压应大于或等于负载回路的电压。

（4）吸引线圈额定电压的选择：线圈额定电压不一定等于主触头的额定电压，当线路简单、使用电器少时，可直接选用 380V 或 220V 的电压；若线路复杂，使用电器超过 5 个，可用 24V、48V 或 110V 电压（1964 年国标规定为 36V、110V 或 127V）。吸引线圈允许在额定电压的 80%～105% 范围内使用。

（5）接触器的触头数量、种类选择：其触头数量和种类应满足主电路和控制线路的要求，各种类型的接触器触点数目不同。交流接触器的主触点有三对（常开触点），一般有四对辅助触点（两对常开、两对常闭），最多可达到六对（三对常开、三对常闭）。直流接触器主触点一般有两对（常开触点），辅助触点有四对（两对常开、两对常闭）。

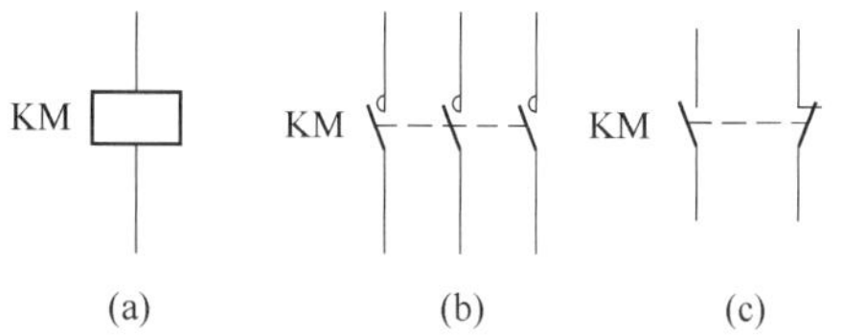

接触器的图形符号和文字符号如图 1-33 所示。

图 1-33　接触器的图形符号和文字符号
（a）线圈；（b）主触点；（c）辅助触点

1.2.3.2　继电器

继电器是根据某种输入信号（如电流、电压、时间、温度、压力和速度等物理量）的变化来接通或分断小电流控制电路，实现远距离自动控制和保护的自动控制电器。

继电器种类很多，按输入信号的性质可分为电压继电器、电流继电器、时间继电器、速度继电器、压力继电器、温度继电器等；按工作原理可分为：电磁式继电器、感应式继电器、电动式继电器、电子式继电器、热继电器等；按用途可分为控制与保护继电器；按输出形式可分为有触点和无触点继电器。

A　电磁式继电器

电磁式继电器有直流和交流两大类，由于结构简单、价格低廉、使用维护方便，因而广泛地应用于控制系统中。电磁式继电器的结构和工作原理与电磁式接触器相似，也是由电磁机构、触点系统等组成。主要区别在于：继电器可对多种输入量的变化做出反应，而接触器只在一定的电压信号下动作；继电器是用于切换小电流的控制电路和保护电路，而接触器是用来控制小电流电路；继电器没有灭弧装置，也没有主副触点之分。

a　电磁式继电器的类型

（1）电流继电器。电流继电器的线圈与被测量电路串联，以反映电路电流的变化，其线圈匝数少，导线粗，线圈阻抗小。电流继电器除用于电流型保护的场合外，还经常用于按电流原则控制的场合。电流继电器有过电流和欠电流继电器两种。

欠电流继电器在电路正常工作时，衔铁是吸合的，其常开触点闭合，常闭触点断开；一旦线圈中的电流降至线圈额定电流的 10%～20% 以下时，衔铁释放，发出信号，从而改变电路的状态，用于欠电流保护和控制。

过电流继电器在电路正常工作时不动作，当电流超过某一整定值时才动作，整定范围为 1.1～4.0 倍额定电流。

（2）电压继电器。触点的动作与加在线圈上的电压大小有关的继电器称为电压继电器，它用于电力拖动系统的电压保护和控制。电压继电器反映的是电压信号，它的线圈并联在被测电路的两端，所以匝数多、导线细、阻抗大。电压继电器按动作电压值的不同，分为过电压、欠电压和零压继电器。

过电压继电器在电路电压正常时，衔铁释放，一旦电路电压升高至线圈额定电压的105%~120%以上时，衔铁吸合，带动相应的触点动作；欠电压继电器在电路电压正常时，衔铁吸合，电路电压降至线圈额定电压的40%~70%时动作；零压继电器当电压降至线圈额定电压的5%~25%时动作；它们分别用作过电压、欠电压和零电压保护。

（3）中间继电器。中间继电器实质也是一种电压继电器，只是它的触点对数较多、容量较大、动作灵敏，主要起扩展控制范围或传递信号的中间转换作用。

b　电磁式继电器的特性

继电器的主要特性是输入-输出特性，又称为继电器特性。当改变继电器输入量的大小时，对于输出量的触头只有"通"与"断"两种状态，如图1-34所示。当继电器输入量 x 由零增至 x_2 以前，继电器输出量 y 为零。当继电器输入量 x 增至 x_2 时，继电器吸合，输出量为 y_1，如 x 再增大，y_1 值保持不变。当 x 减小到 x_1 时，继电器释放，输出量由 y_1 降到零，x 再减小，y 值均为

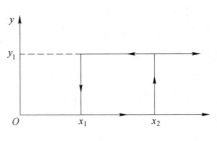

图1-34　继电器特性曲线

零。x_2 称为继电器吸合值，欲使继电器吸合，输入量必须等于或大于 x_2；x_1 为继电器的释放值，欲使继电器释放，输入量必须等于或小于 x_1。

c　继电器的主要参数

（1）额定参数：是指继电器的线圈和触头在正常工作时的电压或电流允许值。

（2）动作参数：是指衔铁产生动作时线圈的电压或电流值。对于电压继电器有吸合电压 U_2 和释放电压 U_1；对于电流继电器有吸合电流 I_2 和释放电流 I_1。

（3）整定值：根据控制电路的要求，对继电器的继电器参数进行调整的数值。

（4）返回系数：是指继电器的释放值与吸合值之比，以 $K=x_1/x_2$ 表示。对于电压继电器 x_1 为释放电压 U_1，x_2 为吸合电压 U_2；对于电流继电器 x_1 为释放电流 I_1，x_2 为吸合电流 I_2。

不同的场合要求不同的 K 值，可以通过调节释放弹簧的松紧程度（拧紧时 K 增大，放松时 K 减小）或调整铁芯与衔铁之间非磁性垫片的厚度（增厚时 K 增大，减薄时 K 减小）来达到所要求的值。

（5）吸合时间和释放时间：吸合时间是指线圈接受电信号到衔铁完全吸合所需的时间；释放时间是指线圈失电到衔铁完全释放所需的时间。一般继电器的吸合时间与释放时间为 0.05~0.2s，它的大小影响到继电器的操作频率。

电磁式继电器型号的含义和电气符号如图1-35所示。

B　时间继电器

时间继电器是一种利用电磁原理或机械动作原理实现触点延时接通和断开的自动控制电器。其种类很多，按工作原理可分为：直流电磁式、空气阻尼式、晶体管式、电动式等几种。按延时方式可分为：通电延时型和断电延时型。

a　直流电磁式时间继电器

在直流电磁式电压继电器的铁芯上增加一个阻尼铜套，即可构成时间继电器。当线圈通电时，由于衔铁处于释放位置，气隙大，磁通小，铜套阻尼作用相对也小，因此衔铁吸

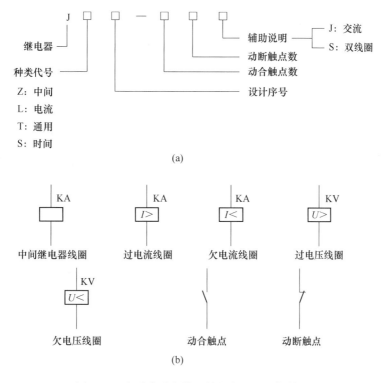

图 1-35 电磁式继电器型号的含义和电气符号

(a) 型号意义；(b) 电气符号

合时延时不显著。而当线圈断电时，磁通变化量大，铜套阻尼作用也大，使衔铁延时释放而起到延时作用，因此这种继电器仅用作断电延时。

电磁式直流时间继电器结构简单，可靠性高，寿命长。其缺点是仅能获得断电延时，延时精度不高，且延时时间短，最长不超过 5s。常用产品有 JT3 和 JT8 系列。

b 空气阻尼式时间继电器

空气阻尼式时间继电器利用空气阻尼原理获得延时。其结构由电磁机构、延时机构和触头系统三部分组成，如图 1-36 所示。电磁机构为双 E 直动式，触头系统为微动开关，延时机构采用气囊式阻尼器。

空气阻尼式时间继电器既有通电延时型，也有断电延时型。只要改变电磁机构的安装方向，便可实现不同的延时方式：当衔铁位于铁芯和延时机构之间时为通电延时，如图 1-36 (a) 所示；当铁芯位于衔铁和延时机构之间时为断电延时，如图 1-36 (b) 所示。

图 1-36 (a) 为通电延时型时间继电器，当线圈 1 通电后，铁芯 2 将衔铁 3 吸合，活塞杆 6 在塔形弹簧 8 的作用下，带动活塞 12 及橡皮膜 10 向上移动。由于橡皮膜下方气室空气稀薄形成负压，因此活塞杆 6 不能上移。当空气由气孔 14 进入时，活塞杆 6 才逐渐上移。移到最上端时，杠杆 7 才使微动开关 16 动作。延时时间即为自电磁铁吸引线圈通电时刻起到微动开关动作时为止的这段时间。通过调节螺杆 13 调节进气口的大小，就可以调节延时时间。

当线圈 1 断电时，衔铁 3 在恢复弹簧 4 的作用下将活塞 12 推向最下端。由于活塞被往下推时，橡皮膜 10 下方气孔内的空气，都通过橡皮膜 10、弹簧 9 和活塞 12 肩部所形成的单向阀，经上气室缝隙顺利排掉，因此延时与瞬动的微动开关 15 与 16 都迅速复位。

空气阻尼式时间继电器的优点：结构简单、寿命长、价格低廉；缺点是准确度低、延时误差大，在延时精度要求高的场合不宜采用。

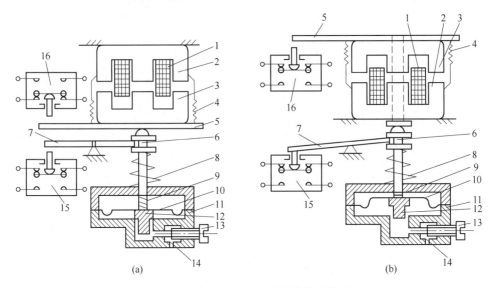

图 1-36　空气阻尼式时间继电器的动作原理

（a）通电延时型；（b）断电延时型

1—线圈；2—铁芯；3—衔铁；4—恢复弹簧；5—推板；6—活塞杆；7—杠杆；8—塔形弹簧；
9—弹簧；10—橡皮膜；11—气室；12—活塞；13—调节螺杆；14—进气孔；15，16—微动开关

c　晶体管式时间继电器

晶体管式时间继电器常用的有阻容式时间继电器，它利用 RC 电路中电容电压不能跃变，只能按指数规律逐渐变化的原理—电阻尼特性获得延时，所以只要改变充电回路的时间常数即可改变延时时间。由于调节电容比调节电阻困难，所以多用调节电阻的方式来改变延时时间。其动作原理图如图 1-37 所示。

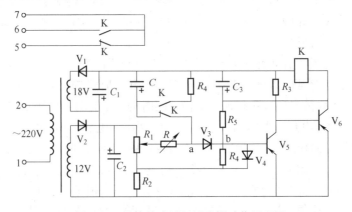

图 1-37　晶体管式时间继电器动作原理图

晶体管式时间继电器具有延时范围广、体积小、精度高、使用方便及寿命长等优点。

时间继电器的图形符号及文字符号如图 1-38 所示。

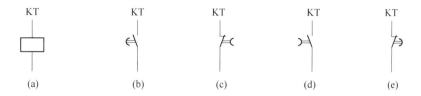

图 1-38　时间继电器的图形符号及文字符号

（a）线圈一般符号；（b）通电延时闭合常开触点；（c）通电延时断开常闭触点；
（d）断电延时断开常开触点；（e）断电延时闭合常闭触点

对于通电延时时间继电器，当线圈得电时，其延时常开触点要延时一段时间才闭合，延时常闭触点要延时一段时间才断开；当线圈失电时，其延时常开触点迅速断开，延时常闭触点迅速闭合。

对于断电延时时间继电器，当线圈得电时，其延时常开触点迅速闭合，延时常闭触点迅速断开；当线圈失电时，其延时常开触点要延时一段时间再断开，延时常闭触点要延时一段时间再闭合。

C　热继电器

热继电器是电流通过发热元件产生热量，使检测元件受热弯曲而推动机构动作的一种继电器。由于热继电器中发热元件的发热惯性，在电路中不能做瞬时过载保护和短路保护，因此它主要用于电动机的过载保护、断相保护和三相电流不平衡运行的保护。

a　热继电器的结构和工作原理

热继电器的形式有多种，其中以双金属片的最多。双金属片式热继电器主要由热元件、双金属片和触头三部分组成，如图 1-39 所示。双金属片是热继电器的感测元件，由两种膨胀系数不同的金属片碾压而成。当串联在电动机定子绕组中的热元件有电流流过时，热元件产生的热量使双金属片伸长，由于膨胀系数不同，致使双金属片发生弯曲。电动机正常运行时，双金属片的弯曲程度不足以使热继电器动作。当电动机过载时，流过热元件的电流增大，加上时间效应，从而使双金属片的弯曲程度加大，最终使双金属片推动导板使热继电器的触头动作，切断电动机的控制电路。

热继电器由于热惯性，当电路短路时不能立即动作使电路断开，因此不能用作短路保护。同理，在电动机启动或短时过载时，热继电器也不会马上动作，从而避免电动机不必要的停车。

b　热继电器的分类及常见规格

热继电器按热元件数分为两相和三相结构，其中三相结构又分为带断相保护和不带断相保护装置两种。

目前国内生产的热继电器品种很多，常用的有 JR20、JRS1、JRS2、JRS5、JRl6B 和 T 系列等。其中 JRS1 为引进法国 TE 公司的 LR1-D 系列，JRS2 为引进德国西门子公司的 3UA 系列，JRS5 为引进日本三菱公司的 TH-K 系列，T 系列为引进德国 ABB 公司的产品。

JR20 系列热继电器采用立体布置式结构，且系列动作机构通用。除具有过载保护、断相保护、温度补偿以及手动和自动复位功能外，还具有动作脱扣灵活、动作脱扣指示以

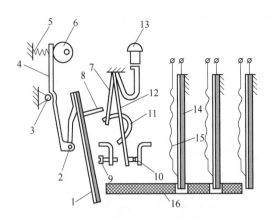

图 1-39 热继电器的工作原理示意图

1—补偿双金属片；2—销子；3—支撑；4—杠杆；5—弹簧；6—凸轮；7, 12—片簧；

8—推杆；9—调节螺钉；10—触点；11—弓簧；13—复位按钮；14—双金属片；15—发热元件；16—导杆

及断开检验按钮等功能装置。

热继电器的图形符号和文字符号如图 1-40 所示。

c 热继电器的选择

选用热继电器时，必须了解被保护对象的工作环境、启动情况、负载性质、工作制度及电动机允许的过载能力；原则是热继电器的安秒特性位于电动机过载特性之下，并尽可能接近。

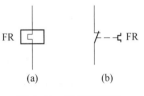

图 1-40 热继电器的
图形符号和文字符号

（a）发热元件；（b）常闭触点

（1）热继电器的类型选择。若用热继电器作电动机缺相保护，应考虑电动机的接法。对于 Y 形接法的电动机，当某相断线时，其余未断相绕组的电流与流过热继电器电流的增加比例相同。一般的三相式热继电器，只要整定电流调节合理，是可以对 Y 形接法的电动机实现断相保护的；对于△形接法的电动机，某相断线时，流过未断相绕组的电流与流过热继电器的电流增加比例则不同。也就是说，流过热继电器的电流不能反映断相后绕组的过载电流，因此，一般的热继电器，即使是三相式也不能为△形接法的三相异步电动机的断相运行提供充分保护。此时，应选用三相带断相保护的热继电器。带断相保护的热继电器的型号后面有 D、T 或 3UA 字样。

（2）热元件的额定电流选择。其额定电流应按照被保护电动机额定电流的 1.1～1.15 倍，选取热元件的额定电流。

（3）热元件的整定电流选择。一般将热继电器的整定电流调整到等于电动机的额定电流；对过载能力差的电动机，可将热元件的整定值调整到电动机额定电流的 0.6～0.8 倍；对启动时间较长、拖动冲击性负载或不允许停车的电动机，热元件的整定电流应调整到电动机额定电流的 1.1～1.15 倍。

D 速度继电器

速度继电器是利用转轴的一定转速来切换电路的自动电器。它主要用在鼠笼式异步电动机的反接制动控制中，故称为反接制动继电器。

如图 1-41 所示为速度继电器的结构图，它主要由转子、定子和触头三部分组成。

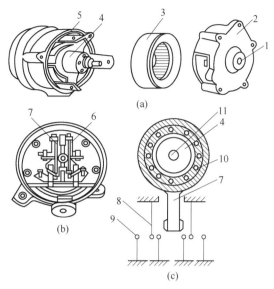

图 1-41 速度继电器结构示意图

（a）外形；（b）结构；（c）图形符号

1—连接头；2—端盖；3—定子；4—转子；5—可动支架；

6—触点；7—胶木摆杆；8—簧片；9—静触头；10—绕组；11—轴

转子是一个圆柱形永久磁铁，定子是一个笼型空心圆环，由硅钢片叠成，并装有笼型的绕组。速度继电器与电动机同轴相连，当电动机旋转时，速度继电器的转子随之转动。在空间产生旋转磁场，切割定子绕组，在定子绕组中感应出电流。此电流又在旋转的转子磁场作用下产生转矩，使定子随转子转动方向而旋转，和定子装在一起的摆锤推动动触头动作，使常开触点闭合、常闭触点断开。当电动机速度低于某一值时，动作产生的转矩减小，动触头复位。常用的速度继电器有 YJ1 和 JFZ0-2 型。

速度继电器的电气符号如图 1-42 所示。

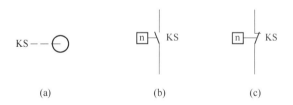

图 1-42 速度继电器的电气符号

（a）继电器转子；（b）常开触点；（c）常闭触点

1.3 电气工程图基础知识

1.3.1 电气工程图及其绘制

为了表达设备电气控制系统的组成结构、工作原理及安装、调试、维修等技术要求，需要用统一的工程语言来表达，这种工程语言即是电气工程图。常用的电气工程图一般包括电气原理图、电器布置图和电气安装接线图 3 种。

各种图的图纸尺寸一般选用 297×210（mm）、297×420（mm）、297×630（mm）和 297×840（mm）四种幅面，特殊需要可按 GB/T 14689—1993《技术制图图纸幅面和格式》国家标准选用其他尺寸。

1.3.1.1 电气制图规范

为了表达电气控制系统的设计意图，便于分析系统工作原理、安装、调试和检修控制系统，必须采用统一的图形符号和文字符号来表达。国家标准局参照国际电工委员会（IEC）颁布文件，制定了我国电气设备的有关国家标准，如：GB/T 4728—2005《电气简图用图形符号》、GB/T 5226.1—2002《机械安全 机械电气设备 第 1 部分：通用技术条件》、GB/T 6988—2008《电气制图》、GB/T 5094—85《电气技术中的项目代号》，规定从 1990 年 1 月 1 日起，电气图中的图形符号和文字符号必须符合最新的国家标准。

1.3.1.2 图形符号和文字符号

图形符号通常用于图样或其他文件，用以表示一个设备或概念的图形、标记或字符，它由符号要素、一般符号和限定符号等组成。

符号要素是一种具有确定意义的简单图形，必须同其他图形组合才构成一个设备或概念的完整符号。例如，接触器常开主触点的符号就由接触器触点功能符号"$\bigcirc$"和常开触点符号"$\vee$"组合而成。

一般符号是用以表示一类产品和此类产品特征的一种简单的符号。例如，电机的一般符号为"$\circledast$"，"＊"号用 M 代替可表示电动机，用 G 代替则可表示发电机。

限定符号是用于提供附加信息的一种加在其他符号上的符号。限定符号一般不能单独使用，但它可使图形符号更具多样性。例如，在电阻器一般符号的基础上分别加上不同的限定符号，则可得到可变电阻器、压敏电阻器、热敏电阻器等。

文字符号适用于电气技术领域中技术文件的编制，用以标明电气设备、装置和元器件的名称及电路的功能、状态和特征。文字符号分为基本文字符号和辅助文字符号。

基本文字符号有单字母符号与双字母符号两种。单字母符号按拉丁字母顺序将各种电气设备、装置和元器件划分为 23 大类，每一类用一个专用单字母符号表示，如"C"表示电容器类、"R"表示电阻器类等。

双字母符号由一个表示种类的单字母符号与另一个字母组成，且以单字母符号在前、另一字母在后的次序列出。例如，"F"表示保护器件类、"FU"则表示熔断器。

辅助文字符号是用来表示电气设备、装置和元器件以及电路的功能、状态和特征的符号。例如，"RD"表示红色、"L"表示限制等。辅助文字符号也可以放在表示种类的单字母符号之后组成双字母符号，如"SP"表示压力传感器、"YB"表示电磁制动器等。为简化文字符号，若辅助文字符号由两个以上字母组成时，允许只采用其第一位字母进行组合，如"MS"表示同步电动机。辅助文字符号还可以单独使用，如"ON"表示接通、"PE"表示保护接地、"M"表示中间线等。

1.3.1.3 线路和三相电气设备端标记

电气线路采用字母，数字，符号及其组合标记。

三相交流电源引入线采用 L1、L2、L3 标记，中性线采用 N 标记。

电源开关之后的三相交流电源主电路分别按 U、V、W 顺序标记。分级三相交流电源主电路采用三相文字代号 U、V、W 的前边加上阿拉伯数字 1、2、3、等来标记，如 1U、1V、1W、2U、2V、2W 等。

各电动机分支电路各接点标记采用三相文字代号后面加数字来表示，数字中的个位数表示电动机代号，十位数字表示该支路各接点的代号，从上到下按数值大小顺序标记。例如，U11 表示 M1 电动机的第一相的第一个接点代号，U21 为第一相的第二个接点代号，以此类推。

电动机绕组首端分别用 U、V、W 标记，尾端分别用 U′、V′、W′标记，双绕组的中点则用 U″、V″、W″标记。

控制电路采用阿拉伯数字编号，一般由三位或三位以下的数字组成。标注方法按"等电位"原则进行。在垂直绘制的电路中，标号顺序一般由上而下编号，凡是被线圈、绕组、触点或电阻、电容等元件所间隔的线段，都应标以不同的电路标号。

1.3.2　电气原理图

用图形符号和项目代号表示电路各个电器元件连接关系和电气工作原理的图称为电气原理图。由于电气原理图结构简单、层次分明、适用于研究和分析电路工作原理，因此在设计部门和生产现场得到广泛的应用，但它并不反映电器元件的实际大小和安装位置。电气原理图一般按功能分为主电路、辅助电路两个部分，主电路是从电源到电动机大电流通过的路径；辅助电路包括控制电路、照明电路、信号电路及保护电路等。由继电器和接触器的线圈，继电器的触点，接触器的辅助触点、按钮、照明灯、信号灯、控制变压器等电器元件组成。下面以图 1-43 为例介绍电气原理图的绘制原则、方法及注意事项。

1.3.2.1　电气原理图的绘制原则

（1）图面布置分为主电路和辅助电路两部分，主电路就是从电源到电动机的电流通路。辅助电路包括控制回路、照明电路、信号电路及保护电路等部分。这两部分之间通常采用左右布置，也可以上下布置。

（2）控制系统中的全部电动机、电器和其他器械的带电部件，都应在原理图中表示出来。图中各个电气元件不画实际外形图，而采用国家规定的统一标准图形符号、文字符号来绘制。

（3）电器元件的各个部件可以不画在一起，但文字符号要相同。

（4）所有电器的触点都按没有通电和没有外力作用时的初始状态画出。

（5）原理图的绘制应布局合理、排列均匀，为了便于看图，可以水平布置，也可以垂直布置。

（6）主电路和辅助电路各电器一般按动作顺序从上到下或从左到右依次排列。电路垂直布置时，类似项目宜横向对齐；水平布置时，类似项目应纵向对齐。例如图 1-43 中，线圈属于类似项目，由于线路采用垂直布置，所以接触器线圈横向对齐。

（7）有接线关系的十字交叉线，要用黑圆点表示；无接线关系的十字交叉点不画黑圆点。

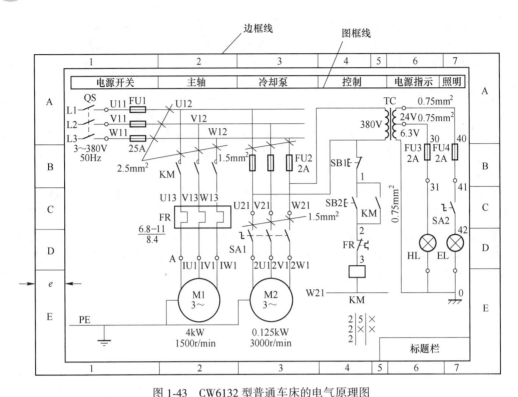

图 1-43　CW6132 型普通车床的电气原理图

（图中 e 表示图框线与边框线的距离，A0、A1 号图纸为 20mm，A2~A4 图纸为 10mm）

1.3.2.2　图幅分区及符号位置索引

为了便于确定图上的内容，也为了在用图时查找图中各项目的位置，往往需要将图幅分区。

图幅分区的方法是：在图的边框处，竖边方向用大写拉丁字母，横边方向用阿拉伯数字，编号顺序应从左上角开始。图幅分区样式如图 1-43 所示。

图幅分区后，相当于在图上建立了一个坐标。项目和连接线的位置可用如下方式表示：用行的代号（拉丁字母）表示横坐标，用列的代号（阿拉伯数字）表示纵坐标。图区的代号为字母和数字的组合，且字母在左、数字在右。在具体使用时，对水平布置的电路，一般只需标明行的标记；对垂直布置的电路，一般只需标明列的标记；复杂的电路需标明组合标记。

在图 1-43 中，图区编号下方的"电源开关"等字样，表明它对应的下方元件或电路的功能，使读者能清楚地知道某个元件或某部分电路的功能，以利于理解全电路的工作原理。图 1-43 中 KM 线圈下方的符号，是接触器 KM 相应触点的索引。它表示接触器 KM 的主触点在图区 2，常开辅助触点在图区 5。

电气原理图中，接触器和继电器线圈与触点的从属关系应用附图表示，即在原理图中相应线圈的下方，给出触点的文字符号，并在其下面注明相应触点的索引代号，对未使用的触点用"×"表明，有时也可省略。

对接触器，上述表示法中各栏的含义如图 1-44（a）所示，对继电器的表示方法如图 1-44（b）所示。

左栏	中栏	右栏		左栏	右栏
主触点所在图区	常开辅助触点所在图区	常闭辅助触点所在图区		常开触点所在图区	常闭触点所在图区

(a)   (b)

图 1-44 接触器和继电器在电气图中的索引表

（a）各栏的含义；（b）继电器的表示方法

1.3.2.3 电气原理图中技术数据的标注

电气元件的数据和型号，一般用小号字体标注在电器代号下面。例如图 1-43 中，FR 下面的数据表示热继电器动作电流值的范围和整定值的标注；图中的 1.5mm²、2.5mm² 字样表明该导线的截面积。

1.3.3 电器元件布置图

电器元件布置图反映各电器元件的实际安装位置，在图中电器元件用实线框表示，而不必按其外形形状画出；在图中往往还留有 10% 以上的备用面积及导线管（槽）的位置，以供布线和改进设计时用；在图中还需要标注出必要的尺寸。

电器位置图详细绘制出电气设备元件安装位置。图中各电器代号应与有关电路图和电器清单上所有元器件代号相同，在图中往往留有 10% 以上的备用面积及导线管（槽）的位置，以供改进设计时使用。图中不需标注尺寸。图 1-45 为 CW6132 型普通车床电器位置布置图。图中 FU1 ~ FU4 为熔断器、KM 为接触器、FR 为热继电器、TC 为照明变压器、XT 为接线端子板。

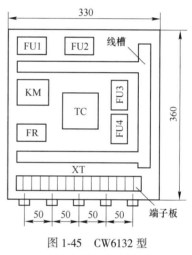

图 1-45 CW6132 型
车床电器元件布置图

1.3.4 电气安装接线图

电气安装接线图是为电气设备和电器元件进行配线、安装、检修服务的。它表示机床电气设备各个单元之间的接线关系，并标注出外部接线所需的数据，实际工作中接线图常与电气原理图结合起来使用。

1.3.5 电气控制线路的分析方法

电气控制线路的分析通常按照由主到辅，由上到下，由左到右的原则进行分析。较复杂图形，通常可以化整为零，将控制电路化成几个独立环节的细节分析，然后再串为一个整体分析。电气控制线路阅读分析的一般方法和步骤如下：

（1）阅读设备说明书，了解设备的机械结构、电气传动方式、对电气控制的要求、电动机和电器元件的布置情况以及设备的使用操作方法、各种按钮、开关等的作用，熟悉图中各器件的符号和作用。

（2）在电气原理图上先分清主电路或执行元件电路和控制电路，并从主电路着手，根据电动机的拖动要求，分析其控制内容，包括启动方式、有无正反转、调速方式、制动控制和手动循环等基本环节。根据工艺过程，了解各用电器设备之间的相互联系、采用的保护方式等。

（3）控制电路由各种电器组成，主要用来控制主电路工作。在分析控制电路时，一般根据主电路接触器主触头的文字符号，到控制电路中去找与之相应的控制线圈，进一步弄清楚电动机的控制方式。

（4）了解机械传动和液压传动情况。

（5）阅读其他电路环节，比如照明、信号指示、监测、保护等各辅助电路环节。

阅读和分析电气控制线路图的最常用的方法是查线读图法。查线读图分析法以某一电动机或电器元件线圈为对象，从电源开始，由上而下，自左至右，逐一分析其接通断开关系，并区分出主令信号、联锁条件、保护环节等，从而分析出各种控制条件与输出结果之间的因果关系。

查线读图法在分析电气线路时，一般应先从电动机着手，根据主电路中有哪些控制元件的主触点、电阻等大致判断电动机是否有正反转控制、制动控制和调速要求等。

查线读图法的优点是直观性强，容易掌握，因而得到了广泛采用。其缺点是分析复杂线路时容易出错，叙述也较长。

1.4　电气控制的基本电路

电气控制系统是由电气设备及电气元件按照一定的控制要求连接而成的。各类电气控制设备有着相应的电气控制线路，这些电气控制线路不管是简单还是复杂，一般来说都是由几个基本环节组成。在分析控制线路原理和判断故障时，一般都是从这些基本控制环节着手，因此掌握电气控制线路的基本环节，对设备的电气原理图的分析及电气设备的维修会有很大的帮助。

电气控制线路的基本环节包括电动机的启动，调速和制动等控制线路。本节主要介绍这些基本控制线路的组成、工作原理、作用以及必要的保护措施。

1.4.1　电动机直接启动控制线路

三相笼型异步电动机具有结构简单、坚固耐用、价格便宜、维修方便等优点，获得了广泛的应用。对它的启动控制有直接启动与降压启动两种方式。

笼型异步电动机的直接启动是一种简单、可靠、经济的启动方法。由于直接启动电流可达电动机额定电流的 4~7 倍，过大的启动电流会造成电网电压显著下降，直接影响在同一电网工作的其他电动机，甚至使它们停转或无法启动，故直接启动电动机的容量受到一定限制。可根据启动电动机容量、供电变压器容量和机械设备的具体情况来分析，也可用下面经验公式来判断一台电动机能否直接启动：

$$\frac{I_{ST}}{I_N} \leqslant \frac{3}{4} + \frac{S}{4P} \tag{1-7}$$

式中　　I_{ST} ——电动机全压启动电流，A；

　　　　I_N ——电动机额定电流，A；

S——电源变压器容量，kV·A；

P——电动机容量，kW。

通常规定：电动机容量在 10kW 以下的三相异步电动机可采用直接启动。

下面以三相笼型异步电动机的直接启动控制为例，介绍组成电气控制线路的基本环节，这些规律同样适用于绕线型异步电动机和直流电动机的控制线路。

1.4.1.1　自锁控制

图 1-46 所示为三相笼型异步电动机的直接启动、自由停车的控制线路，它是一个最简单的常用控制线路。其中，主电路由刀开关 QS 起隔离作用、熔断器 FU 对主电路进行短路保护、接触器 KM 的主触头控制电动机启动、运行和停止，热继电器 FR 用作过载保护。

控制电路中，FU1 作短路保护、SB2 为启动按钮，SB1 为停止按钮。

合上 QS 即引入三相电源。当按下 SB2 时，交流接触器 KM 线圈通电，其主触点闭合，使电动机 M 直接启动运行。同时与 SB2 并联的常开辅助触点 KM 闭合。这样，当松开 SB2 时，KM 线圈仍可通过 KM 的辅助触点继续通电，使电动机连续运行。这种依靠接触器自身辅助常开触点使其线圈保持通电的现象称为自锁（或称为自保），起自锁作用的辅助常开触点，称为自锁触点，这样的控制线路称为具有自锁的连续控制线路。

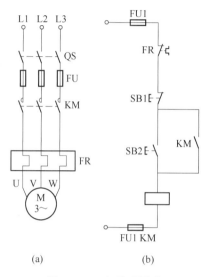

图 1-46　三相笼型异步
电动机起、停控制线路
（a）主电路；（b）控制电路

要使电动机停止运转，只要按下停止按钮 SB1，即可将控制电路断开。这时接触器 KM 线圈断电释放，KM 的主触点将三相电源切断，电动机立即停转。同时 KM 的辅助触点断开，切断线圈 KM 的电源。当手动松开停止按钮 SB1 后，主回路和控制回路均已断电。

这种电路除具备短路、过载保护外，由于采用按钮与自锁控制方式，还具有欠压和失压保护功能。欠电压保护与失压保护是指当电源电压由于某种原因而严重欠电压或失压时，接触器的衔铁自行释放，电动机停转；而当电源电压恢复正常时，接触器线圈也不能自动通电，电动机不会自行启动。采用欠压和失压保护，可防止电动机超低压运行而损坏；还可以防止电源电压恢复时，电动机突然启动运转，避免损坏设备和伤人事故。

1.4.1.2　点动及单向连续控制线路

生产实际中，有的生产机械需要点动控制。所谓"点动"，就是按下按钮，KM 通电，电动机旋转；松开按钮，KM 断电，电动机停转。所以连续运行与点动的区别是启动按钮有无自锁回路。图 1-47 列出了点动和连续控制的几种控制线路，主电路与图 1-46 中的主电路相同。

图 1-47（a）是最简单的点动控制线路。当按下 SB 时，交流接触器 KM 线圈通电，其主触点闭合，使电动机 M 启动运行。当松开时，控制电路断开，这时接触器 KM 断电

释放，KM 的主触点将三相电源切断，M 立即停转。

图 1-47（b）是开关 SA 控制长动和点动控制线路。当需要点动时将开关 SA 断开，取消 SB2 的自锁回路，即可实现点动控制。当需要连续工作时，合上 SA，将自锁触点接入，即可实现连续控制。

图 1-47（c）中增加了一个复合按钮 SB3，这样点动控制时，按下 SB3，其常闭触点先断开自锁电路，常开触头后闭合，接通启动控制线路，KM 线圈通电，主触点闭合，电动机启动旋转。当松开 SB3 时，KM 线圈断电，主触点断开，电动机停止转动。若需要电动机长期工作，则按下 SB2 即可，停机时需按停止按钮 SB1。

图 1-47（d）是利用中间继电器实现点动的控制线路。利用启动按钮 SB2 控制中间继电器 KA，KA 的常开触点并联在 SB3 两端，控制接触器 KM，实现电动机连续运转。当需要点动时，按下 SB3 按钮，KM 通电；松开 SB3，KM 断电。

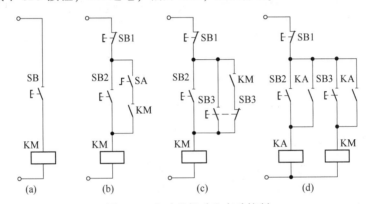

图 1-47　电动机长动和点动控制

1.4.1.3　互锁控制

在实际应用中，往往要求生产机械改变运动方向，如工作台前进和后退、电梯的上升和下降等，这就要求电动机能实现正、反转控制。对于三相异步电动机来说，可通过正反向接触器改变电动机定子绕组的电源相序来实现。电动机正、反转控制线路如图 1-48 所示。图中 KM1、KM2 分别为正、反向接触器，它们的主触点接线的相序不同，KM1 按 U-V-W 相序接线，KM2 按 V-U-W 相序接线，即 U、V 两相对调，所以两个接触器分别工作时，电动机的旋转方向不一样，实现电动机的可逆运转。

图 1-48 所示控制线路虽然可以完成正反转的控制任务，但这个线路是有缺点的，在按下正转启动按钮 SB1 时，KM1 线圈通电并且自锁，接通正序电源，电动机正转。若发生错误操作，在按下 SB1 的同时又按下反转启动按钮 SB2，KM2 线圈通电并自锁，此时在主电路中将发生 U、V 两相电源短路事故。

为了避免上述事故的发生，就要求保证两个接触器不能同时工作，这种在同一时间里两个接触器只允许一个工作的控制作用称为互锁或联锁。图 1-49 为带接触器互锁保护的正、反转控制线路。在正、反两个接触器中互串一个对方的常闭触点，这对常闭触点称为互锁触点或联锁触点。这样当按下正转启动按钮 SB1 时，正转接触器 KM1 线圈通电，主触点闭合，电动机正转，与此同时，由于 KM1 的常闭辅助触点断开而切断了反转接触器 KM2 的线圈电路。因此，即使是按反转启动按钮 SB2，也不会使反转接触器的线圈通电工作。同理，在反转接触器 KM2 动作后，也保证了正转接触器 KM1 的线圈电路不能再工作。

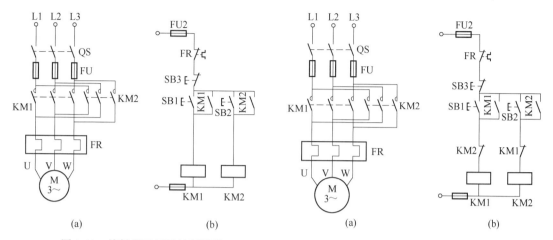

图 1-48　接触器正反转控制线路　　　　　图 1-49　接触器互锁正反转控制线路
（a）主电路；（b）控制电路　　　　　　　（a）主电路；（b）控制电路

由以上的分析可以得出如下的规律：

（1）当要求甲接触器工作时乙接触器就不能工作，此时应在乙接触器的线圈电路中串入甲接触器的常闭触点；

（2）当要求甲接触器工作时乙接触器不能工作，而乙接触器工作时甲接触器不能工作，此时要在两个接触器线圈电路中互串对方的常闭触点。

但是，图 1-49 所示的接触器互锁正反转控制线路也有个缺点，即是在正转过程中要求反转时必须先按下停止按钮 SB1，让 KM1 线圈断电，互锁触点 KM1 闭合，这样才能按反转启动按钮使电动机反转，这给操作带来了不方便。为了解决这个问题，在生产上常采用复合按钮和触点互锁的控制线路，如图 1-50 所示。

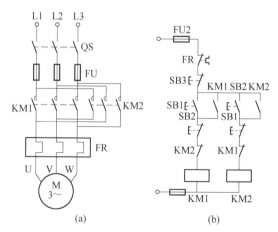

图 1-50　复合互锁的正反转控制线路
（a）主电路；（b）控制电路

在图 1-50 中，保留了由接触器常闭触点组成的互锁电气联锁，并添加了由按钮 SB1

和 SB2 的常闭触点组成的机械互锁。这样，当电动机由正转变为反转时，只需按下反转按钮 SB2，便会使 SB2 的常闭触点断开 KM1 线圈回路，KM1 起互锁作用的常闭触点复位，接通 KM2 线圈控制回路，实现电动机反转。这种线路既能实现电动机直接正反转的要求，又保证了电路可靠地工作，通常在电力拖动控制系统中广泛使用。

1.4.1.4 顺序控制与多地控制

A 两台电动机的顺序控制

在生产实践中，常要求各种运动部件之间或生产机械之间能够按顺序工作。例如：车床主轴转动时，要求油泵先给润滑油，主轴停止后，油泵方可停止润滑，即要求油泵电动机先启动，主轴电动机后启动，主轴电动机停止后，才允许油泵电动机停止。实现该过程的控制线路如图 1-51 所示。

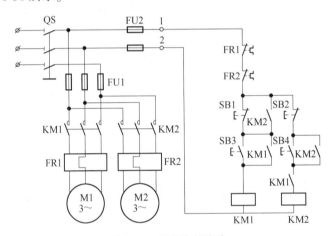

图 1-51 顺序控制线路

在图 1-51 中，M1 为油泵电动机，M2 为主轴电动机，分别由 KM1、KM2 控制。SB1、SB3 为 M1 的停止和启动按钮，SB2、SB4 为 M2 的停止和启动按钮。由此图可见，将接触器 KM1 的常开辅助触点串入接触器 KM2 的线圈电路中，只有当接触器 KM1 线圈通电，常开触点闭合后，才允许 KM2 线圈通电，即电动机 M1 先启动后才允许电动机 M2 启动。将主轴电动机接触器 KM2 的常开触点并联接在油泵电动机的停止按钮 SB1 两端，即当主轴电动机 M2 启动后，SB1 被 KM2 的常开触点短路不起作用，直到主轴电动机接触器 KM2 断电，油泵停止按钮 SB1 才能起到断开 KM1 线圈电路的作用，油泵电动机才能停止，这样就实现了按顺序启动、按顺序停止的联锁控制。

总结上述关系，可以得到如下的控制规律：

（1）当要求甲接触器工作后方允许乙接触器工作，则在乙接触器线圈电路中串入甲接触器的常开触点；

（2）当要求乙接触器线圈断电后方允许甲接触器线圈断电，则将乙接触器的常开触点并联在甲接触器的停止按钮两端。

B 多地点控制

在大型设备中，为了操作方便，常常要求能在多个地点进行控制，图 1-52 所示为一台笼型三相异步电动机单向旋转的两地点控制线路。

在图 1-52 中，各启动按钮是并联的，当任一处按下启动按钮，接触器线圈都能通电并自锁；各停止按钮是串联的，当任一处按下停止按钮后，都能使接触器线圈断电，电动机停转。由此可得出普遍结论：

（1）欲使几个电器都能控制甲接触器通电，则几个电器的常开触点应并联接到甲接触器的线圈电路中；

（2）欲使几个电器都能控制甲接触器断电，则几个电器的常闭触点应串联接到甲接触器的线圈电路中。

1.4.1.5 行程控制

在机床电气设备中，有时要求机床能够自动往返运动，即要求控制线路实现电动机正反转的自动切换。自动往返行程控制线路如图 1-53 所示。电动机的正、反转是实现工作台自动往返循环的基本环节。控制线路按照行程控制原则，采用限位开关对生产机械运动的行程位置进行控制。

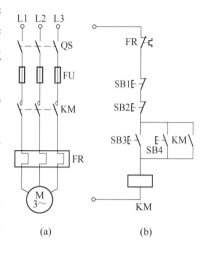

图 1-52 两地控制线路
（a）主电路；（b）控制电路

图 1-53 机床往返运动示意图

在正反转控制线路中适当加入行程开关，并以此作为电动机的换向指令，便可得到如图 1-54 所示的自动往复循环控制电路。行程开关分别安装在机身的左右或前后两端，机械挡铁安装在往复运动部件上，调整 SQ1、SQ2 距离便能调节往复行程大小。

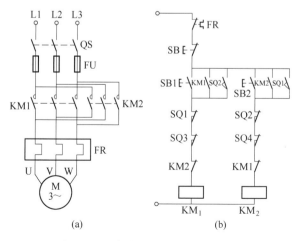

图 1-54 机床自动往返运动控制线路
（a）主电路；（b）控制电路

1.4.2　电动机降压启动控制线路

当电动机功率较大（10kW以上），为了限制启动电流引起的过大冲击，一般采用降压启动方式。降压程序首先要保证能启动，即减压后的启动转矩必须大于负载转矩，并要根据不同的负载特性兼顾启动过程的平稳性、快速性等技术指标。

1.4.2.1　笼型异步电动机的启动控制线路

笼型异步电动机限制启动电流常采用降压启动的方法，即启动时将定子绕组电压降低，启动结束将定子电压升至全压，使电动机在全压下运行。降压启动的方法很多，如定子串电阻（电抗）降压启动、定子串自耦变压器降压启动、Y-△降压启动等。无论哪种方法，对控制要求是相同的，即给出启动指令后先降压，当电动机接近额定转速时再加全压，这个过程是以启动过程中的某一变化参量为控制信号自动进行的。在启动过程中，转速、电流、时间等参量都发生变化，原则上这些变化的参量都可以作为启动的控制信号。以转速和电流为变化参量控制电动机启动受负载变化、电网电压波动的影响较大，往往造成启动失败；采用以时间为变化参量控制电动机启动，换接是靠时间继电器的动作，不论负载变化还是电网电压波动，都不会影响时间继电器的整定时间，可以按时切换，不会造成启动失误。所以，控制电动机启动，几乎毫无例外地采用以时间为变化参量来进行控制。

A　定子绕组串电阻降压启动

图1-55所示为定子绕组串电阻的降压启动控制线路。该线路是根据启动过程中时间的变化，利用时间继电器控制降压电阻的切除。图1-55（b）的控制过程如下：合上QS，按下SB2，KM1线圈通电，KM1常开辅助触点闭合形成自锁，定子串电阻降压起动，同时KT线圈通电，开始延时，t秒后，延时到，KT常开延时触点闭合，KM2线圈通电，KM2常开辅助触点闭合，常闭辅助触点断开，其中常开辅助触点闭合形成自锁，短接电阻R，电动机全压运行，常闭辅助触点断开，使KM1线圈断电，KT线圈断电，为下一次起动作准备。

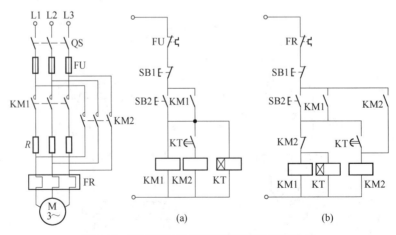

图1-55　定子绕组串电阻的降压启动控制线路

由图1-55（a）可以看出，本线路在启动结束后，KM1、KT一直得电动作，这是不必要的。如果能使 KM1、KT 在电动机启动结束后断电，可减少能量损耗，延长接触器、继电器的使用寿命。其解决办法为：在接触器 KM1 和时间继电器的线圈电路中串入 KM2 的常闭触点，KM2 要有自锁，如图 1-55（b）所示；这样当 KM2 线圈通电时，其常闭触点断开 KM1、KT 线圈断电。

定子绕组串电阻的降压启动方法由于不受电动机接线形式的限制，设备简单，所以在中小型生产机械上应用广泛。但是，定子串电阻降压启动，能量损耗较大，在实际中应用较少。为了节省能量可采用电抗器代替电阻，但其成本较高，它的控制线路与电动机定子串电阻的控制线路相同。

B Y-△ 降压启动

凡是正常运行时定子绕组接成三角形的笼型异步电动机可采用星形（Y）-三角形（△）降压启动方法来达到限制启动电流的目的。Y 系列的笼型异步电动机功率在 4.0kW 以上者均为三角形接法，都可以用 Y-△ 降压启动的方法。

由于启动时定子绕组为星形联结，绕组相电压由额定 380V 降为 220V，启动转矩只有全压启动时的 1/3，所以这种启动控制电路只适于轻载或空载启动场合。鉴于电气传动和机械传动的大多数情况下，电动机正常工作时都为三角形连接，所以 Y-△ 启动方式在实际工程应用中最为广泛。

图 1-56 为笼型异步电动机 Y-△ 降压启动的控制线路。主电路有 3 个交流接触器 KM1、KM2、KM3，当接触器 KM1 和 KM3 主触头闭合时，电动机绕组为星形接法，当接触器 KM1 和 KM2 主触头闭合时，电动机绕组接成三角形接法。热继电器 FR 对电动机实现过载保护，其工作过程如下：

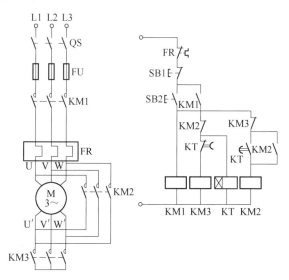

图 1-56 Y-△ 降压启动控制线路

当合上刀开关 QS 以后，按下启动按钮 SB2，接触器 KM1 线圈、KM3 线圈以及通电延时型时间继电器 KT 线圈通电，电动机接成星形启动；同时通过 KM1 的常开辅助触点自锁，时间继电器开始定时。当电动机接近于额定转速时，即时间继电器 KT 延时时间已到，KT 的延时断开常闭触点断开，切断 KM3 线圈电路，KM3 断电释放，其主触点和辅助触点复位；同时，KT 的常开延时闭合触点闭合，使 KM2 线圈通电自锁，主触点闭合，电动机接成三角形运行。时间继电器 KT 线圈也因 KM2 常闭触点断开而失电，时间继电器的触点复位，为下一次启动做好准备，图中的 KM2、KM3 常闭触点是互锁控制，防止 KM2、KM3 线圈同时得电而造成电源短路。

C　定子串自耦变压器降压启动

自耦变压器按星形接线，其接线示意图如图 1-57 所示。启动时将电动机定子绕组接到自耦变压器二次侧。这样，电动机定子绕组得到的就是自耦变压器的二次电压，改变自耦变压器抽头的位置可以获得不同的启动电压。在实际应用中，自耦变压器一般有 65%、85% 等抽头。当启动完毕，自耦变压器被切除，额定电压直接加到电动机定子绕组上，电动机进入全压正常运行。

图 1-58 为用两个接触器控制的自耦变压器减压启动控制电路。该图中 KM1 为减压接触器，KM2 为正常运行接触器，KT 为启动时间继电器，KA 为启动中间继电器。

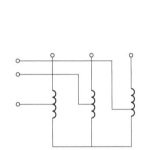

图 1-57　自耦变压器接线示意图

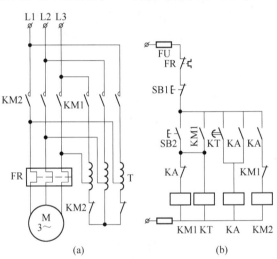

图 1-58　自耦变压器降压启动控制线路
（a）主电路；（b）控制电路

合上电源开关，按下启动按钮 SB2，KM1 通电并自锁，将自耦变压器 T 接入，电动机定子绕组经自耦变压器供电作减压启动；同时 KT 通电，经延时，KA 通电并自锁，KM1 断电，KM2 通电，自耦变压器切除，电动机在全压下正常运行。

D　自耦变压器降压启动特点

自耦变压器降压启动方法适用于电动机容量较大、正常工作时接成星形的电动机，启动转矩可以通过改变抽头的连接位置得到改变。它的缺点是自耦变压器价格较贵，而且不允许频繁启动。鉴于此，自耦变压器降压启动方式在实际工程中也使用得相对较少。

1.4.2.2　三相绕线型异步电动机启动控制线路

三相绕线型异步电动机较直流电动机结构简单，维护方便，调速和启动性能比笼型异步电动机优越。有些生产机械虽不要求调速，但要求较大的启动力矩和较小的启动电流，笼型异步电动机不能满足这种启动性能的要求，在这种情况下可采用绕线型异步电动机拖动，通过滑环在转子绕组中串接外加设备达到减小启动电流、增大启动转矩及调速的目的。

A　转子绕组串电阻启动控制线路

图 1-59 为转子绕组串电阻启动控制线路，为了控制可靠，控制电路采用直流操作。启动停止和调速采用主令控制器 SA 控制，KA1、KA2、KA3 为过流继电器，KT1、KT2 为断电延时型时间继电器。下面介绍控制线路的工作过程。

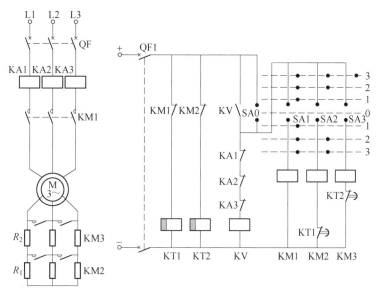

图 1-59　转子绕组串电阻启动控制线路

（1）启动前准备。SA 手柄置到"0"位，则触点 SA0 接通。合上 QF、QF1，KT1、KT2 线圈通电，其常闭延时触点瞬时打开；零位继电器 KV 线圈通电自锁，为 KM1、KM2、KM3 线圈的通电做好准备。

（2）启动过程。将 SA 由"0"位推向"3"位：SA1、SA2、SA3 闭合，KM1 线圈通电，主触点闭合，电动机每相转子串两段电阻启动，KM1 的常闭辅助触点断开，KT1 线圈断电开始延时。当 KT1 延时结束时，其常闭延时触点复位，KM2 线圈通电，一方面 KM2 的常开主触点闭合，切除电阻 R_1；另一方面 KM2 的常闭辅助触点断开，KT2 线圈断电开始延时。当 KT2 延时结束时，其常闭延时触点复位，KM3 线圈通电，主触点闭合，切除电阻 R_2，电动机进入全速运转。

（3）电动机调速控制。当要求调速时，可将主令控制器的手柄推向"1"位或"2"位。当主令控制器的手柄推向"1"位时，由图可以看出，主令控制器的触点只有 SA1 接通，接触器 KM2、KM3 均不能得电，电阻 R_1、R_2 将接入转子电路中，电动机便在低速下运行；当主令控制器的手柄推向"2"位时，电动机将在转子接入一段电阻的情况下运行，这样就实现了调速控制。

（4）电动机停车控制。当要求电动机停车时，将主令控制器手柄拨回到"0"位，接触器 KM1、KM2、KM3 均断电，电动机断电停车。

（5）保护环节。线路中的零位继电器 KV 起失压保护的作用，电动机每次启动前必须将主令控制器的手柄扳回到"0"位，否则电动机无法启动。KA1、KA2、KA3 作过流保护，正常时继电器不动作，常闭触点闭合；若出现过流时，其常闭触点断开，KV 线圈断电，使 KM1、KM2、KM3 线圈断电，起到保护作用。

　　B　转子绕组串频敏变阻器启动控制线路

　　绕线型异步电动机转子串电阻的启动方法，由于在启动过程中逐渐切除转子电阻，在切除瞬间电流及转矩会突然增大，产生一定的机械冲击力。如果想减小电流的冲击，必须增加电阻的级数，这将使控制线路复杂，工作不可靠，而且启动电阻体积较大。

　　频敏变阻器的阻抗能够随着电动机转速的上升，转子电流频率的下降而自动减小，所以它是绕线型异步电动机较为理想的一种启动装置，常用于较大容量的绕线型异步电动机的启动控制。

　　a　频敏变阻器简介

　　频敏变阻器实质上是一个铁芯损耗非常大的三相电抗器。它的铁芯是由几片或十几片较厚的钢板或铁板叠成，并制成开启式，三个绕组按星形联结，将其串联在转子电路中，如图 1-60（a）所示。一相转子的等效电路如图 1-60（b）所示。图中 R_b 为绕线电阻，R 为频敏变阻器的铁损等值电阻，X 为电抗，R 与 X 并联。

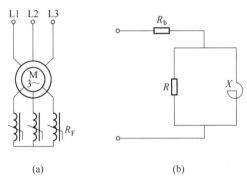

　　　　　　　　　(a)　　　　　　　　　　　　　　　　(b)

图 1-60　频敏变阻器及其等效电路图
（a）电动机转子绕组接入频敏；（b）一相转子的等效电路图

　　当电动机接通电源启动时，频敏变阻器通过转子电路得到交变电动势，产生交变磁通，其电抗为 X，而频敏变阻器铁芯由较厚的钢板制成，在交变磁通作用下，产生很大的涡流损耗和较小的磁滞损耗（涡流损耗占总损耗的 80% 以上）。此涡流损耗在电路中以一个等效电阻 R 表示。电抗 X 和电阻 R 都是由交变磁通产生的，所以其大小都随转子电流频率变化而变化。电动机启动过程中，转子电流频率 f_2 与电源频率 f_1 的关系为：$f_2 = sf_1$，其中 s 为转差率。当电动机转速为零时，转差率 $s = 1$，$f_2 = sf_1$；当 s 随着转速上升而减小时，f_2 便下降。频敏变阻器的 X、R 与 f_2 的平方成正比。因此，启动开始，频敏变阻器的等效阻抗很大，限制了电动机的启动电流，随着电动机转速的升高，转子电流频率降低，等效阻抗自动减小，从而达到了自动改变电动机转子阻抗的目的，实现了平滑无级启动。当电动机正常运行时，f_2 很低（为 $5\% f_1 \sim 10\% f_1$），其阻抗很小。另外，在启动过程中，转子等效阻抗及转子回路感应电动势都是由大到小，所以实现了近似恒转矩的启动特性。

　　b　转子串频敏变阻器启动控制线路

　　图 1-61 所示为绕线型异步电动机转子串频敏变阻器启动控制线路。该图中 KM1 为线路接触器，KM2 为短接频敏变阻器接触器，KT 为控制启动时间的通电延时型时间继电

器，KA 为中间继电器。由于是大电流系统，所以热继电器 FR 接在电流互感器的二次侧。

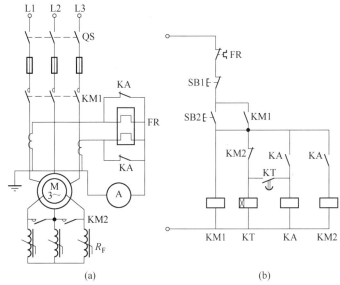

图 1-61　转子串频敏变阻器启动控制线路
（a）主电路；（b）控制电路

线路的工作过程如下：

合上电源开关，按下启动按钮 SB2，接触器 KM1 通电并自锁，电动机接通三相交流电源，电动机转子串频敏变阻器启动；同时，时间继电器 KT 线圈通电并开始延时。当延时结束，KT 的常开延时闭合触点闭合，KA 线圈通电并自锁，并使 KM2 线圈通电，KM2 的常开触点闭合将频敏变阻器切除，电动机进入正常运转状态。

在启动过程中，为了避免启动时间过长而使热继电器误动作，用 KA 的常闭触点将热继电器 FR 的发热元件短接。

c　两种启动方法比较

转子绕组串电阻的启动由于在启动过程中逐渐切除转子电阻，在切除的瞬间电流及转矩会突然增大，产生一定的机械冲击力。如果想减小电流的冲击，必须增加电阻的级数，这将使控制线路复杂，工作不可靠，而且启动电阻体积较大。

转子绕组串频敏变阻器启动频敏变阻器的阻抗能够随着电动机转速的上升、转子电流频率的下降而自动减小，所以它是绕线型异步电动机较为理想的一种启动装置，常用于较大容量的绕线型异步电动机的启动控制。

1.4.3　异步电动机的制动与调速控制

为了保障安全、精确定位、提高效率等需要，电力拖动系统往往要求电动机在停车时带制动控制。常用的制动停车的方式有机械制动和电气制动两种，机械制动是采用机械抱闸制动；电气制动是产生一个与原来转动方向相反的制动力矩。笼型异步电动机与直流电动机和绕线型异步电动机一样，制动可采用反接制动和能耗制动。无论哪种制动方式，在制动过程中，电流、转速、时间三个参量都在变化，因此可以取某一变化参量作为控制信号，在制动结束时及时取消制动转矩。

以时间为变化参量进行能耗制动时，在转速未到零时取消能耗制动，转矩很小，影响不大，当转速为零时仍未取消制动，也不会反转。所以，以时间为变化参量进行控制对能耗制动是合适的。

如果取转速为变化参量，用速度继电器检测转速，能够正确地反映转速变化，不受外界因素的影响。所以，反接制动常采用以转速为变化参量施行控制。当然，能耗制动也可以采用以转速为变化参量进行控制。

1.4.3.1　反接制动

异步电动机反接制动有两种情况：一种是在负载转矩作用下使电动机反转的倒拉反接制动，它往往出现在位能负载时，这种方法达不到停机的目的，主要是用于限制下放速度；另一种是改变三机异步电动机电源的相序进行反接制动。

反接制动是利用改变电动机电源相序，使定子绕组产生的旋转磁场与转子旋转方向相反，因而产生制动转矩的一种制动方法。应注意的是，但电动机转速接近零时，必须立即断开电源，否则电动机会反向旋转。

在反接制动时，电动机定子绕组流过的电流相当于全压直接启动时电流的 2 倍。为了限制制动电流对电动机转轴的机械冲击力，往往在制动过程中在定子电路中串入电阻。

A　单向反接制动控制线路

单向运行的三相异步电动机反接制动控制线路如图 1-62 所示。图中 KM1 为单向旋转接触器，KM2 为反接制动接触器，KV 为速度继电器，R 为反接制动电阻。

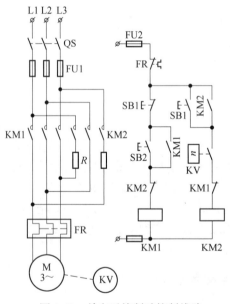

图 1-62　单向反接制动控制线路

线路的工作过程如下：

合上电源开关 QS，按下启动按钮 SB2，接触器 KM1 线圈通电并自锁，电动机在全压下启动运行。当转速升到某一值（通常大于 120r/min）以后，速度继电器 KV 的动合触点闭合，为制动接触器 KM2 的通电做准备。

停车时，按下停车按钮 SB1，KM1 断电，电动机定子绕组脱离三相电源，但电动机因惯性仍以很高速度旋转，KV 原来闭合的常开触点仍保持闭合。当将 SB1 按到底时，使 SB1 常开触点闭合，KM2 通电并自锁，电动机定子绕组串接二相电阻接上反相序电源，电动机进入反接制动状态。电动机转速迅速下降，当电动机转速接近 100r/min 时，KV 常开触点复位，KM2 断电，制动过程结束。

　　B　电动机可逆运行反接制动控制线路

图 1-63 为可逆运行反接制动控制线路。图中 KM1、KM2 为正、反转接触器，KM3 为短接电阻接触器，KA1～KA3 为中间继电器，KV 为速度继电器，其中 KV1 为正转闭合触点、KV2 为反转闭合触点，R 为启动与制动电阻。

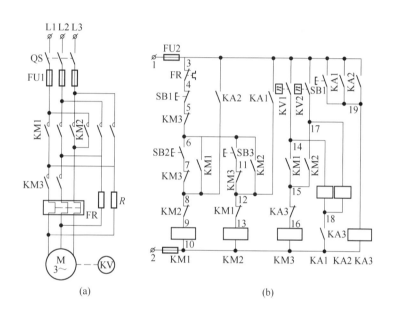

图 1-63　可逆运行反接制动控制线路
(a) 主电路；(b) 控制电路

电路工作过程如下：

合上电源开关 QS，按下正转启动按钮 SB2，KM1 通电并自锁，电动机串入电阻接入正序电源启动，当转速升高到一定值时 KV1 触点闭合，KM3 通电，短接电阻，电动机在全压下启动进入正常运行。

需停车时，按下停止按钮 SB1，KM1、KM3 相继断电，电动机脱开正序电源并串入电阻，同时 KA3 通电，其常闭触点又再次切断 KM3 电路，使 KM3 断开，保证电阻 R 串接于定子电路中。由于电动机转子的惯性转速仍很高，KV1 仍然保持闭合，使 KA1 通电，触点 KA1 (3-12) 闭合使 KM2 通电，电动机串接电阻接上反序电源，实现反接制动；另一触点 KA1 (3-19) 闭合，使 KA3 仍通电，确保 KM3 始终处于断电状态，R 始终串入。当电动机转速下降到 100r/min 时，KV1 断开，KA1 断电，KM2、KA3 同时断电，反接制动结束，电动机停止运行。

电动机反向启动和停车反接制动过程与上述工作过程相同，读者可自行分析。

1.4.3.2　能耗制动

能耗制动是把在运动过程中存储在转子中的机械能转变为电能，又消耗在转子电阻上的一种制动方法。制动时，将正在运转的三相笼型异步电动机从交流电源上切除，向定子绕组通入直流电流，便在空间产生静止的磁场，此时电动机转子因惯性而继续运转，切割磁感线，产生感应电动势和转子电流，转子电流与静止磁场相互作用，产生制动力矩，使电动机迅速减速停车。

A　按时间原则控制的单向运行能耗制动控制电路

图 1-64 为按时间原则进行能耗制动的控制电路。图中 KM1 为单向运行接触器，KM2 为能耗制动接触器，KT 为时间继电器，T 为整流变压器，VC 为桥式整流电路。

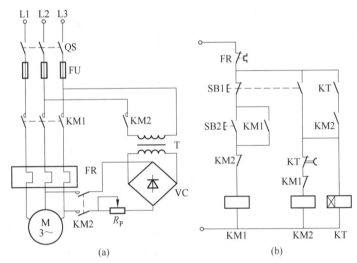

图 1-64　按时间原则控制的单向能耗制动控制电路

（a）主电路；（b）控制电路

线路的工作过程如下：

启动时，合上电源开关 QS，按下正转启动按钮 SB2，接触器 KM1 通电并自锁，主触点接通电动机主电路，电动机在全压下启动运行。

停车时，按下停止按钮 SB1，其动断触点使 KM1 线圈断电，切断电动机交流电源；SB1 的动合触点闭合，接触器 KM2、时间继电器 KT 线圈通电并经 KM2 的辅助触点和 KT 的瞬动触点自锁；同时，KM2 的主触点闭合，给电动机二相定子绕组接入直流电源进行能耗制动。电动机在制动转矩作用下使转速迅速下降，当转速接近零时，KT 延时时间到，其延时触点动作，使 KM2、KT 线圈相继断电，切断直流电源，制动过程结束。图中利用 KM1 和 KM2 的动断触点进行互锁的目的，是防止交流电和直流电同时加入电动机的定子绕组。

B　按速度原则控制的可逆运行能耗制动控制电路

图 1-65 为按速度原则控制的可逆运转能耗制动控制电路。图中 KM1、KM2 为正反转接触器，KM3 为制动接触器。

电路工作过程如下：

合上电源开关 QS，根据需要可按下正转或反转启动按钮 SB2 或 SB3，相应接触器 KM1 或 KM2 通电并自锁，电动机正常运转。此时速度继电器相应触点 KV1 或 KV2 闭合，

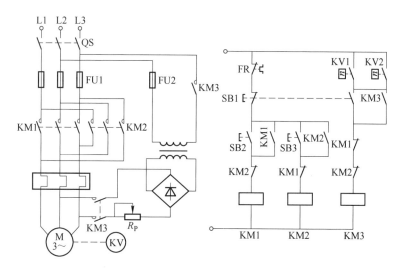

图 1-65　按速度原则控制的可逆运行能耗制动控制电路

为停车时接通 KM3，实现能耗制动准备。

　　停车时，按下停止按钮 SB1，KM1 或 KM2 线圈断电，其常开触点断开，电动机定子绕组断开三相交流电源，同时 KM3 通电，电动机定子接入直流电源进入能耗制动，转速迅速下降，当转速降至 100r/min 时，速度继电器 KV1 或 KV2 触点断开，此时 KM3 断电，能耗制动结束，以后电动机自然停车。

　　C　两种制动方法的比较

　　能耗制动的特点是制动电流小，能量损耗小，制动准确度高，但它需直流电源，制动速度较慢，所以适用于要求平稳制动的场合。

　　反接制动的优点是制动能力强，制动时间短；缺点是能量损耗大，制动时冲击力大，制动准确度差；适用于制动要求迅速，系统惯性大，制动不频繁的场合。

　　1.4.3.3　异步电动机的变极调速控制

　　异步电动机调速常用来改善机床的调速性能和简化机械变速装置。根据三相异步电动机的转速公式 $n = 60f_1(1 - s)/p$ 可知，三相异步电动机的调速方法有：变极（p）调速、变转差率（s）调速和变频（f_1）调速三种。而变极对数调速一般仅适用于笼型异步电动机；变转差率调速，可分通过调节定子电压、改变转子电路中的电阻以及采用串级调速来实现。变频调速是现代电力传动的一个主要发展方向，已广泛应用于工业自动控制中。本节主要介绍三相笼型异步电动机变极调速电路。

　　A　变极调速的方法

　　三相笼型电动机采用改变磁极对数调速，改变定子极数时，转子极数也同时改变，笼型转子本身没有固定的极数，它的极数随定子极数而定。

　　多速电动机一般有双速、三速、四速之分。双速电动机定子装有一套绕组，三速和四速电动机则装有两套绕组。双速电动机三相绕组连接图如图 1-66 所示。应当注意，当三角形或星形连接时，$p = 2$（低速），各相绕组互为 240° 电角度；当双星形连接时，$p = 1$（高速），各相绕组互为 120° 电角度。为保持变速前后转向不变，改变磁极对数时必须改变电源时序。

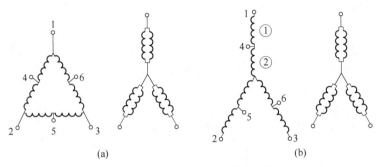

图 1-66　双速电动机三相绕组连接

（a）△/YY；（b）Y/YY

B　双速电动机的控制线路

双速电动机调速控制线路如图 1-67 所示。图中 KM1 为△连接接触器，KM2、KM3 为双"Y"连接接触器，SB2 为低速启动按钮，SB3 为高速启动按钮，HL1、HL2 分别为低、高速指示灯。

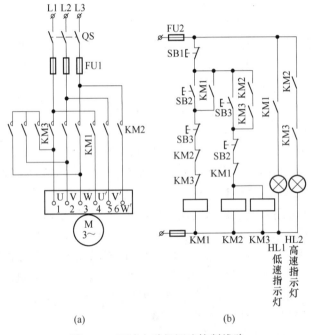

图 1-67　双速电动机调速控制线路

（a）主电路；（b）控制电路

电路工作时，合上开关 QS 接通电源，当按下 SB2 时，接触器 KM1 线圈通电并自锁，电动机作"△"连接，实现低速运行，HL1 亮。需高速运行时，按下 SB3，KM2、KM3 线圈通电并自锁，电动机接成双星形连接实现高速运行，HL2 亮。

由于电路采用了 SB2、SB3 的机械互锁和接触器的电气互锁，因此能够实现低速运行直接转换为高速，或由高速直接转换为低速。

习　题

1-1　什么是低压电器，低压电器有哪些分类方式，常用低压电器用途和表示方法如何？

1-2　电磁式低压电器由哪几部分构成，它们是如何工作的？

1-3　常用低压电器中哪些是低压配电电器，它们的符号怎么表示，它们是怎样工作的，在电路中有何作用，我们该如何选用它们？

1-4　常用低压电器中哪些是控制电器，它们的符号怎么表示，它们是怎样工作的，在电路中有何作用，我们该如何选用它们？

1-5　常用的继电器有哪些类型，它们的符号怎么表示，它们是怎样工作的，在电路中有何作用，我们该如何选用它们？

1-6　什么是电气图？电气原理图由哪几部分组成，绘制电气原理图要遵循哪些规则？

1-7　什么是自锁，什么是互锁，什么是顺序控制，各有何作用，什么是欠压保护，自锁电路能否实现欠压保护？

1-8　什么情况下电动机采用直接启动，降压启动的启动电压和启动电流为什么不一致？

1-9　电动机的几种降压启动线路各有什么特点，如何根据它们的特点来设计控制线路？

1-10　电动机有几种制动方式，其控制线路各有何特点？

2 PLC 概论

【知识要点】

PLC 的定义、特点、应用范围，PLC 的主要性能指标、组成和工作原理。

【学习目标】

了解 PLC 的由来，发展及使用场合；掌握 PLC 的主要特点、分类方法；熟悉 PLC 的基本构成和外形特征；理解 PLC 的工作原理；了解 PLC 与其他控制系统的区别与联系。

通过本章的学习，使读者初步了解 PLC，能够理解为什么 PLC 在工业控制领域被广泛应用，我们为什么要学习 PLC。

2.1 PLC 的发展历程

随着微处理器、计算机和数字通信技术的飞速发展，计算机控制已扩展到了几乎所有的控制领域。现代社会要求制造业对市场需求做出迅速的反应，生产出小批量、多品种、多规格、低成本和高质量的产品。为了满足这一要求，生产设备的控制系统必须具有极高的灵活性和可靠性，可编程序控制器（PLC）正是顺应这一要求出现的。

2.1.1 PLC 的产生

在 PLC 诞生之前，继电器控制系统已广泛应用于工业生产的各个领域，起着不可替代的作用。随着生产规模的逐步扩大，继电器控制系统已越来越难以适应现代工业生产的要求。继电器控制系统通常是针对某一固定的动作顺序或生产工艺而设计，它的控制功能也局限于逻辑控制、定时、计数等一些简单的控制，一旦动作顺序或生产工艺发生变化，就必须重新进行设计、布线、装配和调试，造成时间和资金的严重浪费。继电器控制系统体积大、耗电多、可靠性差、寿命短、运行速度慢、适应性差，针对这一现状，1968 年美国最大的汽车制造商通用汽车公司（GM），为了适应汽车型号不断更新的需求，并能在竞争激烈的汽车工业中占有优势，提出要研制一种新型的工业控制装置来取代继电器控制装置。为此，拟定了 10 项公开招标的技术要求，即：

(1) 编程方便，现场可修改程序；

(2) 维修方便，采用插件式结构；

(3) 可靠性高于继电控制盘；

(4) 体积小于继电控制盘；

(5) 数据可直接送入管理计算机；

(6) 成本可与继电控制盘竞争；

（7）可直接用 115V 交流输入；

（8）输出可为 115V、2A 以上，并且可直接驱动电磁阀、接触器等；

（9）系统扩展时原系统变更很少；

（10）用户程序存储器容量大于 4kB。

根据招标的技术要求，美国的数字设备公司（DEC）于 1969 年研制出了第一台 PLC，并在通用汽车公司自动装配线上试用成功。这种新型的工控装置，以其体积小、可变性好、可靠性高、使用寿命长、简单易懂、操作维护方便等一系列优点，很快就在美国的许多行业里得到推广应用，也受到了世界上许多国家的高度重视。1971 年，日本从美国引进了这项新技术，很快研制出了他们的第 1 台 PLC。1973 年，西欧国家也研制出他们的第 1 台 PLC。我国从 1974 年开始研制，到 1977 年开始应用于工控领域。如今，PLC 已经大量应用在进口和国产设备中，各行各业也涌现了大批应用 PLC 改造设备的成果，并且已经实现了 PLC 的国产化，现在生产的设备越来越多地采用 PLC 作为控制装置。因此，了解 PLC 的工作原理，具备设计、调试和维修 PLC 控制系统的能力，已经成为现代工业对电气工作人员和工科学生的基本要求。

2.1.2　PLC 的定义

国际电工委员会（IEC）对 PLC 的定义是：可编程序控制器是一种数字运算操作的电子系统，专为在工业环境下应用而设计。它采用了可编程序的存储器，用来在其内部存储执行逻辑运算、顺序控制、定时、计数和算术运算等操作的指令，并通过数字式或模拟式输入和输出，控制各种类型的机械或生产过程。可编程序控制器及其有关的外围设备，都应按易于与工业控制系统形成一个整体、易于扩充其功能的原则设计。

由该定义可知，PLC 的定义可以概括为三个方面：

（1）PLC 是什么。PLC 是能够存储指令，并运用这些指令编写程序的电子系统，可以把这个电子系统理解为商用计算机、平板电脑或者手机，只不过这个电子系统不是 Windows、安卓或 IOS 系统。它有自己的操作系统，PLC 的操作系统有时被称为"固件"。更新或升级固件，就是更新或升级该操作系统。

（2）PLC 的功能。商用计算机、平板电脑或手机都有各自的功能，看电影、打游戏、打电话、聊微信等，而 PLC 的功能是通过程序来控制各种类型的生产机械或生产过程。

（3）PLC 及其控制系统的设计原则。该原则是容易与工业控制系统形成一个整体，容易在原有控制系统中扩充功能。

2.1.3　发展趋势

作为工业自动化的主流控制产品，PLC 自诞生至今已过半个世纪。伴随相关技术的发展，PLC 在性能、功能、易用性和产品形态等方面已历经五代变革。技术更新的背后是需求的驱动，增效、安全、开放、整合、信息化和智能化将成为当下的工业需求趋势。在此背景下，下一代 PLC 的发展趋势成为用户和 PLC 业界共同关注的课题。

（1）在外观上，PLC 将会越来越小型化、模块化、集成化。外形、体积缩小，意味着便于安装维护，系统集成时占用柜体空间就越少。随着用户对于功能的要求不断提高，这意味着体积小就要求产品的集成度更高。下一代 PLC 会集成更多的操作与维护功能，如内置 CPU 显示屏，可快速访问各种文本信息和详细的诊断信息，以提高设备的可用性，同时也便于全面了解工厂的所有信息；集成 DIN 导轨，能够快速便捷地安装自动断路器、继电器之类的其他组件；灵活电缆存放方式，凭借预先设计的电缆定位槽装置，即使存放粗型电缆，也可以轻松地关闭模块前盖板；集成屏蔽夹，对模拟量信号进行适当屏蔽，可确保高质量地识别信号并有效防止外部电磁干扰。

在结构上，用户充分认可 PLC 模块化带来的灵活扩展性。为满足各种自动化应用的需求，各种带 CPU 和存储器的智能 I/O 模块，既能扩展 PLC 功能，又使用灵活，延伸了 PLC 的应用范围。

（2）在性能上，速度会更快、工作更可靠、功能更丰富、更智能。随着计算机技术的快速发展并进入自动化领域，"32 位处理器，纳秒级的处理速度，数万个 I/O 点"，用户相信这些第五代 PLC 已经具备的特点，将以"更快"的方式体现在下一代 PLC 中，从而让未来的 PLC 拥有 PC 一样的运算能力和数据处理能力。

PLC 以可靠性高、抗干扰能力强而著称，但现代工业对可靠性要求越来越高，用户仍然希望下一代 PLC 的故障检测与处理能力将会更强。据统计，在 PLC 控制系统的故障中，CPU 和 I/O 仅占 20%，而输入输出设备、线路故障占 80%。前者可通过 PLC 软件本身的软硬件实现检测、处理，而外围故障必须加强研制、发展用于检测外部故障的专用智能模块，进一步提高系统的可靠性。

多种自动化技术的深入应用，已经为各种控制融合创造了条件。为适合更多设备的应用，用户展望下一代 PLC 将具有更高的硬件软件的集成度。此外，用户要求新一代产品具备更好的向上兼容性，便于系统的无缝升级，从而在最大程度上确保投资回报和投资安全性。

如今 PLC 应用领域早已超越了开关量、逻辑控制和离散量监控，已发展成为具有逻辑控制功能、过程控制功能、运动控制功能、数据处理功能、联网通信功能的多功能控制器，具有越来越强的模拟处理能力，以及其他过去只有在计算机才能具有的高级处理能力，如浮点数运算、PID 调节、温度控制、精确定位、步进驱动、报表统计等。从这种意义上说，未来的 PLC 将从"控制器"晋升为新一代多功能控制平台。

（3）在通信方面向开放化、网络化和无线化发展。为适应信息化发展趋势，如今 PLC 网络系统已经不再是自成体系的封闭系统，而是迅速向开放式系统发展，各大品牌 PLC 除了形成自己各具特色的 PLC 网络系统，完成设备控制任务之外，还可以与上位计算机管理系统联网，实现信息交流，成为整个信息管理系统的一部分。另外，现场总线技术得到广泛的应用，PLC 与其他安装在现场的智能化设备，比如智能化仪表、传感器、智能型驱动执行机构等，通过一根传输介质连接，并按照同一通信规约互相传输信息，由此构成一个现场工业控制网络。该网络与单纯的 PLC 远程网络相比，配置更灵活，扩容更方便，造价更低，性能价格也更好，更具有开放意义。

随着多种控制设备协同工作的迫切需求，对 PLC 的 Ethernet 扩展功能以及进一步兼容 Web 技术提出了更高的要求。通过集成 Web Server，用户可以无需亲临现场，即可通过 Internet 浏览器随时查看 CPU 状态，过程变量以图形化方式进行显示，简化了信息的采集操作。基于此要求，用户认为以 S7-1200 为代表的新一代小型 PLC，以太网接口已成标配，工业网络已经不再是初期的奢侈品，而是现代工业控制系统的基础，这标志着以 PLC

为代表的控制系统正在从基于控制的网络，发展成为基于网络的控制。

有用户认为，"铜退光进""铜退无线进"的网络通信时代应引发新一代 PLC 硬件上的革命，那就是输入输出部分应该与 PLC 分离，直接留在现场底层，通过光纤或无线与 PLC 以一种新标准的工业信号连接，这样的 PLC 将回归它的"可编程逻辑过程控制"本质功能。未来，PLC 与智能手机的互联，甚至配置 WIFI，更会带来工业现场的无线化变革。

（4）编程软件将更简单，逐渐趋向平台化。简易编程、软件互通，呼唤的是软件的一体化和平台化，用户甚至表示，"PLC 的软件在等待一个类似于微软视窗那样的突破，才能说开创一个全新的 PLC 时代"。在硬件主导市场的自动化领域，已经可以看到跨硬件的一体化设计软件，这是软件平台化的开端，随着软件价值在自动化系统中的提升，未来真正的自动化平台化软件或可预期。

纵观 PLC 发展变化的需求驱动因素和用户期望，下一代 PLC 的发展方向已初具轮廓。性能越来越强，功能越来越多，PLC 将能适应更为复杂的控制任务；网络通信成为标配，PLC 控制系统将逐步融入全厂自动化乃至企业管理信息化系统之中；设计软件趋向更为简单，平台化软件趋势可期；安装、调试、维护、诊断更为便捷，PLC 的使用趋于简单化，而应用趋于智能化。因此，下一代 PLC 的变革不仅体现在传统的功能和性能上，更体现在产品平台理念、企业级系统融合和全生命周期的价值之中。唯此，新一代 PLC 才能够更加满足各种工业自动化控制应用的需要，成为百年不衰的工业控制平台。

2.2　PLC 的性能特点与应用

2.2.1　PLC 的特点

PLC 之所以能够迅速发展，除了它顺应工业自动化的客观要求之外，更重要的是由于它具有许多适合工业控制的优点，较好地解决了工业控制领域中普遍关心的可靠、安全、灵活、方便、经济等问题。它具有以下几个显著的特点。

2.2.1.1　功能丰富

与常规的继电器相比，功能丰富是 PLC 的一大特点。

PLC 有丰富的指令系统，有各种各样的 I/O 接口、通信接口，有大容量的内存、可靠的自身监控系统，因而具有了逻辑处理、数据运算、定时计数、中断处理、联网通信、自检自诊断等功能。可以说，凡是普通小型计算机能做到的，它几乎也都可做到。

丰富的功能为 PLC 的广泛应用提供了可能，同时也为工业系统控制的自动化、网络化、信息化及智能化创造了条件。

2.2.1.2　工作可靠

用 PLC 实现对系统的控制是非常可靠的，这是因为 PLC 在硬件与软件两个方面都采取了很多非常有效的根本性措施。

A　在硬件方面

对输入信号通常做了滤波，而且输入输出电路与内部 CPU 是电隔离，其信号靠光耦器件或电磁器件传递。同时，CPU 板还有抗电磁干扰的屏蔽措施，可确保 PLC 程序的运行不受外界的电与磁干扰。

PLC 使用的元器件多为无触点的，而且为高度集成的，数量并不太多，也为其可靠工作提供了物质基础。同时，所用的元器件都经严格监测、老化与筛选，质量是有可靠保证的。其输出用的继电器虽为触点的，但它的触点是在密封的真空条件下，故其寿命也可达几十万次。

在机械结构设计与制造工艺上，为使 PLC 能安全可靠地工作，也采取了很多措施，可确保 PLC 耐振动、耐冲击。使用环境温度可高达 50℃以上，有的 PLC 可高达 100℃；有的在低温，低到-40~50℃还可正常工作。

有的 PLC 模块可热备，一个模块工作，另一个模块也运转，但不参与控制，仅做备份。一旦主模块出现故障，热备份就可自动接替其工作。

还有更进一步冗余的，采用三取一的设计，CPU、I/O 模块、电源模块都冗余或其中的部分冗余。三套同时工作，最终输出取决于三者中的多数决定的结果。这可使系统出故障的概率几乎为零，做到万无一失。当然，这样的系统成本是很高的，只用于特别重要的场合，如铁路车站的道岔控制系统。

B　在软件方面

PLC 的工作方式一般为扫描加中断，这样既可保证它能有序地工作，避免继电控制系统常出现的"冒险竞争"，其控制结果总是确定的；而且又能应急处理急于处理的控制，保证了 PLC 对应急情况的及时响应，使 PLC 能可靠地工作。

为监控 PLC 运行程序是否正常，PLC 系统都设置了"看门狗"（Watch dog）监控程序。运行用户程序开始时，先清"看门狗"定时器，并开始计时。当用户程序一个循环运行完了，则查看定时器的计时值。若超时（一般不超过 100ms），则报警；严重超时，可使 PLC 停止工作。用户可依报警信号采取相应的应急措施。若定时器的定时值没有超时，则重复起始的过程，PLC 将正常工作。显然，有了这个"看门狗"监控程序，可保证 PLC 用户程序的正常运行，避免出现"死循环"而影响其工作的可靠性。

PLC 还有很多防止及检测故障的指令，以产生各重要模块工作正常与否的提示信号；可通过编制相应的用户程序，对 PLC 的工作状况以及 PLC 所控制的系统进行监控，以确保其可靠工作。

PLC 每次上电后，都要运行自检程序及对系统进行初始化。这是系统程序（操作系统）配置了的，用户可不干预，出现故障时有相应的出错信号提示。

正是 PLC 在软、硬件诸方面有强有力的可靠性措施，才确保了 PLC 具有可靠工作的特点。它的平均无故障时间可达几万小时以上；出了故障平均修复时间也很短，几小时，甚至几分钟即可。

2.2.1.3　使用方便

用 PLC 实现对系统的控制是非常方便的。这是因为：

首先，PLC 控制逻辑的建立是程序，用程序代替硬件接线。编程序比接线简单，更改程序比更改接线方便。

其次，PLC 的硬件是高度集成化的，已集成为种种小型化的箱体或模块，而且这些箱体或模块是配套的，已实现了系列化与规格化。各种控制系统所需的箱体或模块，PLC 厂商多有现货供应，市场上可方便购得。所以，硬件系统配置与建造也非常方便。

正因如此，用可编程序控制器才有这个"可"字。对软件讲，它的程序可编，也有办法编。对硬件讲，它的配置可变，而且也易于变。

具体地讲，PLC 的六个方便之处是：

（1）配置方便。在进行 PLC 的硬件配置时，可按控制系统的需要确定要使用哪家的、哪种类型的 PLC，以及用什么箱体或模块，要多少箱体或模块。确定后，到市场上订购即可。

（2）安装方便。PLC 硬件安装简单，组装容易。外部接线有接线器，接线简单，而且一次接好后，更换模块时，把接线器安装到新模块上即可，可不必再接线。内部什么线都不需要接，只要做些必要的 DIP 开关设定或软件设定就可工作。

（3）编程方便。要想发挥 PLC 的功能，主要通过运行用户程序实现。用户程序要求用户编写。但编写这个程序是较方便的，编程语言已有国际标准 IEC61131-3 规定的标准。而用梯形图语言编程类似于继电电路设计，很受电气工程人员欢迎。用计算机编程时有的还可用高级语言，如 BASIC 语言、C 语言，而且几乎所有厂商都提供有专门的计算机编程软件，界面都很友好，为 PLC 编程提供了方便。在调试程序方面，有些厂商的PLC 还有计算机仿真软件，在 PLC 没到货时就可进行程序调试，为程序设计提供了很大的方便；PLC 的程序便于存储、移植及再使用。某设备用 PLC 的程序完善之后，凡这种设备都可使用。生产一台，复制一份即可。这比继电器电路台台设备都要接线、调试，要省事及简单得多。

由于有以上三点的方便，用 PLC 作控制系统集成，其开发过程比过去用继电器要快得多。小系统几天就能完成，大系统要多花一些时间，但与 PLC 有关的也不多，主要用于其他相关的配置上。

（4）维修方便。这是因为 PLC 工作可靠，出现故障的情况不多，大大减轻了维修的工作量。即使 PLC 出现故障，维修也很方便。这是因为 PLC 都设有很多故障提示信号，如 PLC 支持内存保持数据的电池电压不足，相应的就有电压低信号指示，而且 PLC 可做故障情况记录。所以，PLC 出了故障，很容易查找与诊断。同时，诊断出故障后排除故障也很简单。可按箱体或模块排除故障，而箱体或模块的备件市场可以买到，进行简单的更换就可以。至于软件，调试好后是不会出故障的，至多也只是依据使用经验进行调整，使之完善即可。

（5）升级方便。由于网络技术的发展及远程通信的进步，很多 PLC 可进行远程诊断及维护；同时，还可远程升级 PLC 的操作系统。有了这个技术，可使用户已拥有的 PLC也能随着厂商技术的进步，适时地得以相应提升，其技术寿命也可以得到延长。

（6）改用方便。PLC 用于某设备，若这个设备不再使用了，其所用的 PLC 还可给其他设备使用，只要改编一下程序就可办到。如果原设备与新设备差别较大，它的一些箱体或模块也还可重用。

曾有人做过为什么要使用 PLC 的问卷调查。在回答中，多数用户把 PLC 工作可靠作为选用它的主要原因，即把 PLC 能可靠工作作为它的首选指标。

多年使用 PLC 的经验也说明，PLC 工作是非常可靠的。正常使用的 PLC 往往不是由于用坏而被淘汰，而是由于 PLC 技术发展太快，由于技术落后而被淘汰。

2.2.1.4 经济合算

实际经验不断证明，尽管使用 PLC 比常规电器首次投资要大些，但从全面及长远看，使用 PLC 还是合算的。这是因为：使用 PLC 的投资虽大，但它的体积小、所占空间小，辅助设施的投入少；系统集成方便，建造的周期短；使用时省电，运行费用少；工作可靠，停工损失少；维修简单，维修费用少；还可再次使用以及能带来附加价值等，从中可得更大的回报。所以，在多数情况下，它的效益是可观的。

总之，PLC 具有功能丰富、工作可靠、使用方便及经济合算的特点，使得它既非常有用，又非常好用、耐用、省用，有无限的发展生命力和非常广泛的应用前景。短短几十年，它从诞生、生长、成熟及不断完善与一代又一代的发展，已成为工业自动化的支柱产品，并发展成为强大的高科技产业。可以这么说，在当代，一个工业控制系统，或较先进的工业产品，其控制装置若不使用 PLC，那是不可想象的。

2.2.2 PLC 的性能指标

PLC 的性能指标是反映 PLC 性能高低的一些相关的技术指标，主要包括 I/O 点数、处理速度（扫描时间）、存储器容量、定时器/计数器及其他辅助继电器的种类和数量、各种运算处理能力等。下面予以简要介绍。

（1）I/O 点数。PLC 的控制规模一般以 I/O 点数（输入/输出点数）表示，即输入/输出继电器的数量，这也是在实际应用中最关心的一个技术指标。按输入/输出的点数一般分为小型、中型和大型 3 种。通常箱体式的主机都带有一定数量的输入和输出继电器，如果不能满足需求，还可以用相应的扩展模块进行扩展，增加 I/O 点数。

（2）处理速度。PLC 的处理速度一般用基本指令的执行时间来衡量，一般取决于所采用 CPU 的性能。早期的 PLC 一般为 $1\mu s$ 左右，现在的速度则快得多。例如，西门子的 S7-200 系列 PLC 的执行速度为 $0.8\mu s$，欧姆龙的 CPM2A 系列 PLC 达到 $0.64\mu s$，1000 步基本指令的运算只需要 $640\mu s$，大型 PLC 的工作速度则更高。因此，PLC 的处理速度可以满足绝大多数的工业控制要求。

（3）存储器容量。在 PLC 应用系统中，存储器容量是指保存用户程序的存储器大小，一般以"字节"为单位。各种 PLC 的存储器容量大小可以从该 PLC 的基本参数表中找到。例如：西门子的 S7-1200 系列 PLC 的工作存储容量为 50~125KB，装载存储器容量为 1~4MB；S7-315-2DP PLC 的用户程序存储容量为 128KB。

（4）定时/计数器的点数和精度。定时器、计数器的点数和精度从一个方面反映了 PLC 的性能。早期定时器的单位时钟一般为 100ms，最大时限（最大定时时间）大多为 3276.7s。为了满足高精度的控制要求，时钟精度不断提高，如西门子 S7-1200 系列 PLC 的定时器的定时精度为 1ms，个数由用户来确定。

（5）处理数据的范围。PLC 处理的数值为 16 位二进制数，对应的十进制数范围是 −999~+999 或 −32768~32767。但在高精度的控制要求中，处理的数值为 32 位，范围是 −2147483648~2147483647。在过程控制等应用中，为了实现高精度运算，必须采用浮点运算。现在新型的 PLC 都支持浮点数的处理，可以满足更高的控制要求。

（6）指令种类及条数。指令系统是衡量 PLC 软件功能高低的主要指标，PLC 的指令系统一般分为基本指令和高级指令（也称为功能指令或应用指令）两大类。基本指令都大同小异，相对比较稳定。高级指令则随 PLC 的发展而越来越多，功能也越强。PLC 具有的指令种类及条数越多，则其软件功能越强，编程就越灵活越方便。

另外，各种智能模块的多少、功能的强弱也是说明 PLC 技术水平高低的一个重要标志。智能模块越多，功能就越强，系统配置和软件开发也就越灵活越方便。

2.2.3 PLC 的应用领域

目前，PLC 在国内外已广泛应用于钢铁、石油、化工、电力、建材、机械制造、汽车、轻纺、交通运输、环保及文化娱乐等各个行业，使用情况大致可归纳为如下几类。

（1）开关量的逻辑控制。这是 PLC 最基本、最广泛的应用领域，它取代传统的继电器电路，实现逻辑控制、顺序控制，既可用于单台设备的控制，也可用于多机群控及自动化流水线。例如，注塑机、印刷机、订书机械、组合机床、磨床、包装生产线、电镀流水线等。

（2）模拟量控制。在工业生产过程中，有许多连续变化的量，如温度、压力、流量、液位和速度等都是模拟量。为了使 PLC 处理模拟量，必须实现模拟量（Analog）和数字量（Digital）之间的 A/D 转换及 D/A 转换。PLC 厂家都生产配套的 A/D 和 D/A 转换模块，使 PLC 用于模拟量控制。

（3）运动控制。PLC 可以用于圆周运动或直线运动的控制，从控制机构配置来说，早期直接用于开关量 I/O 模块连接位置传感器和执行机构，现在一般使用专用的运动控制模块，如可驱动步进电机或伺服电机的单轴或多轴位置控制模块。世界上各主要 PLC 厂家的产品几乎都有运动控制功能，广泛用于各种机械、机床、机器人、电梯等场合。

（4）过程控制。过程控制是指对温度、压力、流量等模拟量的闭环控制。作为工业控制计算机，PLC 能编制各种各样的控制算法程序，完成闭环控制。PID 调节是一般闭环控制系统中用得较多的调节方法。大中型 PLC 都有 PID 模块，目前许多小型 PLC 也具有此功能模块。PID 处理一般是运行专用的 PID 子程序，过程控制在冶金、化工、热处理、锅炉控制等场合有非常广泛的应用。

（5）数据处理。现代 PLC 具有数学运算（含矩阵运算、函数运算、逻辑运算）、数据传送、数据转换、排序、查表、位操作等功能，可以完成数据的采集、分析及处理。这些数据可以与存储在存储器中的参考值比较，完成一定的控制操作，也可以利用通信功能传送到其他智能装置，或将它们打印制表。数据处理一般用于大型控制系统，如无人控制的柔性制造系统；也可用于过程控制系统，如造纸、冶金、食品工业中的一些大型控制系统。

（6）通信及联网。PLC 通信含 PLC 间的通信及 PLC 与其他智能设备间的通信。随着计算机控制的发展，工厂自动化网络发展得很快，各 PLC 厂商都十分重视 PLC 的通信功能，纷纷推出各自的网络系统。新近生产的 PLC 都具有通信接口，通信非常方便。

2.3 PLC 的基本结构与工作原理

2.3.1 PLC 的基本结构

PLC 种类繁多，但其基本结构和工作原理基本相同。PLC 的基本结构由中央处理器

（CPU），存储器，输入、输出接口，电源，扩展接口，通信接口，编程接口，智能 I/O 接口，智能单元等组成。其总体结构框图如图 2-1 所示。

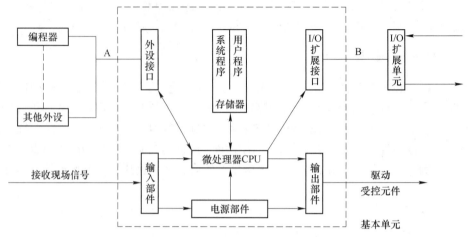

图 2-1　PLC 的结构框图

2.3.1.1　CPU（中央处理器）

CPU 是整个 PLC 的运算和控制中心，它在系统程序的控制下，完成各种运算和协调系统内部各部分的工作，相当于人的大脑和心脏。CPU 在很大程序上决定了 PLC 的整体性能，如整个系统的控制规模、工作速度和内存容量。

2.3.1.2　存储器

PLC 的存储器包括系统存储器和用户存储器两部分。系统程序存储器的类型是只读存储器（ROM），PLC 的操作系统存放在这里，程序由制造商固化，通常不能修改。存储器中的程序负责解释和编译用户编写的程序，监控 I/O 接口的状态，对 PLC 进行自诊断，扫描 PLC 中的程序等。

用户存储器包括用户程序存储器（程序区）和功能存储器（数据区）两部分。用户程序存储区存放用户根据实际控制要求或生产工艺流程编写的具体控制程序。用户功能存储器是用来存放用户程序中使用各种器件的 ON/OFF 状态/数值数据等，如工作寄存器、内部继电器、定时器、计数器、数据寄存器等。用户存储器容量的大小，关系到用户程序容量的大小，是反映 PLC 性能的重要指标之一。

2.3.1.3　输入、输出接口

PLC 的输入、输出信号类型可以是开关量、模拟量和数字量。输入、输出接口是 PLC 内部弱电信号和工业现场强电信号联系的桥梁，输入、输出接口主要有两个作用：一是利用内部的电隔离电路将工业现场和 PLC 内部进行隔离，起保护作用；二是调理信号，可以把不同的信号（强电，弱电信号）调理成 CPU 可以处理的信号。

（1）输入接口电路。PLC 以开关量顺序控制为特长，其输入电路基本相同，通常分为三种类型，直流输入型、交流输入型和交直流输入型。外部输入元件可以是触点或传感器。输入电路包括光电隔离和 RC 滤波器，用于消除输入触点和外部噪声干扰，图 2-2 是直流输入方式的电路图。

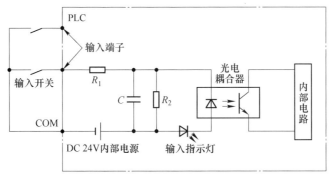

图 2-2 直流输入接口电路

（2）输出接口电路。输出接口电路有三种形式，即继电器输出、晶体管输出和晶闸管输出。如图 2-3 所示，开关量输出端的负载电源一般由用户提供，输出电流一般不超过 2A。

图 2-3（a）为继电器输出型，CPU 控制继电器线圈的通电或失电，其接点相应闭合或断开，接点再控制外部负载电路的通断。显然继电器输出型 PLC 是利用继电器线圈和触点之间的电气隔离，将内部电路与外部电路进行了隔离。图 2-3（b）为晶体管输出型，晶体管输出型通过使晶体管截止或饱和导通来控制外部负载电路，晶体管输出型是在 PLC 内部电路与输出晶体管之间用光耦合器进行隔离。图 2-3（c）为晶闸管输出型，晶闸管输出型通过使晶闸管导通或关断来控制外部负载电路，晶闸管输出型是在 PLC 内部电路与输出元件之间用光电晶闸管进行隔离。

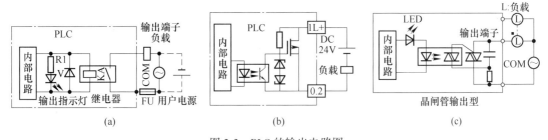

图 2-3 PLC 的输出电路图

（a）继电器输出型；（b）晶体管输出型；（c）晶闸管输出型

在三种输出形式中，以继电器输出型最为常用，但响应时间最长，输出频率较慢，其负载电源可以是直流电源或交流电源。

晶体管输出型的响应时间最短，输出频率较快，其负载电源只能是直流电源。

晶闸管输出型的响应速度和输出频率介于两者之间，其负载电源只能是交流电源。

2.3.1.4 电源

PLC 的供电电源一般是市电，有的也用 DC 24V 电源供电。PLC 对电源稳定性要求不高，一般允许电源电压在 −15% ~ +10% 内波动。PLC 内部含有一个稳压电源用于对 CPU 和 I/O 单元供电，小型 PLC 的电源往往和 CPU 单元合为一体，大中型 PLC 都有专门的电源单元。一般 PLC 还有 DC 24V 输出，用于对外部传感器供电，但输出电流往往只是毫安级。

2.3.1.5   扩展接口与通信接口

扩展接口用于扩展 I/O 单元，它使 PLC 的配置更为灵活，控制功能更为丰富，以满足不同的控制系统的需要。通信接口的功能是通过这些通信接口可以与人机界面（HMI）、驱动器、其他的 PLC 或计算机相连，从而实现"人—机"或"机—机"之间的对话。

2.3.2   PLC 的工作原理

2.3.2.1   PLC 的扫描工作方式

PLC 本质上是一台微型计算机，其工作原理与普通计算机基本上是一致的，可以简单地表述为在系统程序的管理下，通过运行应用程序，对控制要求进行处理判断，并通过执行用户程序来实现控制任务。但计算机与 PLC 的工作方式有所不同，计算机一般采用等待命令的工作方式，而 PLC 则采用循环扫描的工作方式。其具体过程如下：

PLC 有运行（RUN）与停止（STOP）两种基本的工作模式。当处于停止工作模式时，PLC 只进行内部处理和通信服务等内容。当处于运行工作模式时，PLC 要进行从内部处理、通信服务、输入处理、程序处理、输出处理，然后按上述过程循环扫描工作。在运行模式下，PLC 通过反复执行反映控制要求的用户程序来实现控制功能，为了使 PLC 的输出及时地响应随时可能变化的输入信号，用户程序不是只执行一次，而是不断地重复执行，直至 PLC 停机或切换到 STOP 工作模式。除了执行用户程序之外，在每次循环过程中，PLC 还要完成内部处理、通信服务等工作，一次循环可分为 5 个阶段如图 2-4 所示。PLC 的这种周而复始的循环工作方式称为扫描工作方式。由于 PLC 执行指令的速度极高，从外部输入/输出关系来看，处理过程似乎是同时完成的。

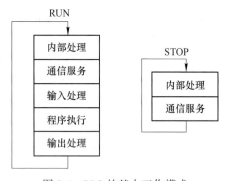

图 2-4   PLC 的基本工作模式

（1）内部处理阶段。在内部处理阶段，PLC 检查 CPU 内部的硬件是否正常，将监控定时器复位，以及完成一些其他内部工作。

（2）通信服务阶段。在通信服务阶段，PLC 与其他的智能装置通信，响应编程器键入的命令，更新编程器的显示内容。当 PLC 处于停止模式时，只执行以上两个操作；当 PLC 处于运行模式时，还要完成另外三个阶段的操作。

（3）输入处理阶段。输入处理又称为输入采样。在 PLC 的存储器中，设置了一片区域用来存放输入信号和输出信号的状态，它们分别称为输入映像寄存器和输出映像寄存器。PLC 梯形图中的其他软元件也有对应的映像存储区，它们统称为元件映像寄存器。外部输入电路接通时，对应的输入映像寄存器为 1 状态，梯形图中对应的输入继电器的常开触点接通，常闭触点断开。外部输入触点电路断开时，对应的输入映像寄存器为 0 状态，梯形图中对应的输入继电器的常开触点断开，常闭触点接通。某一软元件对应的映像寄存器为 1 状态时，称该软元件为 ON；映像寄存器为 0 状态时，称该软元件为 OFF。

在输入处理阶段，PLC 顺序读入所有输入端子的通断状态，并将读入的信息存入内存中所对应的输入元件映像寄存器，此时，输入映像寄存器被刷新。接着进入程序执行阶段，在程序执行时，输入映像寄存器与外界隔离，即使输入信号发生变化，其映像寄存器的内容也不会发生变化，只有在下一个扫描周期的输入处理阶段才能被读入。

（4）程序处理阶段。根据 PLC 梯形图程序扫描原则，按先左后右先上后下的顺序，逐行逐句扫描，执行程序。但遇到程序跳转指令，则根据跳转条件是否满足来决定程序的跳转地址。当用户程序涉及输入/输出状态时，PLC 从输入映像寄存器中读取出上一阶段输入处理时对应输入端子的状态，从输出映像寄存器读取对应映像寄存器的当前状态，根据用户程序进行逻辑运算，运算结果再存入有关元件寄存器中。因此，对每个元件而言，元件映像寄存器中所寄存（输入映像寄存器除外）的内容，会随着程序执行过程而变化。

（5）输出处理阶段。在输出处理阶段，CPU 将输出映像寄存器的 0/1 状态传送到输出锁存器。梯形图中某一输出继电器的线圈"通电"时，对应的输出映像寄存器为 1 状态。信号经输出单元隔离和功率放大后，继电器型输出单元中对应的硬件继电器的线圈通电，其常开触点闭合，使外部负载通电工作。若梯形图中输出继电器的线圈"断电"，对应的输出映像寄存器为 0 状态，在输出处理阶段之后，继电器型输出单元中对应的硬件继电器的线圈断电，其常开触点断开，外部负载断电，停止工作。

PLC 的输入处理、程序处理和输出处理的工作方式如图 2-5 所示。PLC 的扫描既可按固定的顺序进行，也可按用户程序所指定的可变顺序进行。这不仅因为有的程序不需每个扫描周期都执行一次，而且也因为在一些大系统中需要处理的 I/O 点数多，通过安排不同的组织模块，采用分时分批扫描的执行方法，可缩短循环扫描的周期和提高控制的实时响应性。

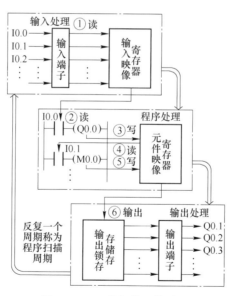

图 2-5　PLC 的扫描工作过程

循环扫描的工作方式是 PLC 的一大特点，也可以说 PLC 是"串行"工作的，这和传统的继电器控制系统"并行"工作有质的区别，PLC 的串行工作方式避免了继电器控制系统中触点竞争和时序失配的问题。

由于 PLC 是扫描工作的，在程序处理阶段即使输入信号的状态发生了变化，输入映像寄存器的内容也不会变化，要等到下一周期的输入处理阶段才能改变。暂存在输出映像寄存器中的输出信号要等到一个循环周期结束，CPU 集中将这些输出信号全部输送给输出锁存器。由此可以看出，全部输入输出状态的改变，需要一个扫描周期。换言之，输入/输出的状态保持一个扫描周期。

2.3.2.2　PLC 的扫描周期

PLC 在 RUN 工作模式时，执行一次如图 2-5 所示的扫描操作所需的时间称为扫描周期，其典型值为 1~100ms。扫描周期与用户程序的长短、指令的种类和 CPU 执行指令的速度有很大的关系。当用户程序较长时，指令执行时间在扫描周期中占相当大的比例。

有的编程软件或编程器可以提供扫描周期的当前值，有的还可以提供扫描周期的最大值和最小值。

2.3.2.3　输入、输出滞后时间

输入、输出滞后时间又称为系统响应时间，是指 PLC 的外部输入信号发生变化的时刻至它控制的有关外部输出信号发生变化的时刻之间的时间间隔，它由输入电路滤波时间、输出电路的滞后时间和因扫描工作方式产生的滞后时间这三部分组成。

输入单元的 RC 滤波电路用来滤除由输入端引入的干扰噪声，消除因外接输入触点动作时产生的抖动引起的不良影响，滤波电路的时间常数决定了输入滤波时间的长短，其典型值为 10ms 左右。输出单元的滞后时间与输出单元的类型有关，继电器型输出电路的滞后时间一般在 10ms 左右；双向晶闸管型输出电路在负载通电时的滞后时间约为 1ms，负载由通电到断电时的最大滞后时间为 10ms；晶体管型输出电路的滞后时间一般在 1ms 以下。

由扫描工作方式引起的滞后时间最长可达两个扫描周期。PLC 总的响应延时一般只有几十毫秒，对于一般的系统是无关紧要的。要求输入/输出信号之间的滞后时间尽量短的系统，可以选用扫描速度快的 PLC 或采取其他措施。

因此，影响输入/输出滞后的主要原因有：输入滤波器的惯性、输出继电器接点的惯性、程序执行的时间、程序设计不当的附加影响等。对于用户来说，选择了一个 PLC，合理的编制程序是缩短响应时间的关键。

2.4　PLC 与其他典型控制系统的比较

2.4.1　与继电器控制系统的区别

PLC 与继电器均可用于开关量的逻辑控制，PLC 的梯形图与继电器的电路图都是用线圈和触点来表示逻辑关系的。有的厂家甚至将梯形较长中的编程元件称为继电器，例如输入继电器等。

继电器控制系统的控制功能是硬件继电器（或称为物理继电器）和硬件接线实现的，PLC 的控制功能主要是用软件（即程序）实现的。

PLC 采用计算机技术，具有顺序控制、定时、计数、运动控制、数据处理、闭环控制和通信联网等功能，比继电器控制系统的功能强大得多。

继电器控制系统的可靠性差，诊断与排除复杂的继电器系统的故障非常困难。梯形图

程序中的输出继电器等是一种"软继电器",其功能是用软件,因此没有硬件继电器那样的机械触点,易发生接触不良的缺点。PLC 可靠性高,故障率极低,并且很容易诊断和排除故障。

继电器控制的功能被固定在线路中,其功能单一,灵活性差,修改控制逻辑时非常麻烦,稍不注意,还容易弄错。所以在低压电路中,现在只有简单的逻辑才会采用继电器控制。

2.4.2 与单片机控制系统的区别

PLC 控制系统和单片机控制系统在不少方面有较大的区别,是两个完全不同的概念。因为一般院校的电类专业都开设 PLC 和单片机的课程,所以这也是学生们经常问及的一个问题,在这里可以从以下几个方面进行分析。

(1)本质区别。单片机控制系统是基于芯片级的系统,而 PLC 控制系统是基于模块级的系统。其实 PLC 本身就是一个单片机系统,它是已经开发好的单片机产品。开发单片机控制系统属于底层开发,而设计 PLC 控制系统是在成品的单片机控制系统上进行的二次开发。

(2)使用场合。单片机控制系统适合于在家电产品(如冰箱、空调、洗衣机、吸尘器等)、智能化的仪器仪表、玩具和批量生产的控制器产品等场合使用。PLC 控制系统适合在单机电气控制系统、工业控制领域的制造业自动化和过程控制中使用。

(3)使用过程。设计开发一个单片机控制系统,需要先设计硬件系统,画硬件电路图,制作印刷电路板,购置各种所需的电子元器件,焊接电路板,进行硬件调试,进行抗干扰设计和测试等大量的工作;需要使用专门的开发装置和编程语言编制控制程序,进行系统联调。

设计开发一个 PLC 控制系统,只需要按照控制要求,合理进行硬件配置,购置 PLC 和相关模块,进行外围电气电路设计和连接,不必操心 PLC 内部的计算机系统(单片机系统)是否可靠和它们的抗干扰能力,所以硬件工作量不大。软件设计使用工业编程语言,相对比较简单。进行系统调试时,因为有很好的工程工具(软件和计算机)帮助,所以也非常容易。

(4)使用成本。因为使用的场合和对象完全不同,所以这两者之间的成本没有可比性。但如果硬要对同样的工业控制项目(仅限于小型系统或装置)使用这两种系统进行比较时,可以得出如下结论:

从使用的元器件总成本看,PLC 控制系统要比完成同样任务的单片机控制系统成本要高得多。

如果这样的项目就有一个或不多的几个,则使用 PLC 控制系统其成本不一定比使用单片机系统高,因为设计单片机控制系统要进行反复的硬件设计、制板、调试,其硬件成本也不低,因而其工作量成本非常高。做好的系统其可靠性(和大公司的 PLC 产品相比)也不一定能保证,所以日后的维护成本也会相应提高。如果这样的控制系统是一个有批量的任务,即做一大批,这时使用单片机进行控制系统开发是比较合适的。

但是,在工业控制项目中,绝大部分场合还是使用 PLC 控制系统为好。

2.4.3 PLC 与 DCS、FCS 控制系统的区别

2.4.3.1 三大系统的要点

PLC、DCS、FCS 是目前工业自动化领域所使用的三大控制系统，下面简单介绍各自的特点，然后再介绍它们之间的融合。

(1) DCS 集散控制系统 (Distributed Control System，DCS) 是集 4C (Communication Computer，Control，CRT) 技术于一身的监控系统。它主要用于大规模的连续过程控制系统中，如石化、电力等，在 20 世纪 70 年代到 90 年代末占据主导地位。其核心是通信，即数据公路。它的基本要点是：从上到下的树状大系统，其中通信是关键；控制站连接计算机与现场仪表、控制装置等设备；整个系统为树状拓扑和并行连线的链路结构，从控制站到现场设备之间有大量的信号电缆；信号系统为模拟信号、数字信号的混合；设备信号到 I/O 板一对一物理连接，然后由控制站挂接到局域网 LAN；可以做成很完善的冗余系统；DCS 是控制（工程师站）、操作（操作员站）、现场仪表（现场测控站）的 3 级结构。

(2) 最初，PLC 是为了取代传统的继电器控制系统而开发的，所以它最适合在以开关量为主的系统中使用。由于计算机技术和通信技术的飞速发展，使得大型 PLC 的功能极大地增强，以至于它后来能完成 DCS 的功能。另外加上它在价格上的优势，所以在许多过程控制系统中 PLC 也得到了广泛的应用。大型 PLC 构成的过程控制系统的要点是：从上到下的结构，PLC 既可以作为独立的 DCS，也可以作为 DCS 的子系统；可实现连续 PID 控制等各种功能；可用一台 PLC 为主站，多台同类型 PLC 为从站，构成 PLC 网络；也可用多台 PLC 为主站，多台同类型 PLC 为从站，构成 PLC 网络。

(3) FCS 现场总线技术以其彻底的开放性、全数字化信号系统和高性能的通信系统给工业自动化领域带来了"革命性"的冲击，其核心是总线协议，基础是数字化智能现场设备，本质是信息处理现场化。FCS 的要点是：它可以在本质安全、危险区域、易变过程等过程控制系统中使用，也可以用于机械制造业、楼宇控制系统中，应用范围非常广泛；现场设备高度智能化，提供全数字信号；一条总线连接所有的设备；系统通信是互联的、双向的、开放的，系统是多变量、多节点、串行的数字系统；控制功能彻底分散。

2.4.3.2 目前 PLC、DCS 和 FCS 系统之间的融合

每种控制系统都有它的特色和长处，在一定时期内，它们相互融合的程度可能会大大超过相互排斥的程度。这三大控制系统也是这样，比如 PLC 在 FCS 中仍是主要角色，许多 PLC 都配置上了总线模块和接口，使得 PLC 不仅是 FCS 主站的主要选择对象，也是从站的主要装置。DCS 也不甘落后，现在的 DCS 把现场总线技术包容了进来，对过去的 DCS I/O 控制站进行了彻底的改造，编程语言也采用标准化的 PLC 编程语言。第四代 DCS 既保持了其可靠性高、高端信息处理功能强的特点，也使得底层真正实现了分散控制。目前在中小型项目中使用的控制系统比较单一和明确，但在大型工程项目中，使用的多是 DCS、PLC 和 FCS 的混合系统。

习　题

2-1　什么是 PLC，与继电器控制和微机控制系统相比它的主要优点是什么？

2-2　PLC 具有可靠性高、抗干扰能力强的主要原因何在？

2-3　PLC 的基本单元（主机）由哪几部分构成，各部分的作用是什么？

2-4　PLC 的内部存储空间可分为哪几部分，各部分的存储内容是什么？

2-5　PLC 的输入和输出模块用哪几种形式，各模块有何特点？

2-6　PLC 的主要性能指标有哪些？

2-7　PLC 主要用在哪些场合？

2-8　PLC 有哪几种分类方法？

2-9　PLC 的发展趋势是什么？

2-10　PLC 采用什么工作方式，其特点是什么？

2-11　举例说明常见的哪些设备可以作为 PLC 的输入设备和输出设备？

2-12　PLC 扫描周期应包含哪几部分时间，PLC 最少响应时间是多少，影响 I/O 响应滞后的主要因素有哪些，提高 I/O 响应速度的主要措施有哪些？

3　S7-1200 系列 PLC 的硬件技术

【知识要点】

S7-1200 的 CPU 模块、扩展模块的技术性能接线方法；PLC 系统的配置方法，电源的需求计算。

【学习目标】

了解 S7-1200 PLC 的硬件系统；掌握 PLC 输入/输出端子的分布情况，输入/输出设备的接线方法；熟习 PLC 系统配置的一般方法，PLC 的软硬件工作环境。

通过本章的学习，使读者初步了解该用什么样的 PLC、怎样配置 PLC 系统。

S7-1200 系列 PLC（Programmable Logic Controller）是西门子公司推出的一款小型 PLC，主要面向简单而高精度的自动化任务。它的设计紧凑、组态灵活且具有功能强大的指令集，这些特点的组合使它成为控制各种应用的完美解决方案。

S7-1200 系列 PLC 包含了一个单独的 S7-1200 CPU 和各种可选择的扩展模块，可以十分方便地组成不同规模的控制系统。其控制规模可以从几点到几百点，S7-1200 PLC 可方便地组成 PLC-PLC 网络和计算机-PLC 网络，从而完成规模更大的控制工程。

3.1　S7-1200 系列 PLC 的硬件结构

S7-1200 主要由 CPU 模块、信号模块、信号板、通信模块和编程软件组成，各种模块安装在标准的 DIN 导轨上。S7-1200 的硬件组成具有高度的灵活性，用户可以根据自身需求确定 PLC 的结构，系统扩展十分方便。

3.1.1　CPU 模块

3.1.1.1　CPU 的结构

S7-1200 的 CPU 模块将微处理器、电源、数字量输入/输出模块、模拟量输入/输出模块、PROFINET 以太网接口、高速运动控制功能组合在一个箱体中。每个 CPU 内可以安装一块信号板，安装后不改变 CPU 的外形和体积。CPU 模块的外形结构图如图 3-1 所示。图 3-1 中的①是 PLC 的电源接口，②是可拆卸用户接线连接器（保护盖下面），③是 CPU 板载 I/O 的状态

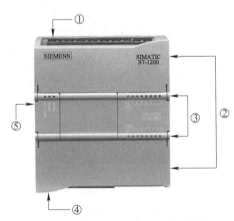

图 3-1　S7-1200 CPU 模块的外形结构图

LED，④是 PROFINET 以太网接口（CPU 的底部），⑤是 3 个指示 CPU 运行状态的 LED。每种 CPU 有三种不同电源电压和输入、输出电压的版本，见表 3-1。

表 3-1 S7-1200 CPU 的三种版本

版本	电源电压	DI 输入电压	DO 输出电压	DO 输出电流
DC/DC/DC	DC 24V	DC 24V	DC 24V	0.5A，MOSFET
DC/DC/Relay	DC24V	DC 24V	DC 5~30V，AC 5~250V	2A，DC30W/ AC200W
AC/DC/Relay	AC 85~264V	DC 24V	DC 5~30V，AC 5~250V	2A，DC30W/ AC200W

3.1.1.2 CPU 的共性功能

（1）可以使用梯形图（LAD）、函数块图（FDB）和结构化控制语言（SCL）这三种编程语言。布尔运算指令、字传送指令和浮点数数学运算指令的执行速度分别为 $0.08\mu s$/指令、$1.7\mu s$/指令和 $2.3\mu s$/指令。

（2）S7-1200 集成了最大 150kB 的工作存储器、最大 4MB 的装载存储器和 10kB 的保持性存储器。CPU1211C 和 CPU1212C 的位存储器（M）为 4096B，其他型号的 CPU 为 8192B。可以用可选的 SIMATIC 存储卡扩展存储器的容量和更新 PLC 的固件，还可以用存储卡将程序传输到其他 CPU。

（3）过程映像输入、过程映像输出各 1024B。集成的数字量输入电路的输入类型为漏型/源型，电压额定值为 DC 24V，输入电流为 4mA。"1"状态允许的最小电压、电流为 DC 15V/2.5mA，"0"状态允许的最大电压、电流为 DC 5V/1mA，输入延迟时间可以组态为 $0.1\mu s$~20ms，有脉冲捕获功能。在过程输入信号的上升沿或下降沿可以产生快速响应的硬件中断。脉冲输出（PTO）或脉宽调制（PWM）输出最多 4 路，CPU1217 支持最高 1MHz 的脉冲输出，其他 DC/DC/DC 型的 CPU 本机最高频率为 100kHz，通过信号板可输出 200kHz 的脉冲。

（4）集成的 DC 24V 电源可供传感器和编码器使用，也可以用做输入回路的电源。

（5）集成有 2 点模拟量输入（0~10V），输入电阻大于等于 $100k\Omega$，10 位分辨率。

（6）CPU1215C 和 CPU1217C 有两个带隔离的 PROFINET 以太网接口，其他 CPU 有一个以太网接口，传输速率为 10M/100M bit/s。

3.1.1.3 CPU 模块的技术性能

S7-1200 CPU 有 5 种型号：CPU1211C、CPU1212C、CPU1214C、CPU1215C、CPU1217C；不同型号的 CPU 其外观结构基本相同，但具有不同的技术参数。表 3-2 为 CPU1200 系列的主要技术数据。读懂这个性能表是很重要的，设计者在选型时，必须要参考这个表格。例如晶体管输出时，输出电流为 0.75A，若这个点控制一台电动机的启停，设计者必须考虑这个电流是否能够驱动接触器，从而决定是否增加一个中间继电器。

表 3-2 S7-1200 CPU 的技术数据

特性	CPU1211C	CPU1212C	CPU1214C	CPU1215C	CPU1217C
外形尺寸/mm×mm×mm	90×100×75	90×100×75	110×100×75	130×100×75	150×100×75
本机数字量 I/O	6I /4Q	8I/ 6Q	14I /10Q		

续表 3-2

特性	CPU1211C	CPU1212C	CPU1214C	CPU1215C	CPU1217C
本机模拟量 I/O	2AI			2AI / 2AQ	
允许扩展模块数量	—	2	8		
最大本机数字量 I/O	14	82	284	284	284
最大本机模拟量 I/O	13	19	67	69	69
过程映像大小	输入（I）/输出（Q）：1024/1024（B）				
位存储器（M）	4096（B）		8192（B）		
脉冲输出（最大 4 个）	100kHz	100kHz 或 30kHz			1MHz 或 100kHz
脉冲捕捉输入点数	6	8	14		
高速计数器	最多可组态 6 个使用任意内置或信号板输入的高速计数器				
PROFINET 接口/个	1		2		
实数运算执行速度	2.3μs/指令				
布尔运算执行速度	0.08μs/指令				

3.1.1.4　CPU 的工作模式

PLC 的工作模式描述了 CPU 的工作状态，但 S7-1200 CPU 本体上没有用于更改工作方式的物理开关，只有使用软件在线监控时，通过相应的工具按钮进行更改。CPU 的 3 种工作模式，其意义如下：

（1）CPU 处于运行工作模式时，PLC 执行用户程序，更新输入、输出信号，响应中断请求，对故障信息进行处理，但该工作模式下不能下载作任何项目。

（2）CPU 处于停止工作模式时，不执行用户程序，但用户可以进行程序的上传和下载。

（3）只有在 STOP 状态下，才可以使用 MRES 模式；存储器复位主要用于对 CPU 的数据进行初始化，使 CPU 切换到初始状态，即工作存储器中的内容和所有保持性、非保持性数据被删除，只有诊断缓冲区、时间、IP 地址被保留。

CPU 模块还提供了指示工作状态的指示灯，功能如下：

RUN/STOP 指示灯：黄色表示 STOP 模式，绿色表示 RUN 模式。

ERROR 指示灯：红色灯闪烁时，表明出现 CPU 内部错误、存储卡错误或组态错误；红灯常亮时，表明硬件出现故障。

MAINT（维护）指示灯：在插入或取出存储卡或版本错误时，黄色灯将闪烁；如果有 I/O 点被强制或安装电池板后电量过低，黄色灯将会常亮。

CPU 状态指示灯详细说明见表 3-3。

表 3-3　CPU 状态指示灯详细说明

说　明	STOP/RUN 黄色、绿色	ERROR 红色	MAINT 黄色
断电	灭	灭	灭
启动、自检或固件更新	闪烁（黄色/绿色交替）	—	灭
停止模式	亮（黄色）	—	—

说　　明	STOP/RUN 黄色、绿色	ERROR 红色	MAINT 黄色
运行模式	亮（绿色）	—	—
取出存储卡	亮（黄色）	—	闪烁
错误	亮（黄色或绿色）	闪烁	—
强制 I/O 需要更换电池	亮（黄色或绿色）	—	亮
硬件出现故障	亮（黄色）	亮	灭
LED 测试或 CPU 固件故障	闪烁	闪烁	闪烁
CPU 组态版本未知或不兼容	亮（黄色）	闪烁	闪烁

3.1.2 输入/输出（I/O）模块与信号板

S7-1200 系列 CPU 除了提供各种 I/O 模块，用于扩展其 CPU 能力，还可以在 CPU 的正面增加一块信号板。信号模块连接在 CPU 的右侧，以扩展其数字量或模拟量 I/O 点数。

3.1.2.1 数字量 I/O 模块

数字量输入模块和数字量输出模块、数字量输入输出模块以及模拟量输入模块和模拟量输出模块、模拟量输入输出模块统称为信号模块。可以选用 8 点、16 点或者 32 点的数字量 I/O 模块来满足不同的控制要求，其中数字量 I/O 模块的规格见表 3-4。

表 3-4　数字量 I/O 扩展模块规格表

模块名称	输入点	输出点	功耗/W	电源要求	
				+5V DC	+24V DC
SM1221 DI 8×24V DC	8	0	1.5	105mA	所用的每点输入 4mA
SM1221 DI 16×24V DC	16	0	2.5	130mA	所用的每点输入 4mA
SM1222 DQ 8× 继电器	0	8	4.5	120mA	所用的每个继电器线圈 11mA
SM1222 DQ 16× 继电器	0	16	8.5	135mA	所用的每个继电器线圈 11mA
SM1222 DQ 8×24V DC	0	8	1.5	120mA	—
SM1222 DQ 16×24V DC	0	16	2.5	140mA	—
SM 1223 DI 8×24V DC，DQ 8×继电器	8	8	5.5	145mA	所用的每点输入 4mA，所用的每个继电器线圈 11mA
SM 1223 DI 16×24V DC，DQ 16×继电器	16	16	10	180mA	
SM 1223 DI 8×24V DC，DQ 8×24V DC	8	8	2.5	145mA	所用的每点输入 4mA
SM 1223 DI 16×24V DC，DQ 16×24V DC	16	16	4.5	185mA	

3.1.2.2 模拟量输入/输出（I/O）模块

在工业控制中，某些输入量（例如压力、温度、流量，转速等）是模拟量，某些执行机构（例如电动调节阀和变频器等）要求 PLC 输出模拟信号，而 PLC 的 CPU 只能处理数字量。输入的模拟量被传感器和变送器转换为标准量程的电流（4~20mA）或电压（±0~10V），PLC 用模拟量输入模块的 A/D 转换器将它们转换成数字量。带正负号的电流或电压在 A/D 转换后用二进制补码表示。模拟量输出模块的 D/A 转换器将 PLC 中的数字量转换为模拟电压或电流，再去控制执行机构。模拟量 I/O 模块的主要任务就是实现 A/D 转换（模拟量输入）和 D/A 转换（模拟量输出）。

A/D 转换器和 D/A 转换器的二进制位数反映了它们的分辨率，位数越多，分辨率越高。模块量输入/输出模块的另一个重要指标是转换时间。

S7-1200 提供了专用的模拟量模块来处理模拟量信号。模块量扩展模块通用规范见表 3-5。模拟量输入有用 4 路、8 路的 13 位模块，模拟量输入可选±10V、±5V 和 0～20mA、4～20mA 等多种量程。电压输入的输入电阻大于等于 9MΩ，电流输入的输入电阻为 280Ω。双极性模拟量满量程转换后对应的数字为−27647～27648，单极性模拟量为 0～27648。

表 3-5   模拟量 I/O 扩展模块规格表

模块名称及型号	输入通道	输出通道	DC 电压/V	功率/W	电源要求	
					5V DC	24V DC
SM 1231 AI 4×13 位	4	0	24	1.5	80mA	45mA
SM 1231 AI 8×13	8	0	24	1.5	90mA	45mA
SM 1232 AQ 2×14 位	0	2	24	1.5	80mA	45mA（无负载）
SM 1232 AQ 4×14 位	0	4	24	1.5	80mA	45mA（无负载）
SM 1234 AI4×13 位 AQ2×14 位	4	2	24	2.0	80mA	60mA（无负载）

模拟量输出有用 2 路、4 路的 13 位模块。−10～+10V 电压输出为 14 位，最小负载阻抗 1000Ω。0～20mA、4～20mA 电流输出为 13 位，最大阻抗 600Ω。−27647～27648 对应满量程电压，0～27648 对应满量程电流。

SM1234 模块的模拟量输入和模拟量输出通道的性能指标分别与 SM1231 AI 4×13bit 模块和 SM1232 AQ 2×14bit 模块相同，相当于这两种模块的组合。

3.1.2.3   温度测量扩展模块

温度测量模块是模拟量模块的特殊形式，可以直接连接 TC（热电偶）和 RTD（热电阻）以测量温度。它们各自都可以支持多种热电偶和热电阻，使用时只需简单设置就可以直接得到摄氏（或华氏）温度数值。S7-1200 提供了两种温度测量扩展模块。SM1231 TC：热电偶输入模块，4 个输入通道。SM1231 RTD：热电阻输入模块，2 个输入通道。温度测量扩展模块的通用规范见表 3-6。

表 3-6   温度测量扩展模块规格表

模块名称及型号	输入通道	电压	功率/W	电源要求	
				5V DC	24V DC
SM 1231 AI 4× RTD × 16 bit	4	24V DC	1.5	80mA	40mA
SM 1231 AI 4× TC × 16 bit	4	24V DC	1.5	80mA	40mA

3.1.2.4   信号板

S7-1200 系列的所有 CPU 模块的正面都可以安装一块信号板，并且不会增加安装的空间。有时添加一块信号板，就可以增加需要的功能。数字量输出信号板使继电器输出的

CPU 具有高速输出功能，信号板扩展模块的规格见表 3-7。

表 3-7　信号板扩展模块规格表

模块名称及型号	输入点	输出点	功率/W	电源要求	
				5V DC	24V DC
SB 1221 DI 4×24V DC，200kHz	4	0	1.5	40mA	7mA/输入+20mA
SB 1222 DQ 4×24V DC，200kHz	0	4	0.5	35mA	15mA
SB 1223 DI 2 ×24V DC/ DQ 2 ×24V DC，200kHz	2	2	1.0	50mA	所用的每点输入 4mA
SB 1221 DI4 ×5V DC，200kHz	4	0	1	40mA	15mA/输入 + 15mA
SB 1222 DI4×5V DC，200kHz	0	4	0.5	35mA	15mA
SB 1223 DI 2×5V DC/ DQ 2×5V DC，200kHz	2	2	0.5	35mA	所用的每点输入 4mA
SB 1231 AQ 1×12 位	1 路	0	1.5	15mA	40mA（无负载）
SB 1232 AQ 1×12 位	0	1 路	1.5	15mA	40mA（无负载）

3.1.3　集成的通信接口与通信模块

S7-1200 具有非常强大的通信功能，提供了下列的通信选项：I-Device（智能设备）、PROFINET、PROFIBUS、远距离控制通信、点对点（PtP）、USS 通信、Modbus RTU、AS-i 和 I/O Link MASTER。

3.1.3.1　集成的 PROFINET 接口

S7-1200 CPU 集成的 PROFINET 接口可以与下列设备通信：计算机、其他 S7-CPU、PROFINET I/O 设备（例如 ET200 远程 I/O 和 SINAMICS 驱动器），以及使用标准的 TCP 通信协议的设备，它支持 TCP/IP、ISO-on-TCP、UDP 和 S7 通信协议。

3.1.3.2　PROFIBUS 通信与通信模块

S7-1200 最多可以增加 3 个通信模块，它们安装在 CPU 模块的左边。

PROFIBUS 是目前国际上通用的现场总线标准之一，已被纳入现场总线的国际标准 IEC61158。S7-1200 CPU 从固件版本 V2.0 开始，组态软件 STEP7 从版本 V11.0 开始，支持 PROFIBUS-DP 通信。

通过使用 PROFIBUS-DP 主站 CM1243-5，S7-1200 可以和其他 CPU、编程设备、人机界面和 PROFIBUS-DP 从站设备通信，CM1243-5 可以做 S7 通信的客户机或服务器。

通过使用 PROFIBUS-DP 主站 CM1242-5，S7-1200 可以作为一个智能 DP 从站设备与 PROFIBUS-DP 主站设备通信。

3.1.3.3　点对点（PtP）通信与通信模块

通过点对点通信，S7-1200 可以直接发送信息到外部设备，例如打印机；从其他设备接收信息，例如条形码阅读器、RFD（射频识）读写器和视觉系统，可以与 GPS 装置、无线电调制解调器以及其他类型的设备交换信息。

CM1241 是点对点高速串行通信模块，可执行的协议 ASCII、USS 驱动协议、Modbus RTU 主站协议和从站协议，可以装载其他协议。3 种模块分别有 RS-232、RS-485 和 RS-

422/485 通信接口。

通过 CM1241 RS-485 通信模块或者 CB1241 RS-485 通信板，可以与支持 Modbus RTU 协议和 USS 协议的设备进行通信。S7-1200 可以作为 Modbus 主站或从站。

3.1.3.4 AS-i 通信与通信模块

AS-i 是执行器传感器接口（Actuator Sensor Interface）的缩写，它是用于现场自动化设备的双向数据通信网络，位于工厂自动化网络的最底层。AS-i 已被列入 IEC62026 标准。

AS-i 是单主站主从式网络，支持总线供电，即两根电缆同时作为信号线和电源线。

S7-1200 的 AS-i 主站模块为 CM1243-2，其主站协议版本为 V3.0，可配置 31 个标准开关量、模拟量从站或 62 个 A/B 类开关量/模拟量从站。

3.1.3.5 远程控制通信与通信模块

通过使用 GPRS 通信处理器 CP1242-7，S7-1200 CPU 可以与下列设备进行无线通信：中央控制站、其他远程站、移动设备（SMS 短消息）、编程设备（远程服务）和使用开放式用户通信（UDP）的其他通信设备，通过 GPRS 可以实现简单的远程监控。

3.2 S7-1200 PLC 的接线

PLC 控制系统的设计中，虽然接线工作量较继电接触器控制系统的比重减小，但它是编程设计工作的基础。只有在正确无误地完成接线的前提下，才能确保编程设计工作的顺利进行和系统正确运行。

3.2.1 CPU 的接线

图 3-2 为 CPU 1214C 的 3 种版本的接线端子及外部接线图，该 PLC 是具有 24 个 I/O 点的基本单元。下面以 CPU1214C 型号为例讲解 S7-1200 PLC 端子排的构成及外部接线。

（1）电源端子。L1、N 端子是 CPU 模块电源的输入端子，如果是交流电，一般直接使用工频交流电（AC 120~220V），L1 端子接交流电源相线，N 端子接交流电源的中性线，为接地端子。若为直流电，则 L1 接直流电源正极，N 端子接直流电源负极。

（2）传感器电源输出端子。PLC 的 L+、M 端子输出 24V 直流电源，为输入器件和扩展模块供电。注意：不要将外部电源接至此端子，以防损坏设备。

（3）输入端子。I0.0~0.7、I1.0~1.5 为输入端子，共 14 个输入点；1M 为输入端子的公共端，可接直流电源的正端（源型输入）或负端（漏型输入），如图 3-2 所示。DC 输入端子如连接交流电源将会损坏 PLC。CPU 1214C 还具有两路模拟量输入端子，可接收外部传感器或变送输入的 0~10V 标准电压信号，其中 AI0 和 AI1 端子连接输入电压信号的正端，2M 端子连接电压信号的负端。

（4）输出端子。Q0.0~Q0.7、Q1.0~1.1 为输出端子，共 10 个输出点；图 3-2（a）（b）为电接触器输出，每 5 个一组，分为两组输出，每组有一个对应的公共端子 1L、2L，使用时注意同组的输出端子只能使用同一种电压等级，其中 Q0.0~Q0.4 的公共端子为 1L，Q0.5~Q0.7 和 Q1.0~Q1.0 的公共端子为 2L。图 3-2（c）为晶体管输出，3L+连接外部 DC 24V 电源"+"端，3M 为公共端，连接外部 DC 24V 电源"-"端。PLC 输出端子驱动能力有限,应注意相应的技术指标。

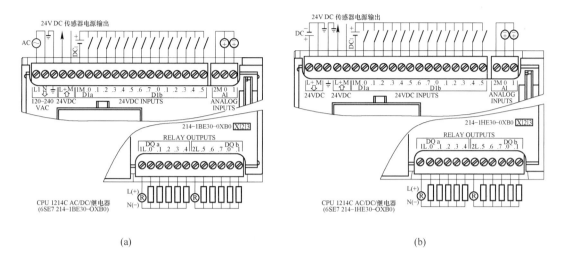

(a)　　　　　　　　　　　　　　　　　　　(b)

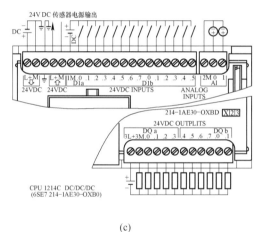

(c)

图 3-2　CPU 1214C 的 3 种版本的接线端子及外部接线图
(a) AC/DC/RLY;(b) DC/DC/RLY;(c) DC/DC/DC

3.2.2　I/O 信号模块接线

3.2.2.1　数字量输入接线

数字量输入类型有源型和漏型两种。S7-1200 PLC 集成的输入点和信号模板的所有输入点都既支持漏型输入又支持源型输入,而信号板的输入点只支持源型输入或者漏型输入的一种。

DI 输入为无源触点(行程开关、接点温度计、压力计)时,其接线示意图如图 3-3 所示。

对于直流有源输入信号,一般都是 5V、12V、24V 等。而 PLC 输入模块输入点的最大电压范围是 30V,但和其他无源开关量信号以及其他来源的直流电压信号混合接入 PLC 输入点时,一定注意电压的 0V 点要连接,如图 3-4 所示。

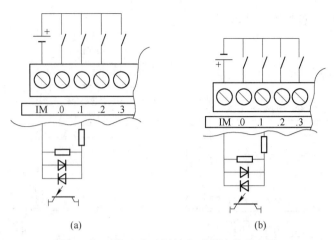

图 3-3　DI 输入为无源触点时的接线示意图

（a）DC 24V 输入用做漏型输入；（b）DC 24V 输入用做源型输入

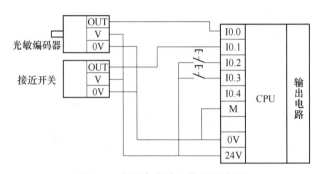

图 3-4　有源直流输入接线示意图

　　PLC 的直流电源的容量无法支持过多的负载或者外部检测设备的电源不能使用 24V 电源，而必须是 5V、12V 等。在这种情况下，就必须设计外部电源，为这些设备提供电源（这些设备输出的信号电压也可能不同），如图 3-5 所示。

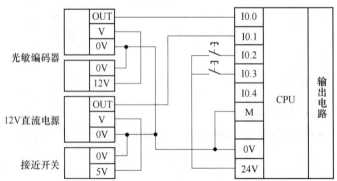

图 3-5　外部不同电源供电接线示意图

3.2.2.2　数字量输出接线

　　晶体管输出形式的 DO 负载能力较弱（小型的指示灯、小型继电器线圈等），响应相对较快，其接线示意图如图 3-6 所示。

继电器输出形式的 DO 负载能力较强（能驱动接触器等），响应相对较慢，其接线示意图如图 3-7 所示。

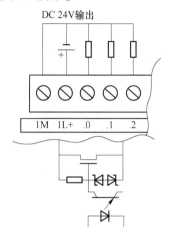
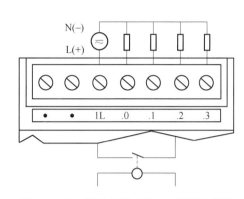

图 3-6　晶体管输出形式的 DO 接线示意图　　图 3-7　继电器输出形式的 DO 接线示意图

S7-1200 PLC 数字量的输出信号类型，只有 200kHz 的信号板输出既支持漏型输出又支持源型输出，其他信号板、信号模块和 CPU 集成的晶体管输出都只支持源型输出。

关于 S7-1200 PLC 数字量输出模块接线的更多详细内容可参考系统手册。

3.2.2.3　模拟量输入/输出接线

S7-1200 PLC 模拟量模块的接线，有下面三种接线方式。

二线制：两根线既传输电源又传输信号，也就是传感器输出的负载和电源是串联在一起的，电源是从外部引入的，和负载串联在一起来驱动负载。

三线制：电源正端和信号输出的正端分离，但它们共用一个 COM 端。

四线制：两根电源线、两根信号线、电源和信号是分开工作的。

图 3-8~图 3-10 分别为各种方式下的接线示意图。关于 S7-1200 PLC 模拟量模块接线的更多详细内容可参考系统手册。

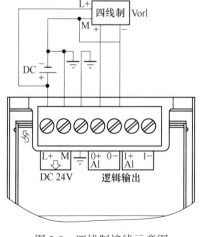
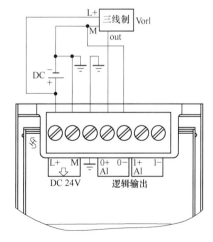

图 3-8　四线制接线示意图　　　　　图 3-9　三线制接线示意图

3.2.3　I/O 接线端子接线举例

【例 3-1】　有一台 CPU 1214C，输入端有一只三线源型接近开关和一只二线漏型接近开关，应如何接线？

【解】　对于 CPU 1214C，公共端接电源的负载；而对于三线源型接近开关，只要将其正负极分别与电源的正、负极相连，将信号线与 PLC 的 "I0.0" 相连即可；而对于二线漏型接近开关，只要将电源的正极与其正极相连，将信号线与 PLC 的 "I0.1" 的相连即可，如图 3-11 所示。

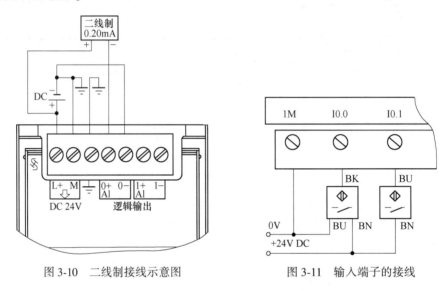

图 3-10　二线制接线示意图　　　　图 3-11　输入端子的接线

【例 3-2】　有一台 CPU 1214C AC/DC/RLY，控制一只 24V DC 的电磁阀和一只 220V AC 电磁阀，输出端应如何接线？

【解】　　因为两个电磁阀的线圈电压不同，而且有直流和交流两种电压，所以如果不经过转换，只能用继电器输出的 CPU，而且两个电磁阀分别接在两个组中。其接线如图 3-12 所示。

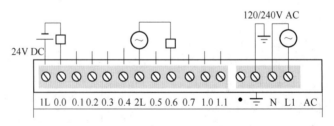

图 3-12　输出端子的接线图

【例 3-3】　有一台 CPU 1214C，控制两台步进电动机和一台三相异步电动机的启/停，三相电动机的启/停由一只接触器控制，接触器的线圈电压为 220V AC，输出端应如何接线（步进电动机部分的接线可以省略）？

【解】　因为要控制两台步进电动机，所以要选用晶体管输出的 CPU，而且必须用

Q0.0 和 Q0.1 作为输出高速脉冲点控制步进电动机，但接触器的线圈电压为 220V AC，所以电路要经过转换，增加中间继电器 KA，其接线如图 3-13 所示。

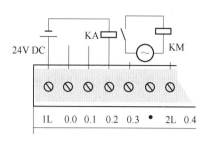

图 3-13　输出端子的接线图

3.3　S7-1200 PLC 的系统配置

3.3.1　S7-1200 PLC 的基本配置

S7-1200 PLC 任何一种型号基本单元（主机），都可单独构成基本配置，作为一个独立的控制系统，S7-1200 PLC 各型号主机的 I/O 点数是确定的，它们具有固定 I/O 地址。S7-1200 系列产品的 I/O 配置及地址分配见表 3-8。

表 3-8　S7-1200 系列产品的 I/O 配置及地址分配

项目	CPU1211C	CPU1212C	CPU1214C	CPU1215C/1217C
数字量输入地址分配	6 输入 I0.0~I0.5	8 输入 I0.0~I0.7	14 输入 I0.0~I0.7 I1.0~I1.5	14 输入 I0.0~I0.7 I1.0~I1.5
数字量输出地址分配	4 输出 Q0.0~Q0.3	6 输出 Q0.0~Q0.5 Q1.0~Q1.1	10 输出 Q0.0~Q0.7 Q1.0~Q1.1	10 输出 Q0.0~Q0.7 Q1.0~Q1.1
模拟量输入/输出	2/0	2/0	2/2	2/2
扩展模块数量/个	无	2	8	8

3.3.2　S7-1200 PLC 的扩展配置

可以采用主机带扩展模块的方法扩展 S7-1200 PLC 的系统配置。采用数字量模块或模拟量模块可扩展系统的控制规模；采用智能模块可扩展系统的控制功能。S7-1200 主机带扩展模块进行扩展配置时会受到相关因素的限制。

（1）允许主机所带扩展模块的数量。各类主机可带扩展模块的数量是不同的，CPU 1211C 模块不允许带扩展模块，CPU 1212C 最多可带 2 个扩展模块，CPU 1214C 模块、CPU 1215C 模块、CPU 1217C 模块最多可带 8 个扩展模块。

（2）数字量 I/O 映像区的大小。S7-1200 PLC 各类主机提供的 I/O 映像区区域为 1024B，最大 I/O 配置不能超过此区域。其中 CPU 1214-CPU 1217C 最大可扩展的数字量

I/O点数为 284 点，模拟量最多可达 69 路。

PLC 系统配置时，要对各类 I/O 模块的输入/输出点进行编址。本机 I/O 电路具有固定的 I/O 地址，扩展模块的地址由 I/O 模块类型及模块在 I/O 链中的位置决定。编址时，按同类型的模块对各输入点（或输出点）顺序编址。数字量输入/输出映像区的逻辑空间是以 8 位（1 个字节）为单位递增的。编址时，对数字量模块物理点的分配也是按 8 点为单位来分配地址的。即使有些模块的端子数不是 8 的整数倍，但仍以 8 点来分配地址。例如：2 入/2 出的信号板也占用 8 个输入点和 8 个输出点的地址，那些未用的物理点地址不能分配给 I/O 链中的后续模、未用的物理点相对应的输入映像区的空间就会丢失。对于输出模块，这些丢失的空间可用作内部标志位存储器；对于输入模块却不可用，因为每次输入更新时，CPU 都对这些空间清零。

（3）模拟量 I/O 映像区的大小。主机提供的模拟量 I/O 映像区区域为：CPU1211 模块，16 个输入通道/16 个输出通道；CPU224 模块、CPU224XP 模块、CPU226 模块，32 入/32 出，模拟量的最大 I/O 配置不能超出此区域。模拟量输入扩展模块是以 2 个字节递增的方式来分配空间，模拟量输出扩展模块总是以 4 个字节或 6 个字节（由具体模块来定）递增的方式来分配空间，原则是模拟量输出扩展模块的第一个通道的地址必须被 4 整除。

现选用 CPU1215C 模块作为主机进行系统的 I/O 配置举例，见表 3-9。

表 3-9   CPU1215C 模块的 I/O 配置及地址分配

主机	模块 1	模块 2	模块 3	模块 4	模块 5
CPU1215C	SM1221 8IN	SB1223 2IN/2OUT	SM1223 8IN/8OUT	SM1234 4AI/2AQ	SM1234 4AI/2AQ
I0.0~I1.5 Q0.0~Q1.1	I2.7~I2.7	I3.0~3.1 Q2.0~Q2.1	I4.0~4.7 Q3.0~Q3.7	IW64　QW64 IW66　QW66 IW68 IW70	AIW72　QW70 AIW74　QW72 AIW76 AIW78

CPU1215C 模块可带 8 个扩展模块，表中 CPU1215C 模块带了 5 个扩展模块，CPU1215C 模块提供的主机 I/O 点有 14 个数字量输入点和 10 个数字量输出点。

模块 1 是一块具有 8 个输入点的数字量扩展模块。模块 2 是一块具有 2 个输入点/2 个输出的数字量信号板。实际上它占用了 8 个输入点地址和 8 个输出点地址，即（I3.0~3.7/Q2.0~Q2.7）。其中，输入点地址（I3.2~3.7），输出点地址（Q2.2~Q2.7）由于没有提供相应的物理点与之相对应，那么与之对应的输入映像寄存器（I3.2~3.7）、输出映像寄存器（Q2.2~Q2.7）的空间就丢失了，且不能分配给 I/O 链中的后续模块。由于输入映像寄存器（I3.2~3.7）在每次输入更新时被清零，因此不能用于内部标志存储器，而输出映像寄存器（Q2.2~Q2.7）可以作为内部标志位存储器使用。

模块 4、模块 5 是具有 4 个输入通道和 2 个输出通道的模块量扩展模块，模拟量扩展模块是以 2 个字节递增的方式来分配空间的。

3.3.3 PLC 内部电源的负载能力

3.3.3.1 PLC 内部 5V DC 电源的负载能力

基本单元和扩展模块正常工作时，需要 DC 5V 电源。S7-1200 PLC 基本单元（CPU 模块）内部提供 DC 5V 电源，扩展模块需要的 DC 5V 电源是由 CPU 模块通过总线连接器提供的。CPU 模块能提供的 DC 5V 电源的电流值是有限的。因此，在配置扩展模块时，为确保电源不超载，应使各扩展模块消耗 DC 5V 电源的电流总和不超过 CPU 模块所提供的电流值；否则，要对系统重新进行配置。

S7-1200 PLC 各类主机（CPU 模块）为扩展模块能提供的 DC 5V 电源的最大电流及各扩展模块对 DC 5V 电源的电流消耗，见表 3-10。

表 3-10　CPU 能提供的 DC 5V 电源的最大电流及各扩展模块对 DC 5V 电源的电流消耗

S7-1200 CPU 为扩展 I/O 提供的+5V DC 电流		扩展模块 +5V DC 电流消耗	
CPU1211C	750mA	SM1221 DI 8×24V DC	105mA
CPU1212C	1000mA	SM1221 DI 16×24V DC	130mA
CPU1214C	1600mA	SM1222 DQ 8×继电器	120mA
CPU1216C	1600mA	SM1222 DQ 16×继电器	135mA
CPU1217C	1600mA	SM1222 DQ 8×24V DC	120mA
		SM1222 DQ 16×24V DC	140mA
		SM1223 DI 8×24V DC, DQ 8×继电器	145mA
		SM1223 DI 16×24V DC, DQ 16×继电器	180mA
		SM1223 DI 8×24V DC, DQ 8×24V DC	145mA
		SM1223 DI 16×24V DC, DQ 16×24V DC	185mA
		SM1231 AI 4×13 位	80mA
		SM1231 AI 8×13	90mA
		SM1232 AQ 2×14 位	80mA
		SM1232 AQ 4×14 位	80mA
		SM1234 AI 4×13 位 AQ 2 ×14 位	80mA

例如，表 3-9 为主机带扩展模块的形式，CPU1215C 提供 DC 5V 电源的最大电流为 1600mA，5 个扩展模块的电流消耗：

SM1221 DI 8×DC 24V　　105mA

SB1223 DI 2/DQ 2×DC 24V　35mA

SM1223 DI 8/DO 8×DC 24V　145mA ×2＝290mA

SM1234 AI 4/AQ 2　80mA×2＝160mA

共计 105+35+290+160＝590mA<1600mA，因此配置是可行的。

3.3.3.2 PLC 内部 24V DC 电源的负载能力

S7-1200 PLC 主机的内部电源模块还提供 DC 24V 电源。DC 24V 电源也称为传感器电源，它可以作为 CPU 模块和扩展模块的输入端检测电源。如果用户使用传感器的话，也可以作为传感器电源。一般情况下，CPU 模块和扩展模块的输入、输出点所用的 DC 24V 电源是由用户外部提供的。如果使用 CPU 模块内部的 DC 24V 电源，要注意 CPU 模块和各扩展模块消耗的电流总和，不能超过内部 DC 24V 电源提供的最大电流。

注意：主机的 DC 24V 电源与用户提供的 DC 24V 电源不能并联连接。

3.3.4 S7-1200 PLC 系统硬件配置举例

【例 3-4】 某 PLC 控制系统，经估算需要数字量输入 20 点、数字量输出 16 点、模拟量输入通道 5 个、模拟量输出通道 3 个。输出设备中有交流设备，也有直流设备。请选择 S7-1200 PLC 的机型及其扩展模块，要求按空间分布位置对主机及各模块的输入/输出点进行编址并对主机内部 5V DC 电源的负载能力进行校验。

【解】 根据题目要求，可以选 CPU1215DC/DC/DC 模块作为主机进行系统的 I/O 配置，其中 CPU1215 模块带有 14 个数字量点输入，和 10 个数字量输出点，2 路模拟量输入，和 2 路模拟量输出。根据题目要求，还需配置 6 点数字量输入，6 点数字量输出，3 路模拟量输入，和 1 路模拟量输出。故可选一块 8 点的数字量输入模块，一块 8 点的数字量输出模块和一块模拟量输入输出模块。控制系统的 I/O 模块配置及地址分配如表 3-11 所示。

表 3-11   CPU1215 的 I/O 配置及地址分配

主机	主机	模块 1	模块 2	模块 3
模块型号	CPU1215 DC/DC/DC	SM1221 DI 8 ×24VDC	SM1222 DQ 8×继电器	AI 4×13 位 AQ 2×14 位
地址分配	I0.0~I1.5 Q0.0~Q1.1 IW64 QW64 IW66 QW66			IW74 IW76

CPU1215 提供 DC 5V 电源的最大电流为 1600mA，3 个扩展模块的电流消耗：

SM1221 DI 8×DC 24V   105mA

SM1222 DQ 8×继电器   120mA

AI4×13 位 AQ 2 ×14 位 80mA

共计 105+120+80＝305mA＜1600mA，因此配置是可行的。

3.4   单部电梯控制项目实例

本案例是以电梯行业为背景，要求按照现实工程项目的实施流程来完成对电梯的控制。本案例也是 2020 年"西门子杯"中国智能制造挑战赛线上赛资格赛的赛题。为了使读者能够从理论到实践融会贯通地掌握 S7-1200 PLC 的使用方法，本书以西门子 S7-1200 系列 PLC 为控制器，电梯仿真模型为被控对象，通过该实例使学生学会 PLC 的基本编程方法；还可以培养学生综合应用所学知识，分析、处理复杂环境下控制科学与工程及相关领域现实问题，提高学生对社会和环境变迁，以及危机和突发事件的适应能力。

3.4.1 被控对象描述

3.4.1.1 电梯模型

对象模型包括电梯运动模型与乘客行为模型两项。电梯运动模型是以三维虚拟仿真的形式呈现，其主要包括：电梯整体（包括轿厢、电动机、限位开关等）、各个楼层按钮（上下行呼梯按钮及指示灯等）、电梯内部设备（轿厢开关门按钮、轿厢选层按钮及指示灯等），等等。电梯模型采用单部 6 层结构，其外形及样例示意图如图 3-14 ~ 图 3-16 所示。

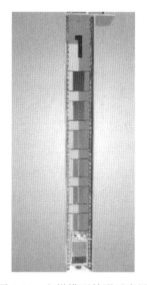

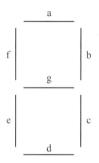

图 3-14 电梯模型外形示意图　　　图 3-15 七段数码显示管

乘客行为模型针对各楼层出现的乘客数量以及每位乘客对电梯的操作行为进行模拟，比如每位乘客按下期望到达的目标楼层按钮的动作等。乘客行为模型可以模拟现实情况下大量乘客使用电梯时的典型场景，其可作为对 PLC 控制电梯的测试案例，用以评估控制程序设计得是否可靠合理。电梯轿厢内部安装有称重变送器，变送器测量范围为 0 ~ 2000kg，输出信号为 0 ~ 10V 电压信号。

电梯的曳引电动机由交流双速电梯拖动。交流双速电梯主驱动系统原理图如图 3-17 所示，其工作原理如下：三相交流异步电动机定子内具有两个不同极对数的绕组（分别为 6 极和 24 极）。快速绕组（6 极）作为起动和稳速之用，慢速绕组（24 极）作为制动减速和慢速平层停车用。起动过程中，为了限制起动电流，以减小对电网电压波动的影响，起动时会串电阻、电抗一级加速；减速制动是在慢速绕组中按时间原则进行三级再生发电制动减速，以慢速绕组进行低速运行直至平层停车。目前在本模型中，一级加速过程由系统根据时间原则自动完成。关于电梯的抱闸制动过程，当电梯处于启动、运行阶段时，抱闸线圈通电，制动器松闸；电梯制动停车后，抱闸线圈断电，制动器抱闸。抱闸制动回路原理图如图 3-18 所示。

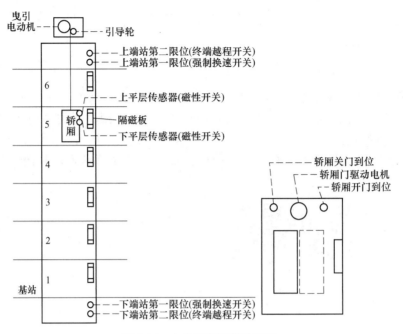

图 3-16 电梯模型原理示意图

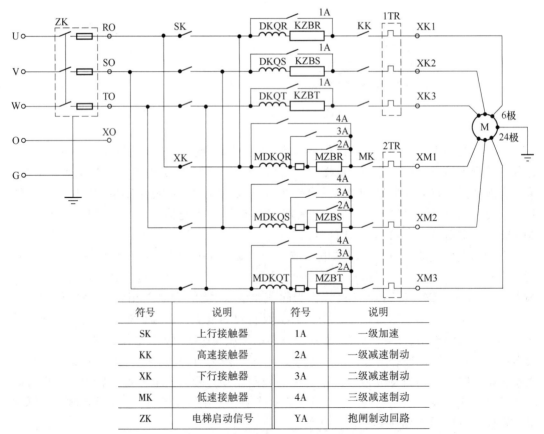

符号	说明	符号	说明
SK	上行接触器	1A	一级加速
KK	高速接触器	2A	一级减速制动
XK	下行接触器	3A	二级减速制动
MK	低速接触器	4A	三级减速制动
ZK	电梯启动信号	YA	抱闸制动回路

图 3-17 交流双速电梯主驱动系统原理图

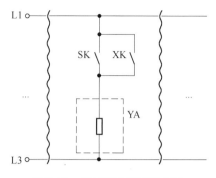

图 3-18 抱闸制动回路示意图

3.4.1.2 设计参数

表 3-12 为单部电梯控制设计参数。

表 3-12 设计参数表

名称	设计参数	名称	设计参数
客梯数量	1 个	客梯层数	6 层
单部载重	1050kg	单部定员	14 人

3.4.2 单部电梯控制功能要求

3.4.2.1 电梯基本控制功能

根据不同楼层乘客需求及时响应，实现自动平层、开关门、超重提示、实现上下限位、层门联锁保护等，并根据不同的需求实现合理的响应。功能描述如下：

（1）电梯初始化。比赛开始时，电梯模型会给出自动运行信号示意比赛开始，控制程序需要在收到该信号后，进行必要的初始化工作，并返回准备就绪信号以确认。例如，使电梯位于基站（即第一层）待命。

（2）集选控制。集选控制是指集合呼叫信号，选择应答控制。例如，电梯在运行过程中可以应答同一方向所有层站呼梯信号和轿厢内的选层指令信号，并自动在这些信号指定的层站平层停靠。电梯运行响应完所有呼梯信号和选层指令信号后，停在最后一次运行的目标层待命。

（3）开关门控制。电梯门会根据当前电梯的状态、轿厢门的状态、呼梯信号、选层信号及光幕信号状态等，合理地进行相应的响应。例如，当门未全关时，如有光幕信号，须优先响应，保持电梯门打开；当电梯平层开门后，延时关闭，且此时间可修改；在持续按住开门按钮时，电梯门延时关闭功能失效。

（4）启停控制。根据电梯主电路完成按时间原则的启动、停止过程。当电梯平层时，需要依时间原则依次触发三级制动减速，待平层后，切断上行、下行接触器，抱闸停车。

（5）运行监控。在运行过程中，需要始终对当前运行方向、当前楼层（采用七段数码管显示）进行实时监控与显示。通常，乘客会根据当前电梯运行方向及电梯门是否打开来判断是否进入轿厢。仅当无呼叫指令时，运行方向指示无指向。

（6）错误指令消除针对选层指令中可能存在的人为误操作进行相应的优化。例如，当电梯到达最远端层站（比如六层）将要反向时，轿厢内原有登记的所有后方选层指令（比如三层）全部消除。

（7）待载休眠。电梯无指令时或外登记超过一段时间后，轿厢内照明、风扇自动断电。但在接到指令或召唤信号后，又会自动重新上电投入使用。

3.4.2.2　运行（异常）状态监测

在电梯整个运行过程中，监测状态参数以及各种反馈信号等，确保电梯稳定运行。在故障情况下，制定相应的安全策略。当有出现异常状态时，输出信号至故障指示灯。功能描述如下：

（1）超载保护。电梯超载时，故障指示灯闪烁，并保持开门状态，电梯不允许启动。

（2）终端越程保护。电梯的上下终端都装有终端减速开关、终端限位开关，以保证电梯不会越程。

（3）开关门保护。如果电梯持续关门一段时间后，尚未使门锁闭合，电梯就会转换成开门状态，故障指示灯常亮。如果电梯在持续开门一段时间后，尚未收到开门到位信号，电梯就会变成关门状态，并在门关闭后，响应下一个召唤和指令。

（4）运行保护。为安全起见，在门区外或电梯运行中，设定电梯不能开门。

3.4.2.3　电梯监控画面设计要求

要求能够实现对电梯运行状况的实时监控，所需包含但不限于如下内容：

（1）需要对监控画面的总体结构进行设计，确定需要创建的过程画面以及各画面的功能；

（2）需要分析各画面之间的关系，并根据操作需要安排画面间的切换顺序，且各画面之间相互关系应该层次分明、操作方便；

（3）能够组态不同层次的用户来管理，对于不同的用户，可根据各自的权限进行相应操作；

（4）监控画面上能够实时显示现场实际运行状态等数据。

3.4.3　单部电梯控制系统设计任务

（1）电梯控制系统总体方案设计。针对单部电梯的控制要求任务，进行控制系统整体方案设计。方案设计内容包括任务分解、确定工作方式、报警及急停等电气控制方案、控制器、网络及相应软件的选择等。

（2）控制方案的实施及调试包括：

1）PLC 硬件组态；

2）WINCC 监控画面设计与组态；

3）PLC 与 WINCC 之间的通信连接；

4）按照前面所述电梯控制功能要求，编写电梯 PLC 控制程序，实现电梯的自动控制，使其能够及时响应不同楼层乘客的召唤请求；

5）控制系统调试与仿真测试。

习　题

3-1　举例说明常见的哪些设备可以作为 PLC 的输入设备和输出设备?

3-2　试解释 S7-1200 CPU DC/DC/DC、DC/DC/Rly 及 AC/DC/Rly 3 种版本的含义。

3-3　S7-1200 产品有哪些特性?

3-4　S7-1200 系列 CPU 有几种工作方式,各有何作用,下载文件时,能否使其置于"运行"状态?

3-5　CPU1214 DC/DC/Rly 型 PLC 的输入端接入一个按钮、一个限位开关,还有一个接近开关,输出端为
　　　一个 220V 的交流接触器和一个电磁阀,请画出其外部接线图。

3-6　S7-1200 PLC 最多可扩展几块通信模块和几块信号模块?

3-7　如何进行 S7-1200 的电源需求与计算?

3-8　某系统上有 1 个 S7-1215 CPU、2 个 EM1221 模块和 3 个 EM1223 模块,计算由 CPU1215 供电,电源
　　　是否足够?

3-9　模拟量输入模块输入的 -10~+10V 电压转换后对应的数字为多少?

3-10　S7-1200 的硬件主要由哪些部件组成?

4 TIA 博途 （Portal） 软件使用入门

【知识要点】

TIA 博途 （Portal） 软件的安装、界面及功能，系统的连接与配置；TIA 博途 （Portal） 软件的使用。

【学习目标】

了解 TIA 博途 （Portal） 软件的安装方法；掌握 PLC 与计算机的连接与配置方法；会使用编程软件编辑、下载、调试、监控程序。

4.1 TIA 博途 （Portal） 软件简介

4.1.1 初识 TIA 博途 （Portal） 软件

TIA 博途 （Portal） 软件是西门子推出的，面向工业自动化领域的新一代工程软件平台，它几乎适用于所有自动化任务。与工业自动化软件的传统开发方法相比，开发人员无需花费大量的时间去集成各个软件包，借助 TIA 博途 （Portal） 软件平台，能够快速、直观地开发和调试自动化控制系统，因此节省了大量时间，提高了设计效率。本书主要以常用的博途 V15 版本展开介绍。TIA 博途 （Portal） 软件平台主要集成了以下软件：

（1） SIMATIC STEP7 Professional V15，用于硬件组态和编写 PLC 程序；

（2） SIMATIC STEP7 PLCSIM V15，在没有真实 PLC 的情况下用于仿真调试；

（3） SIMATIC WinCC Professional V15，用于组态可视化监控系统，支持触摸屏和 PC 工作站；

（4） SINAMICS Startdrive V15，设置和调试变频器；

（5） STEP7 Safety Advanced V15，用于安全型 S7 系统。

4.1.2 安装 TIA 博途软件的软硬件条件

安装 TIA 博途 （Portal） 软件，推荐的计算机配置：CoreTM i5 或者相当、主频 3.3 GHz、内存 8GB 或更大、硬盘 300GB （最好是 SSD 固态硬盘）、Windows 7 或 Windows 8.1 或 Windows 10 的非家用版操作系统。

可在虚拟机上安装 "SIMATIC STEP7 Professional" 软件包。

4.1.3 安装 TIA 博途 （Portal） 软件的注意事项

（1） 无论是 Windows7 还是 Winsows8.1 操作系统的家庭版，都不能安装西门子的 TIA 博途 （Portal） 软件。

（2）安装 TIA 博途（Portal）软件之前，建议关闭监控和杀毒软件。

（3）安装软件时，软件的存放目录中不能有汉字，此时弹出错误信息，表明目录中有不能识别的字符。例如将软件存放在"C：/软件/STEP7"目录中就不能安装，建议放在根目录下安装。

（4）在安装 TIA 博途（Portal）软件的过程中出现提示"请重启 Windows"字样。重启电脑有时是可行的方案，有时计算机会重复提示重启电脑，在这种情况下解决方案如下：

在 Windows 菜单命令下，单击"开始"按钮，在"搜索程序和文件"对话框中输入"regedit"，打开注册表编程器，选中注册表中"HKEY_LOCAL_MACHINE \ System \ Current Controlset \ Control"中的"Session manager"，删除右侧窗口的"pending File Rename Operations"选项。重新安装，就不会出现重启计算机的提示了。

这个解决方案也适合安装其他的软件。

（5）应安装新版本的 IE 浏览器，安装老版本的 IE 浏览器，会造成帮助文档中的文字乱码。

4.1.4　安装 TIA 博途（Portal）软件

安装软件的前提是计算机的操作系统和硬件符合安装 TIA 博途（Portal）的条件，当满足安装条件时，首先关闭正在运行的其他程序，如 Word 等软件，然后将启动 TIA 博途（Portal）软件的安装程序，根据步骤提示，逐步完成安装。安装过程中，在"产品配置"对话框，采用"典型"配置，勾选"许可证条款"对话框和"安全控制"对话框的复选框。安装快结束时，单击"许可证传送"对话框中的"跳过许可证传送"按钮，以后再传送许可证密钥。最后单击"安装已成功完成"对话框中的"重新启动"按钮，立即重启计算机。

TIA 博途（Portal）软件的安装界面如图 4-1 所示。

图 4-1　博途软件安装界面

4.2　TIA 博途 (Portal) 视图结构

TIA 博途 (Portal) 软件提供了两种不同的工具视图: 基于任务的 Portal 视图和基于项目的项目视图。

4.2.1　Portal 视图

在 Portal 视图中, 可以概览自动化项目的所有任务。使用者可借助面向任务的用户指南, 以及最适合其自动化任务的编辑器来进行工程组态。安装好 TIA 博途 (Portal) 软件后, 双击桌面上的图标, 打开启动画面 (即为 Portal 视图)。单击 Portal 视图左下角的 "项目视图", 将切换到项目视图。TIA Portal 视图的界面如图 4-2 所示。

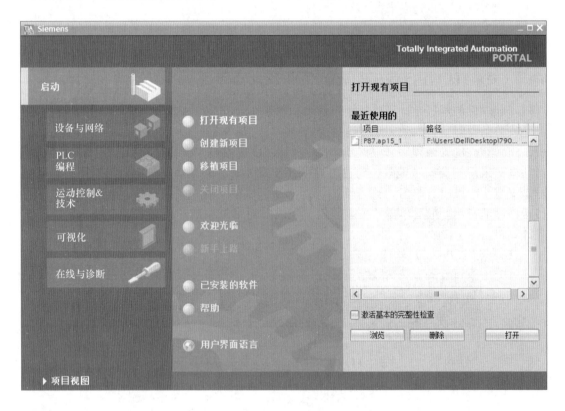

图 4-2　Portal 视图界面

4.2.2　项目视图

项目视图是项目所有组件的结构化视图, 如图 4-3 所示, 项目视图是项目组态和编程的界面。

在项目视图中, 可以关闭、打开项目树和详细视图; 移动视图中各窗口之间的分界线, 以调节分界线两边的窗口大小; 利用标题栏上的按钮启动 "自动折叠" 或 "永久展开" 等功能, 可以隐藏和显示详细视图和巡视窗口。

图 4-3　项目视图界面

4.2.2.1　项目树

利用项目视图中的项目树可以访问所有的设备和项目数据，进行添加和编辑设备以及打开相关编辑器等操作。项目中的各组成部分在项目树中以树型结构显示，分为项目、设备、文件夹和对象 4 个层次。

4.2.2.2　详细视图

项目树窗口下面的区域是详细视图。比如，打开项目树中的"PLC 变量"文件夹，选中项目树中的"默认变量表"，详细窗口中将显示出该变量表中的变量信息，而且可以将其中的符号地址拖拽到程序中的地址域，原来的地址将会被替换。

4.2.2.3　工作区

工作区可以同时打开几个编辑器，但是一般只能在工作区显示一个当前打开的编辑器。用编辑器栏中的按钮可以切换工作区显示的编辑器。比如，在项目视图界面最下面的编辑器栏中显示被打开的编辑器，单击它们可以切换工作区显示的编辑器。单击工具栏上的按钮，可以垂直或水平拆分工作区，同时显示两个编辑器。

单击工作区右上角的"最大化"按钮或者"浮动"按钮，可将工作区最大化，或使工作区浮动。用鼠标左键按住浮动的工作区的标题栏可以将工作区拖到项目视图界面的适当位置。工作区被最大化或浮动后，单击工作区右上角的"嵌入"按钮，工作区将恢复原状。

4.2.2.4 巡视窗口

工作区下面的区域是巡视窗口，用来显示当前工作区中的对象附加信息和进行所选对象的属性设置。巡视窗口有两级选项卡，其中第一级选项卡包含有 3 个选项卡。

（1）"属性"选项卡：显示和修改工作区中所选的对象的属性。左边窗口是浏览窗口，选中某个参数组，在右边窗口中显示和编辑相应的信息或参数。

（2）"信息"选项卡：显示所选对象和操作的详细信息，以及编译后的报警信息。

（3）"诊断"选项卡：显示系统诊断事件和组态的报警事件。

（4）任务卡。工作区右边的区域是任务卡，任务卡的功能与编辑器有关，可以通过任务卡进行进一步的操作。例如，从硬件目录中选择对象，搜索与替代项目中的对象，将预定义的对象拖拽到工作区等。

利用任务卡最右边的竖条上的按钮可以切换任务卡显示的内容。任务卡的下面是信息窗口，显示在目录窗口所选硬件对象的图形及其简要描述。

4.3　创建和编辑项目

4.3.1　创建项目

（1）新建项目。博途软件中可以在 Portal 视图或者项目视图中新建项目。在 Portal 视图中，点击创建新项目按钮，如图 4-4 所示；或者在项目视图中，执行菜单命令"项目"→"新建"，在出现的"创建新项目"对话框中设置项目的名称，比如"电动机启停控制"，可以修改保存项目的路径，接下来单击"创建"按钮，生成项目，如图 4-5 所示。

图 4-4　Portal 视图中新建项目

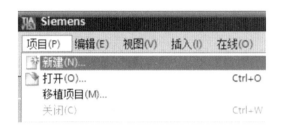
(a)

(b)

图 4-5 项目视图中新建项目

(a) Siemens 窗口；(b) 创建新项目

（2）设置项目的参数。在项目视图中，执行菜单命令"选项"→"设置"，选中工作区左边浏览窗口的"常规"，可设置用户界面语言为"中文"和助记符"国际"，设置"起始视图"为"Portal 视图"或"上一视图"，设置项目的存储位置等，如图 4-6 所示。

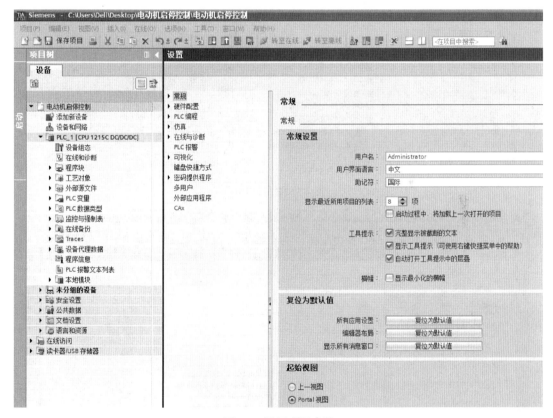

图 4-6 设置项目参数

4.3.2 硬件组态

硬件组态（即设备组态）的任务就是在设备视图和网络视图中，生成一个与实际的硬件系统对应的虚拟系统，PLC、HMI、信号模块的型号、订货号和版本号以及模块的安装位置和设备之间的通信连接，都必须与实际的硬件系统完全相同。此外，还需设置模块的参数。

4.3.2.1　添加 CPU

双击项目树中的"添加新设备"，单击出现的对话框中的"控制器"按钮，双击要添加的 CPU 1215C DC/DC/DC（在此以添加该型号 CPU 为例）的订货号 6ES7 215-1AG40-0XB0，可以添加一个 CPU。在项目树、设备视图和网络视图中均可看到添加的 CPU 1215C，如图 4-7 和图 4-8 所示。

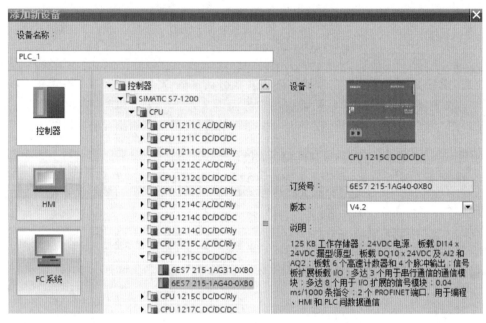

图 4-7　添加 CPU

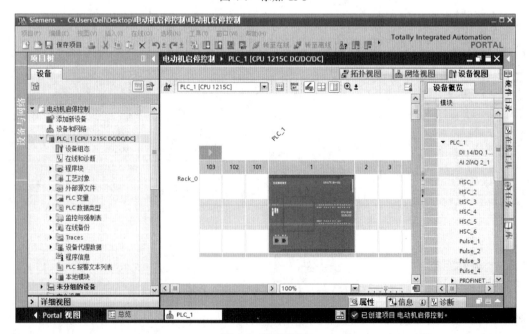

图 4-8　设备视图

自动控制系统启动后，CPU会比较组态生成的虚拟系统与实际的硬件系统是否一致，检测出可能的错误并进行报告。可以设置两个系统不兼容时，是否允许启动CPU。

4.3.2.2 添加新模块

打开之前新建的项目"电动机启停控制"，CPU为CPU 1215C。双击项目树的"PLC_1"文件夹的"设备组态"，打开设备视图，如图4-9所示，可以看到位于1号槽中的CPU模块。硬件组态时，需要将I/O模块或者通信模块等硬件对象放置到工作区的机架插槽内，这里有两种放置硬件对象到机架插槽内的方法。

图4-9 添加模块

（1）用"拖拽"的方法将硬件目录窗口中的硬件对象拖放到设备视图中机架允许的插槽，光标的形状指示是否可在当前位置放置。

（2）用鼠标选中机架中需要放置模块的插槽，然后双击硬件目录中要放置的模块的订货号，该模块会出现在选中的插槽内。信号板安装在CPU模块内，通信模块安装在CPU左侧的101~103号插槽，信号模块安装在CPU右侧的2~9号插槽。

4.3.2.3 改变设备的型号

用鼠标右键单击设备视图中要更改型号的CPU，执行快捷菜单命令"更改设备类型"，双击出现的对话框中用来替换的设备的订货号，如图4-10所示。

4.3.3 打开已有项目

在项目视图中，执行菜单命令"项目"→"打开"，在出现的"打开项目"对话框中，双击打开的对话框中列出的最近使用的某个项目，打开该项目；或者单击"浏览"按钮，打开某个项目的文件夹，双击与项目同名的文件，打开该项目，如图4-11所示。

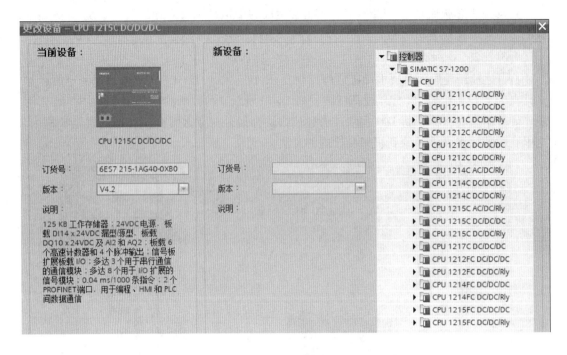

图 4-10   更改设备型号

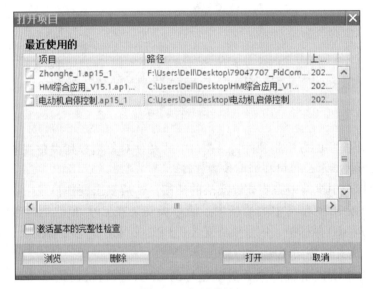

图 4-11   打开项目

4.4   CPU 模块的参数设置

4.4.1   设置 CPU 启动方式

双击项目树中 PLC 文件夹中的设备组态，打开 PLC 的设备视图，选中设备视图中的

CPU 后，再选中巡视窗口的"属性"→"常规"→"启动"，可组态上电后 CPU 的 3 种启动方式。

（1）暖启动，进入断电前的操作模式，这是默认的启动方式；

（2）暖启动，进入 RUN 模式；

（3）不重新启动（保持在 STOP 模式）。

暖启动将非断电保持存储器复位为默认的初始值，但是断电保持存储器和保持 DB 数据块中的值不变。

可以用"将比较预设与实际组态"选择框设置当预设的组态与实际的硬件不匹配（不兼容）时，是否启动 CPU。如果勾选了"OB 应该可中断"复选框，那么优先级高的 OB 可以中断优先级低 OB 的执行。图 4-12 为 CPU 上电启动设置。

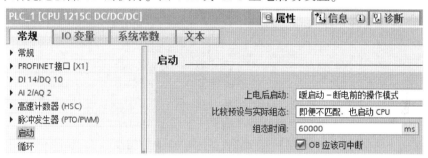

图 4-12　CPU 上电启动设置

4.4.2　设置系统存储器与时钟存储器

选中设备视图中的 CPU 后，再选中巡视窗口的"属性"→"常规"→"系统和时钟存储器"，可以通过勾选复选框启用系统存储器字节（默认地址为 MB1）和时钟存储器字节（默认地址为 MB0），如图 4-13 所示。

如果勾选了"启用系统存储器字节"复选框，那么将 MB1 设置为系统存储器字节后，M1.0 为首次循环位，即在 CPU 进入 RUN 模式后的首次扫描是为 TRUE，以后为 FALSE，通常用来初始化 PLC 变量；M1.1 为诊断状态已更改位；M1.2 总是为 TRUE，其常开触点始终闭合；M1.3 总是为 FALSE，其常开触点始终断开。

如果勾选了"启用时钟存储器字节"复选框，那么将 MB0 设置为时钟存储器字节后，M0.0~M0.7 的时钟脉冲频率为 10~0.5Hz，周期为 0.1~2s。时钟存储器的各位在一个周期内为 FALSE 和 TRUE 的时间各为 50%。例如：M0.3 的时钟脉冲频率为 2Hz，周期为 0.5s，因此可以利用 M0.3 的常开触点或者常闭触点来控制指示灯，使得指示灯以 2Hz 的频率闪烁，即指示灯点亮 0.25s，然后又熄灭 0.25s。

4.4.3　组态 PROFINET 接口

选中设备视图中的 CPU 后，再选中巡视窗口的"属性"→"常规"→"PROFINET 接口"，可以设置 CPU 的以太网地址等（见图 4-14）。可以使用"添加新子网"按钮，利用"子网"选择框将接口连接到已有的网络上。在勾选"在项目中设置 IP 地址"复选框后，可以手动设置接口的 IP 地址和子网掩码。如果该 CPU 需要和其他子网的设备通信，

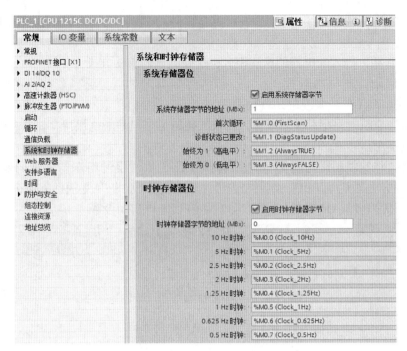

图 4-13　设置系统存储器与时钟存储器

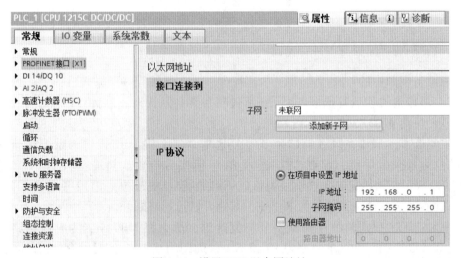

图 4-14　设置 CPU 以太网地址

那么需勾选"使用路由器"复选框，然后输入路由器的 IP 地址。

4.4.4　设置 CPU 集成的数字量 I/O 参数

选中设备视图中的 CPU 后，再选中巡视窗口的"属性"→"常规"→"DI 14/DQ 10"，对于数字量输入通道，可以查看该数字量输入通道的地址；可以设置 CPU 集成的每个数字量输入通道的输入滤波器时间，范围是 $0.1\mu s \sim 20ms$；还可勾选"启用上升沿检测""启用下降沿检测"和"启用脉冲捕捉"复选框，设置各输入通道的上升沿中断、下降沿中断和脉冲捕捉功能以及产生中断事件时调用的硬件中断组织块，如图 4-15 所示。

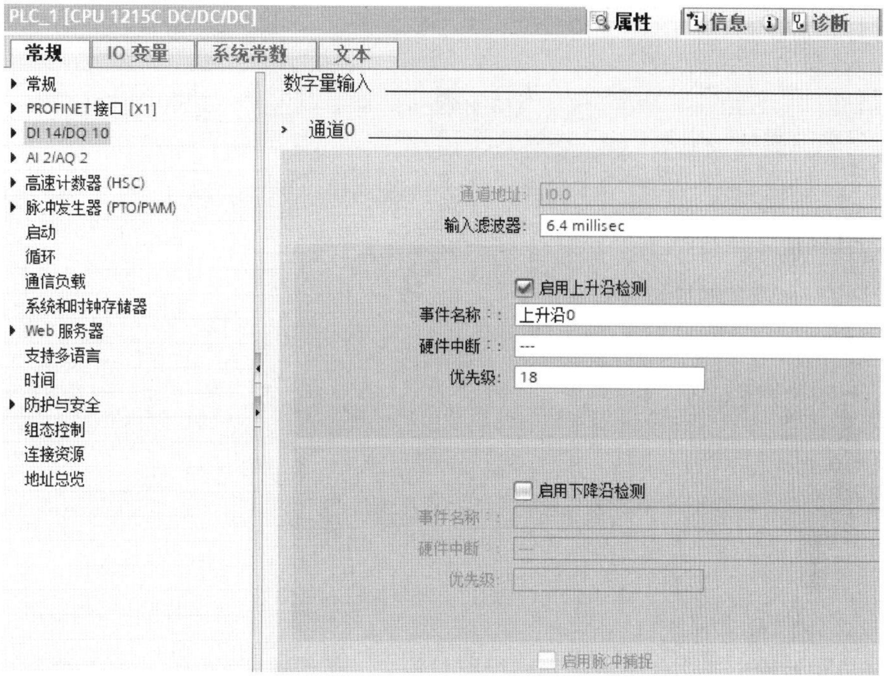

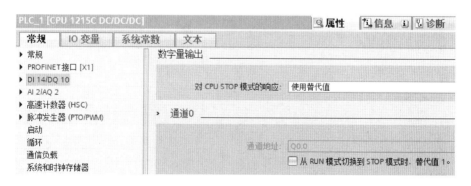

图 4-15 设置 CPU 数字量输入点参数

对于数字量输出通道，可以查看该数字量输出通道的地址；可以选择在 CPU 进入 STOP 模式时，数字量输出保持为上一个值或者使用替代值，选中后者时，勾选复选框表示替代值为 1，反之为 0（默认值），如图 4-16 所示。

图 4-16 设置 CPU 数字量输出点参数

4.4.5 设置 CPU 集成的模拟量 I/O 参数

选中设备视图中的 CPU 后，再选中巡视窗口的"属性"→"常规"→"AI 2/AQ 2"，对于模拟量输入通道，可以查看该模拟量输入通道的地址、测量类型和电压范围；可以设置积分时间，默认值为 20ms；可以设置滤波等级，滤波等级越高，滤波后的模拟值越稳定，但是测量的快速性越差；可以选择是否启用断路和溢出诊断功能，如图 4-17 所示。

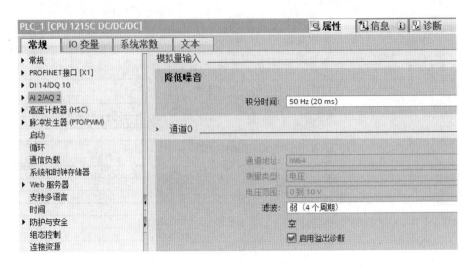

图 4-17   设置 CPU 模拟量输入点参数

对于模拟量输出通道，可以查看该模拟量输出通道的地址、输出类型和范围；可以设置 CPU 进入 STOP 模式后，各模拟量输出点的替代值；可以激活各种诊断功能，如图 4-18 所示。

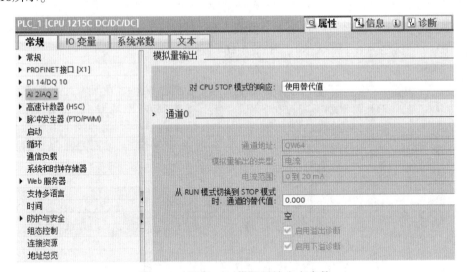

图 4-18   设置 CPU 模拟量输出点参数

4.4.6 设置循环周期监视时间

选中设备视图中的 CPU 后，再选中巡视窗口的"属性"→"常规"→"循环"，可以设置循环周期监视时间，默认值为 150ms。循环时间是操作系统刷新过程映像和执行程序循环 OB 的时间，包括中断此循环的程序的执行时间，如图 4-19 所示。

图 4-19 设置循环周期监视时间

如果循环时间超过循环周期监视时间，操作系统将会启动时间错误组织块 OB80。如果超出循环周期监视时间的两倍，CPU 将切换到 STOP 模式。

4.4.7 设置通信负载

选中设备视图中的 CPU 后，再选中巡视窗口的"属性"→"常规"→"通信负载"，可以设置由通信引起的循环负荷，默认值为 20%，如图 4-20 所示。通信负载是用于将延长循环时间的通信过程的时间控制在特定的限制值内。

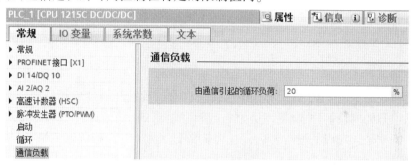

图 4-20 设置通信负载

4.4.8 设置 CPU 时间

选中设备视图中的 CPU 后，再选中巡视窗口的"属性"→"常规"→"时间"，设置本地时间的时区和是否启用夏令时，如图 4-21 所示。

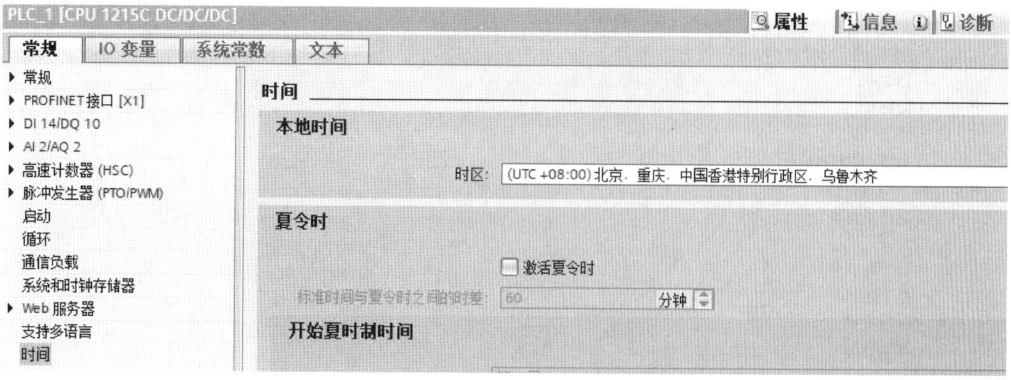

图 4-21 设置 CPU 时间

4.4.9　设置读写保护和密码

选中设备视图中的 CPU 后，再选中巡视窗口的"属性"→"常规"→"防护与安全"，可以选择 4 个访问级别。其中绿色的勾表示在没有该访问级别密码的情况下可以执行的操作。如果要使用该访问级别没有打勾的功能，需要输入密码。HMI 列的勾表示允许通过 HMI 读写 CPU 的变量，如图 4-22 所示。

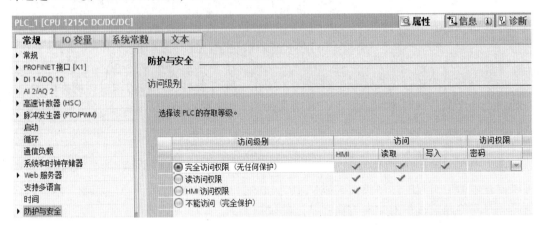

图 4-22　设置防护安全参数

4.4.10　地址总览

选中设备视图中的 CPU 后，再选中巡视窗口的"属性"→"常规"→"地址总览"，可以显示已组态的模块的输入/输出类型、起始和结束的字节地址、大小、模块型号、所在的机架和插槽号、对应的设备名称、过程映像分区（PIP）和所属主站/IO 系统等，如图 4-23 所示。

PLC_1 [CPU 1215C DC/DC/DC]

常规	IO 变量	系统常数	文本

地址总览

过滤器：☑输入　　☑输出

类型	起始地址	结束地址	大小	模块	机架	插槽
I	0	1	2字节	DI 14/DQ 10_1	0	1 1
O	0	1	2字节	DI 14/DQ 10_1	0	1 1
I	64	67	4字节	AI 2/AQ 2_1	0	1 2
O	64	67	4字节	AI 2/AQ 2_1	0	1 2
I	1000	1003	4字节	HSC_1	0	1 16
I	1004	1007	4字节	HSC_2	0	1 17
I	1008	1011	4字节	HSC_3	0	1 18
I	1012	1015	4字节	HSC_4	0	1 19
I	1016	1019	4字节	HSC_5	0	1 20
I	1020	1023	4字节	HSC_6	0	1 21
O	1000	1001	2字节	Pulse_1	0	1 32

图 4-23　地址总览

组态完成后，单击设备视图右上角的"保存窗口设置"按钮 ，可以保存设备视图窗口的设置。

4.5　I/O 参数配置

4.5.1　系统输入和输出 I/O 点的地址分配

打开之前新建的项目"电动机启停控制"，双击项目树中 PLC 文件夹中的设备组态，打开 PLC 的设备视图，添加 DI 2/DQ 2 信号板、DI 16 数字量输入信号模块、DO 16 数字量输出信号模块、AI 4 模拟量输入信号模块、AO 2 模拟量输出信号模块，它们的 I/Q 地址是自动分配的，如图 4-24 所示。

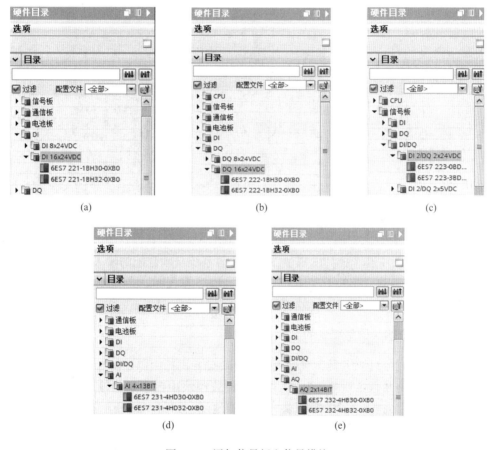

图 4-24　添加信号板和信号模块
（a）添加数字量输入信号模块；（b）添加数字量输出信号模块；（c）添加信号板
（d）添加模拟量输入信号模块；（e）添加模拟量输出信号模块

从设备概览视图（见图 4-25）中可以查看硬件组态的详细信息，包括 CPU1215C 集成的数字量输入的字节地址 IB0 和 IB1（I0.0～I0.7 和 I1.0～I1.5）、数字量输出的字节地址 QB0 和 QB1（Q0.0～Q0.7 和 Q1.0～Q1.1）、模拟量输入的地址 IW64 和 IW66、模拟量输出的地址 QW64 和 QW66（每个模拟量通道占一个字即两个字节）；信号板的数字量输入的字节地址 IB4（I4.0~I4.1）、数字量输出的字节地址 QB4（Q4.0~Q0.1）；DI 16 数字量输入信号模块的字节地址 IB8 和 IB9（I8.0~I8.7 和 I9.0~I9.7）；DO 16 数字量输出信号模块的字节地址 QB8 和 QB9（Q8.0~Q8.7 和 Q9.0~Q9.7）；AI 4 模拟量输入信号模块的地址 IW128、IW130、IW132 和 IW134；AO 2 模拟量输出信号模块的地址 QW144 和 IW146。

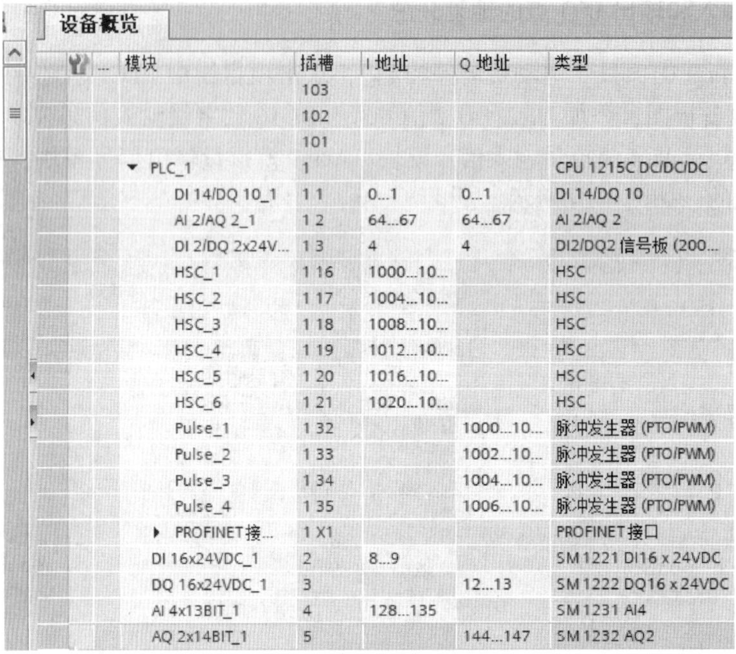

...	模块	插槽	I 地址	Q 地址	类型
		103			
		102			
		101			
▼	PLC_1	1			CPU 1215C DC/DC/DC
	DI 14/DQ 10_1	1 1	0...1	0...1	DI 14/DQ 10
	AI 2/AQ 2_1	1 2	64...67	64...67	AI 2/AQ 2
	DI 2/DQ 2x24V...	1 3	4	4	DI2/DQ2 信号板（200...
	HSC_1	1 16	1000...10...		HSC
	HSC_2	1 17	1004...10...		HSC
	HSC_3	1 18	1008...10...		HSC
	HSC_4	1 19	1012...10...		HSC
	HSC_5	1 20	1016...10...		HSC
	HSC_6	1 21	1020...10...		HSC
	Pulse_1	1 32		1000...10...	脉冲发生器（PTO/PWM）
	Pulse_2	1 33		1002...10...	脉冲发生器（PTO/PWM）
	Pulse_3	1 34		1004...10...	脉冲发生器（PTO/PWM）
	Pulse_4	1 35		1006...10...	脉冲发生器（PTO/PWM）
▶	PROFINET 接口	1 X1			PROFINET 接口
	DI 16x24VDC_1	2	8...9		SM 1221 DI16 x 24VDC
	DQ 16x24VDC_1	3		12...13	SM 1222 DQ16 x 24VDC
	AI 4x13BIT_1	4	128...135		SM 1231 AI4
	AQ 2x14BIT_1	5		144...147	SM 1232 AQ2

图 4-25　设备概览图

选中设备概览图中某个插槽的模块，可以修改系统自动分配的输入 I 地址和输出 Q 地址，建议采用系统自动分配的 I/O 地址。在后续 PLC 编程时，必须使用组态时分配给各 I/O 点的地址。

4.5.2　设置数字量输入信号模块的参数

选中设备视图中的 DI 16 数字量输入信号模块后，再选中巡视窗口的"属性"→"常规"→"DI 16"→"数字量输入"，可以分组设置模块中数字量的输入滤波器时间（范围是 0.2~12.8ms），查看每个数字量输入通道的地址，如图 4-26 所示。

选中巡视窗口的"属性"→"常规"→"DI 16"→"I/O 地址"，可以通过修改"起始地址"和"结束地址"来分配数字量输入模块的字节地址，如图 4-27 所示。

4.5.3　设置数字量输出信号模块的参数

选中设备视图中的 DO 16 数字量输出信号模块后，再选中巡视窗口的"属性"→"常规"→"DQ 16"→"数字量输出"，可以查看每个数字量输出通道的地址；可以选择在 CPU 进入 STOP 模式时，数字量输出保持为上一个值或者使用替代值，选中后者时，勾选复选框表示替代值为 1，反之为 0（默认值），如图 4-28 所示。

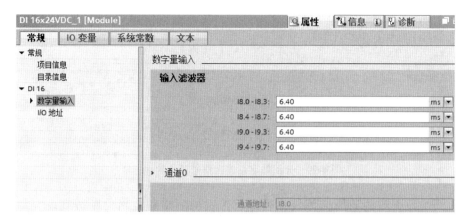

图 4-26 设置数字量输入滤波器时间

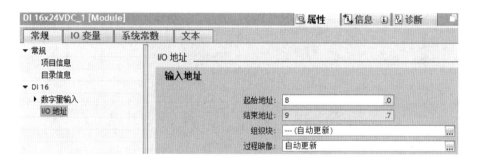

图 4-27 分配数字量输入信号模块的地址

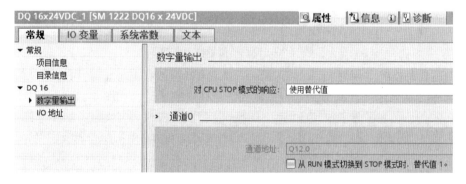

图 4-28 设置数字量输出参数

选中巡视窗口的"属性"→"常规"→"DQ 16"→"I/O 地址",可以通过修改"起始地址"和"结束地址"来分配数字量输出模块的字节地址,如图 4-29 所示。

4.5.4 设置模拟量输入信号模块的参数

选中设备视图中的 AI 4 模拟量输入信号模块后,再选中巡视窗口的"属性"→"常规"→"AI 4"→"模拟量输入",可以设置积分时间,默认值为 20ms;还可以设置测

图 4-29　分配数字量输出信号模块的地址

量类型、测量范围和滤波周期等级，选择是否启用断路和溢出诊断等功能，如图 4-30 所示。

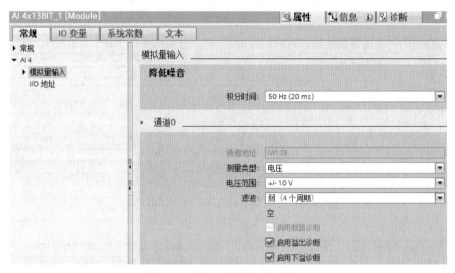

图 4-30　设置模拟量输入参数

选中巡视窗口的"属性"→"常规"→"AI 4"→"I/O 地址"，可以通过修改"起始地址"和"结束地址"来分配模拟量输入信号模块的地址，如图 4-31 所示。

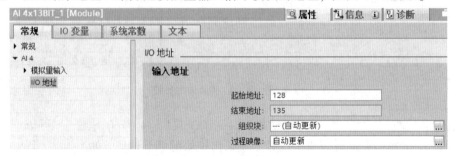

图 4-31　分配模拟量输入信号模块的地址

4.5.5　设置模拟量输出信号模块的参数

选中设备视图中的 AO 4 模拟量输出信号模块后，再选中巡视窗口的"属性"→"常规"→"AQ 2"→"模拟量输出",可以设置 CPU 进入 STOP 模式后,各模拟量输出点的替代值;还可以设置测量类型、测量范围,选择是否激活各种诊断功能,如图 4-32 所示。

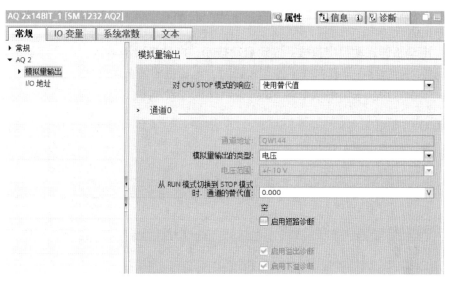

图 4-32　设置模拟量输出参数

选中巡视窗口的"属性"→"常规"→"AQ 2"→"I/O 地址",可以通过修改"起始地址"和"结束地址"来分配模拟量输出信号模块的地址,如图 4-33 所示。

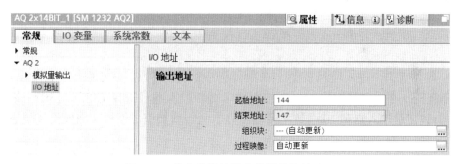

图 4-33　分配模拟量输出信号模块的地址

模拟量输入/输出信号模块中模拟量对应的数字称为模拟值,用 16 位二进制补码来表示。最高位为符号位,正数的符号位为 0,负数的符号位为 1。双极性模拟量量程的上、下限(100%和−100%)分别对应于模拟值 27648 和−27648,单极性模拟量量程的上、下限(100%和 0%)分别对应于模拟值 27648 和 0,热电偶和热电阻模块输出的模拟值的每个数值对应于 0.1℃。

4.6　编 写 程 序

本节以开发"电动机启停控制"项目为例,实现电动机的点动和连动控制以及安全保护。

4.6.1 控制要求

（1）电动机的点动控制：按下点动启动按钮，电动机启动运行；松开点动启动按钮，电动机停止运行。

（2）电动机的连动控制：按下连动启动按钮，电动机启动运行；松开连动启动按钮，电动机仍然继续运行；只有当按下停车按钮时，电动机才停止运行。

（3）安全保护：采用热继电器 FR 进行电动机过载保护。

4.6.2 I/O 信号定义

表 4-1 为 I/O 地址表。

表 4-1 I/O 编址表

输入信号		输出信号	
点动启动按钮	I0.0	电动机运行	Q4.0
连动启动按钮	I0.1		
停车按钮	I0.2		
FR 过载保护	I0.3		

4.6.3 硬件组态

硬件组态的详细步骤和方法，请参见第 4.3.2 节。

（1）新建项目。在 Portal 视图或者项目视图中新建一个项目，项目名为"电动机启动控制"。

（2）硬件组态。进入项目视图，在项目树中，打开 PLC_1 文件夹，双击设备组态，弹出设备视图。在设备视图中，根据控制要求分析，本项目选择 CPU 1215C，该 CPU 集成了 14 个数字量输入点和 10 个数字量输出点，无需增加信号模板，完成设备组态后，进行保存，如图 4-34 所示。

4.6.4 设计控制程序

进入项目视图，在项目树中，打开 PLC_1 文件夹，选择程序块，双击"Main [OB1]"，打开程序编辑器，如图 4-35 所示。

4.6.4.1 新建和修改变量

双击项目树中的"PLC 变量"文件夹中的默认变量表，打开变量表。在"变量"选项卡最下面的空白行的名称列输入新建变量的名称、数据类型和绝对地址，变量的符号地址增加了程序的可读性，也可以在变量表中修改变量，如图 4-36 所示。建议在编写 PLC 程序之前先创建变量，有利于程序的阅读、分析和调试。

4.6.4.2 设置变量的保持性功能

单击变量表工具栏上的"保持"按钮 ▓，打开"保持性存储器"对话框，可以设置变量的保持性，如图 4-37 所示。

图 4-34　硬件组态

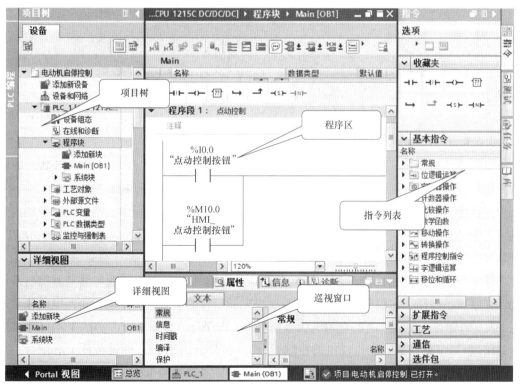

图 4-35　程序编辑界面

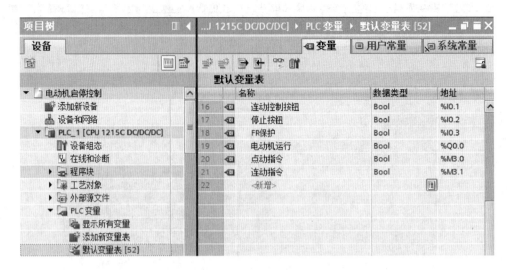

图 4-36　PLC 变量表

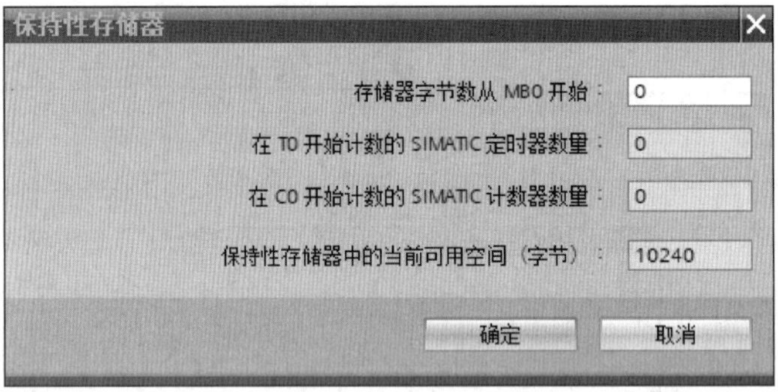

图 4-37　设置保持性存储器

4.6.4.3　采用梯形图编写控制程序

双击项目树中的"程序块"文件夹中的"Main［OB1］"，打开程序编辑器，如图 4-38 所示，采用梯形图编程语言编写电动机的点动控制程序和连动控制程序。

在程序编辑器中，从右边的指令集中拖入需要的指令到程序段中，然后在指令相应位置可以手动输入变量；也可以选择项目树中的"默认变量表"后，详细视图会显示 PLC 变量表中的变量，将需要的变量拖拽到梯形图中，如图 4-38 所示。

本项目说明了 PLC 中辅助继电器 M 的用途，因为 PLC 的工作原理与继电器控制系统的工作原理不一样，它没有继电器控制系统中先断后合的概念，故点动控制的电动机状态用 M3.0 来保存，连动控制的电动机状态用 M3.1 来保存，最后 M3.0、M3.1 均可直接影响到输出 Q0.0 的状态（即电动机的控制指令）。另外，由于 PLC 的带载能力有限，不可以直接驱动电动机，而是通过中间继电器 KA 控制接触器线圈 KM，从而控制电动机的启停，如图 4-39 所示。

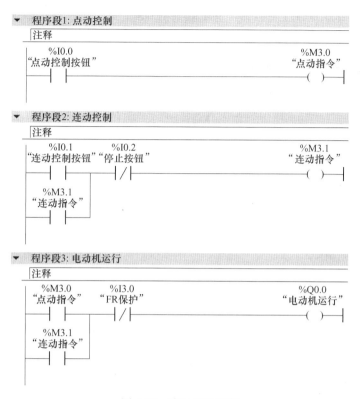

图 4-38　编写控制程序

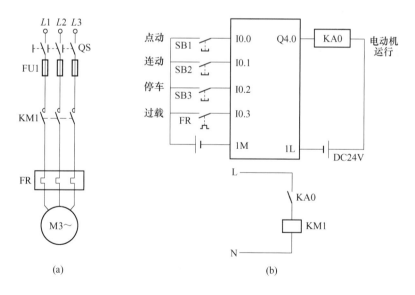

图 4-39　电动机控制系统主电路和 I/O 接线图

（a）主电路；（b）控制电路

4.6.4.4　设置程序编辑器的参数

在项目视图的菜单栏中，选择"选项"→"设置"，打开"设置"对话框，选择

"PLC 编程"，可以设置程序编辑器中变量的表示方式，是否显示程序段注释等信息，"助记符"一般采用默认的"国际"，如图 4-40 所示。

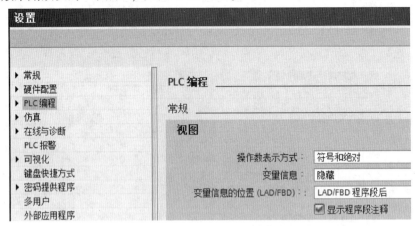

图 4-40　设置程序编辑器的参数

4.7　下　载　程　序

4.7.1　组态 CPU 1215C 的 PROFINET 接口

通过 CPU 与运行博途软件的计算机进行以太网通信，可以执行项目的下载、上传、监控和故障诊断等任务。一对一的通信不需要交换机，两台以上的设备通信则需要交换机。

选中设备视图中的 CPU 后，再选中巡视窗口的"属性"→"常规"→"PROFINET 接口"，可以设置 CPU 连接的子网、以太网地址和子网掩码，如图 4-41 所示。

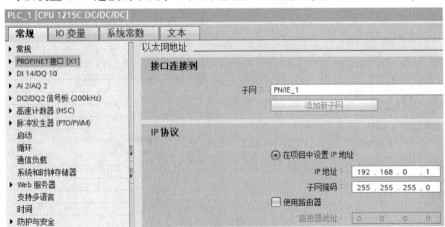

图 4-41　组态 PROFINET 接口

4.7.2　设置工程师站网卡的 IP 地址

在安装有博途软件的计算机（工程师站）上，设置该计算机的 IP 地址。计算机的子网地址应该与 PLC 以太网接口的子网地址（192.168.0）一致，IP 地址的第 4 个字节是子网内设备的地址，可以取 0~255 中的某个值，但是不能与子网中其他设备的 IP 地址重叠。单击"子网掩码"输入框，自动出现默认的子网掩码 255.255.255.0，一般不用设置网关的 IP 地址，如图 4-42 所示。

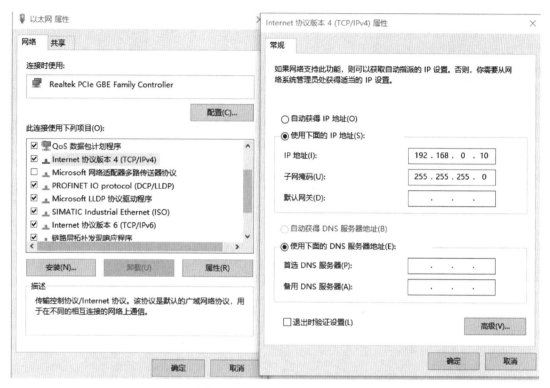

图 4-42　设置 PC 机的 IP 地址

4.7.3　下载程序到真实 PLC

　　选中项目树中的 PLC_1，单击工具栏上的"下载到设备"按钮■，弹出"扩展的下载到设备"对话框。在"PG/PC 接口的类型"选择 PN/IE，在"PG/PC 接口"下拉式列表选择计算机实际使用的网卡。单击"开始搜索"按钮，经过一定的时间后，在"选择目标设备"列表中，出现网络上的 S7-1200 CPU 和它的 IP 地址，对话框中计算机与 PLC 之间的连线由断开变为接通，如图 4-43 所示。

　　单击"下载"按钮，出现"下载预览"对话框。编译成功后，勾选"全部覆盖"复选框，单击"下载"按钮，开始下载。下载结束后，出现"下载结果"对话框，勾选"全部启动"复选框，单击"完成"按钮，完成下载，PLC 切换到 RUN 模式。

4.7.4　启动仿真 PLC 和下载程序

　　如果不方便下载程序到真实的 PLC 上，那么可以采用仿真 PLC，实现对用户程序的调试。S7-1200 系列 PLC 仿真的条件是固件版本为 V4.0 及以上，S7-PLCSIM 为 V13 SP1

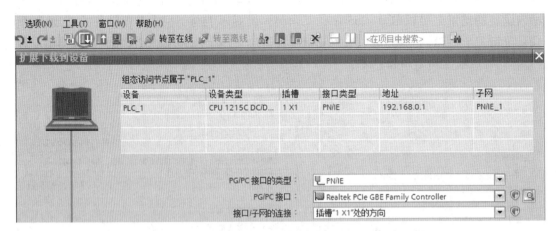

图 4-43   程序下载界面

及以上，仿真不支持计数、PID 和运动控制工艺模块，不支持 PID 和运动控制工艺对象。

选中项目树中的 PLC_1，单击工具栏上的"启动仿真"按钮，弹出 S7-PLCSIM 的精简视图，如图 4-44 所示。

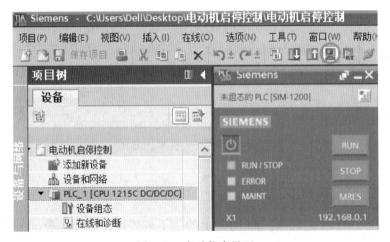

图 4-44   启动仿真界面

单击工具栏上的"下载到设备"按钮，在弹出的"扩展下载到设备"对话框中，设置 PG/PC 接口，单击"开始搜索"按钮，在"选择目标设备"列表中显示出搜索到的仿真 CPU 信息，如图 4-45 所示。

单击"下载"按钮，出现"下载预览"对话框，编译组态成功后，单击"装载"按钮，将程序下载到仿真 PLC。下载预览界面如图 4-46 所示。

下载结束后，出现"下载结果"对话框。勾选其中的"启动模块"复选框，单击"完成"按钮，仿真 PLC 被切换到 RUN 模式。下载结果界面如图 4-47 所示，启动仿真 PLC 的界面如图 4-48 所示。

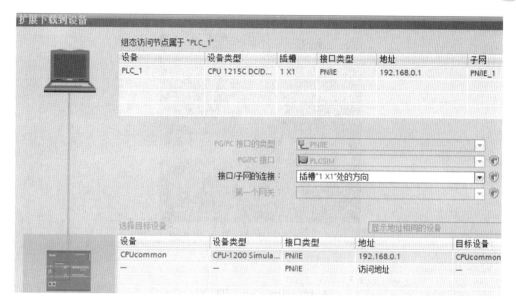

图 4-45 仿真程序下载界面

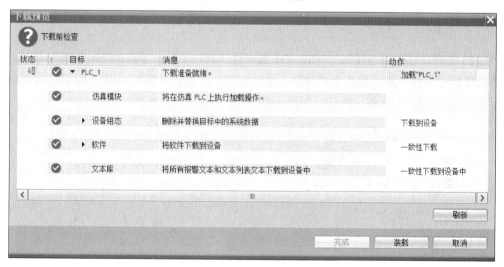

图 4-46 下载预览界面

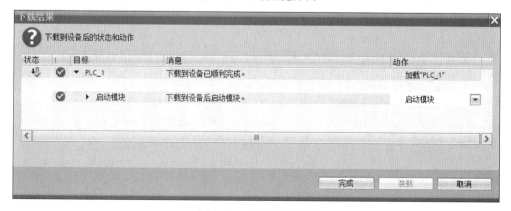

图 4-47 下载结果界面

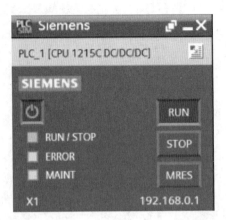

图 4-48　仿真 PLC 切换到 RUN 运行模式

4.8 调试程序

4.8.1 状态监视

与 PLC 建立好在线连接后，单击程序编辑器工具栏上的"启用/禁用监视"按钮，启动程序状态监视，用绿色连续线来表示状态满足，有"能流"流过，用蓝色虚线表示状态不满足，没有"能流"流过，如图 4-49 所示。

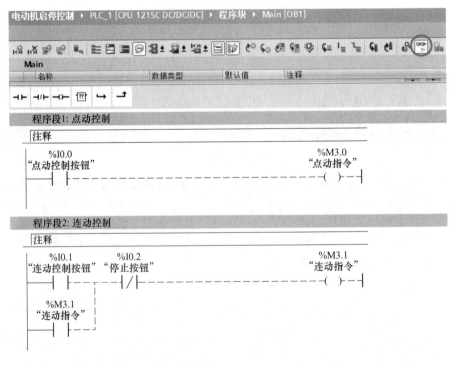

图 4-49　梯形图程序状态监视

程序状态监视模式下，右击程序中某个变量，可以在线修改该变量的值，如图 4-50 所示。注意：在此不能修改过程映像存储区输入（I）的值，但可以在 5.8.3 节讲到的强制表中强制 I 变量的值。如果被修改的变量同时受到程序的控制，则程序控制的作用优先。

图 4-50　在线修改变量值

4.8.2　监控表

调试过程中，如果程序较大，那么在屏幕上可能会出现不能同时监测多个变量变化过程的情况。为了解决这个问题，可以建立监控表。使用监控表可以在一个界面上同时显示所需的全部变量，如图 4-51 所示。

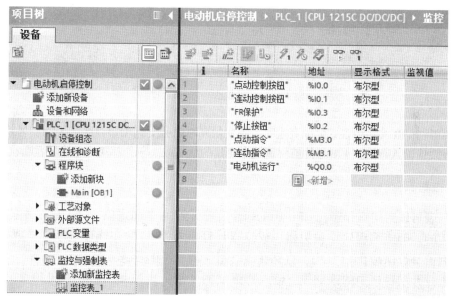

图 4-51　监控表

4.8.2.1　监控表的功能

（1）监视变量：可以在编程设备上显示用户程序或 CPU 中每个变量的当前值；

（2）修改变量：可以将值赋给用户程序或 CPU 中的每个变量，使用程序状态测试功能时也能立即进行一次数值修改；

（3）使用外设输出并激活修改值：允许在停机状态下将值赋给 CPU 中的每个 I/O，在做硬件调试检查线路时常用该功能。

4.8.2.2 打开和编辑监控表

双击项目树中的“监控与强制表”文件夹中的“添加新监控表”，生成并打开一个名为“监控表_1”的监控表。根据需要，可以同时生成多个监控表。未启动监控表的在线监视功能时，可以在监控表中输入要监控的变量的名称或地址。

4.8.2.3 利用监控表监视和修改变量

与 CPU 建立在线连接后，单击工具栏上的“全部监视”按钮，启动或关闭监视功能，将在“监视值”列连续显示变量的动态实际值。单击工具栏上的“立即一次性监视所有变量”按钮，立即读取一次变量值，并在监控表中显示。比如位变量为 TRUE 时，“监视值”列的方形指示灯为绿色，反之为灰色。

如果要修改变量值，在“修改值”列输入变量新的值，勾选要修改的变量的复选框。单击工具栏上的“立即一次性修改所有选定值”按钮，复选框打勾的“修改值”被立即送入指定的地址，如图 4-52 所示。

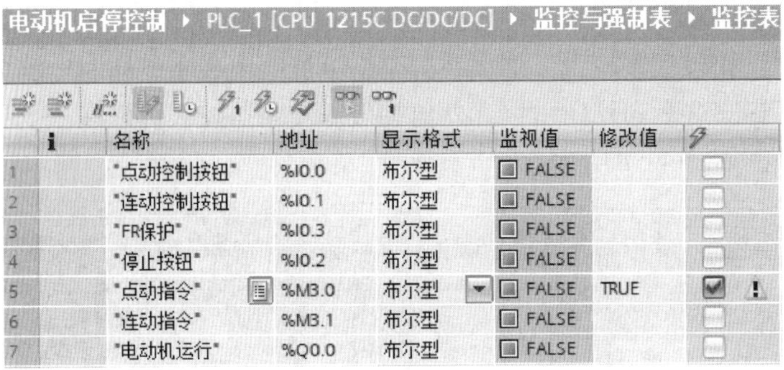
电动机启停控制 ▸ PLC_1 [CPU 1215C DC/DC/DC] ▸ 监控与强制表 ▸ 监控表

	i	名称	地址	显示格式	监视值	修改值	⚡
1		"点动控制按钮"	%I0.0	布尔型	FALSE		
2		"连动控制按钮"	%I0.1	布尔型	FALSE		
3		"FR保护"	%I0.3	布尔型	FALSE		
4		"停止按钮"	%I0.2	布尔型	FALSE		
5		"点动指令"	%M3.0	布尔型	FALSE	TRUE	☑ !
6		"连动指令"	%M3.1	布尔型	FALSE		
7		"电动机运行"	%Q0.0	布尔型	FALSE		

图 4-52 在监控表中修改变量

在 CPU 的 RUN 运行模式修改变量时，各变量同时也会受到用户程序的控制。另外，不能修改过程映像输入存储区 I 变量的值（因为 I 变量的状态取决于外部输入电路的通断状态）。

4.8.3 强制表

强制表可以为用户程序或 CPU 中的每个变量赋予一个固定值，这个值是不能被用户程序覆盖的。即使编程软件被关闭，或编程计算机与 CPU 的在线连接断开，或 CPU 断电，强制值都被保持在 CPU 中，直到在线时用强制表停止强制功能。

双击打开项目树中的强制表，输入想强制的变量，比如 I0.0、I0.1 和 I0.2，它们被自动添加“：P”。单击强制表工具栏上的“全部监视”按钮，打开监视功能。在强制表中，鼠标右击所需强制变量（如 I0.0：P）的这一行，执行“强制”→“强制为 1”命令，那么 I0.0：P 变量将被强制为 TRUE，且在强制变量所在行的第一列出现表示标有“F”的符号，表示该变量被强制，“F”列的复选框中出现勾，如图 4-53 所示。在监控表和程序中也可以看到相应变量的当前监控值。

如果要对变量停止强制，那么单击强制表工具栏上的“停止强制”按钮 F，停止对所有地址的强制，那么强制表和程序中标有“F”的小方框消失，表示强制被停止。为了停止对单个变量的强制，可以清除该变量的 F 列的复选框，然后单击 F 按钮，重新启动强制。

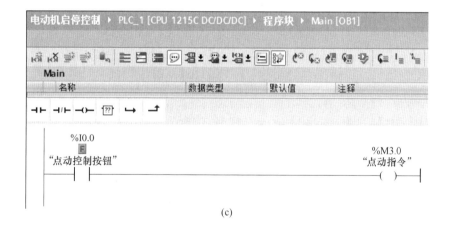

图 4-53 利用强制表调试程序

（a）建立强制表；（b）在线强制修改变量的状态；（c）监控程序的执行情况

4.9 使 用 帮 助

可以通过以下方式打开帮助系统：

（1）执行菜单命令"帮助"→"显示帮助"；

（2）选中某个对象（例如某条指令）后按"F1"键；

（3）单击层叠工具提示框中的链接，直接转到帮助系统中的对应位置，如图 4-54
所示。

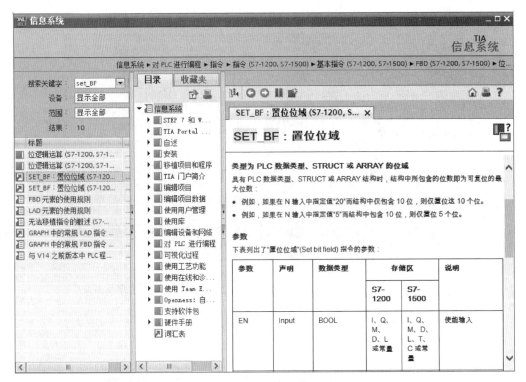

图 4-54　帮助信息系统

4.10　人 机 界 面

人机界面（Human Machine Interface，简称 HMI）是指用户与控制器之间进行交互的专用设备。触摸屏既可以作为输入装置，也可以作为输出显示装置，与 PLC 通过串行通信线路等方式连接，可替代按钮、开关、指示灯、数码管等元器件，现已成为流行的人机交互装置。

4.10.1　修改 PLC 控制程序

打开上述已创建的工程项目"电动机启停控制"，在 PLC 默认变量表中增加 3 个用于与 HMI 进行关联的变量：HMI_点动控制按钮、HMI_连动控制按钮、HMI_停止按钮，并在 OB1 中修改与 HMI 有关的 PLC 控制程序，保存并下载到 PLC，如图 4-55 和图 4-56所示。

4.10.2　添加 HMI 设备

打开上述已创建的工程项目"电动机启停控制"，在项目视图界面，双击目录树中的"添加新设备"，弹出"添加新设备"对话框，单击"HMI"按钮，在此选择精智面板KTP400 Comfort，订货号为 6AV2 124-2DC01-0AX0，版本为 15.1.0.0，生成名为"HMI_1"的面板，如图 4-57 所示。默认的 IP 地址为 192.168.0.2。

电动机启停控制 ▸ PLC_1 [CPU 1215C DC/DC/DC] ▸ PLC变量 ▸ 默认变量表 [55]

默认变量表

	名称	数据类型	地址	保持	从HM...	可从...	在H...
16	连动控制按钮	Bool	%I0.1	☐	☑	☑	☑
17	停止按钮	Bool	%I0.2	☐	☑	☑	☑
18	FR保护	Bool	%I0.3	☐	☑	☑	☑
19	电动机运行	Bool	%Q0.0	☐	☑	☑	☑
20	点动指令	Bool	%M3.0	☐	☑	☑	☑
21	连动指令	Bool	%M3.1	☐	☑	☑	☑
22	HMI_点动控制按钮	Bool	%M10.0	☐	☑	☑	☑
23	HMI_连动控制按钮	Bool	%M10.1	☐	☑	☑	☑
24	HMI_停止按钮	Bool	%M10.2	☐	☑	☑	☑
25	<新增>			☐	☑	☑	☑

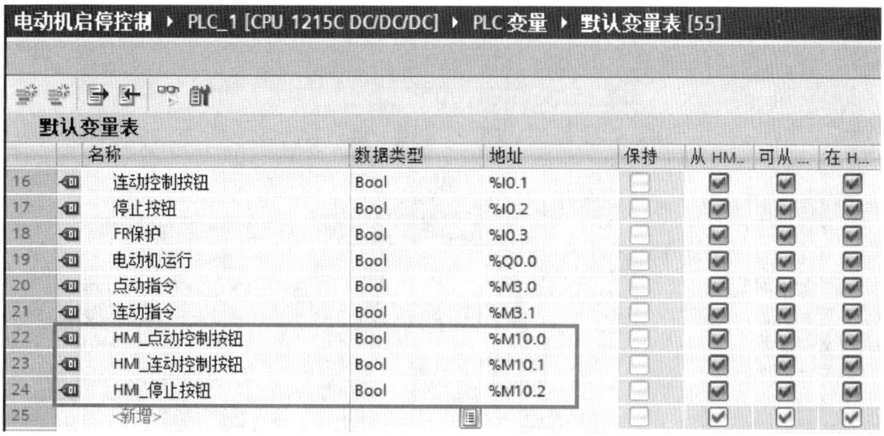

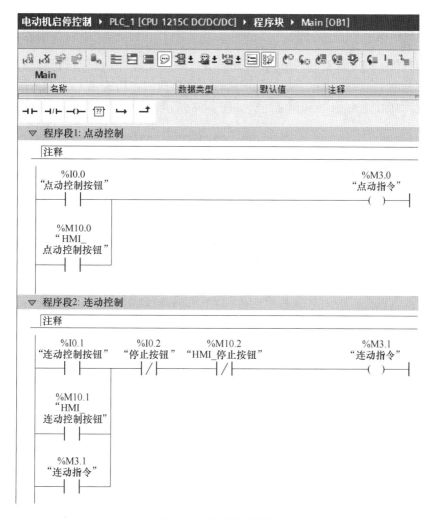

图 4-55 变量表

图 4-56 修改控制程序

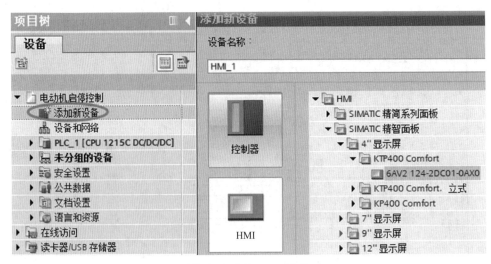

图 4-57   添加 HMI 设备

4.10.3   网络组态

双击项目树中的"设备和网络"，打开网络视图，单击"连接"按钮 🔧 连接，采用默认的"HMI 连接"。单击 PLC 中的以太网接口，用拖拽的方法连接 PLC 和 HMI 的以太网接口，生成"HMI_连接_1"和网络线，如图 4-58 所示。

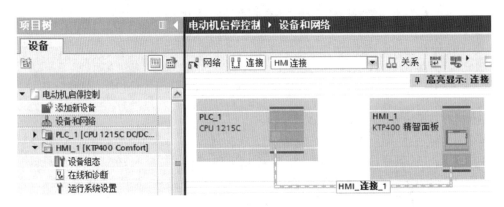

图 4-58   建立 PLC 与触摸屏的 HMI 连接

在项目树下，双击"HMI_1"→"连接"，打开连接编辑器，可以查看 HMI 连接的详细信息，如图 4-59 所示。

4.10.4   生成 HMI 变量

HMI 的变量分为外部变量和内部变量。外部变量是 HMI 与 PLC 进行数据交换的桥梁，是 PLC 中定义的存储单元的映像，其值随 PLC 程序的执行而改变。内部变量仅存储在 HMI 设备的存储器中，供 HMI 设备访问。本项目仅使用到外部变量。

双击项目树的"HMI 变量"文件夹中的"默认变量表"，打开变量编辑器，单击"PLC 变量"列右边的按钮 ▦，从弹出的对话框中选中"PLC 变量"文件夹下的"默认

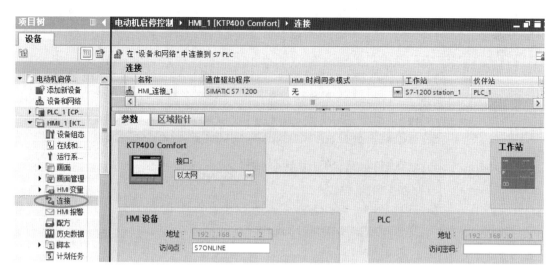

图 4-59　查看触摸屏的 HMI 连接参数

变量表"，双击 HMI 需要用到的 PLC 变量，该变量将会出现在 HMI 的默认变量表中。然后在 HMI 的默认变量表中单击新生成的 HMI 变量，单击工具栏上的"与 PLC 进行同步"按钮 🔁，采用出现的对话框中默认的设置，单击"同步"按钮后，该 HMI 变量的名称被同步为 PLC 变量表中的变量名。在 HMI 变量表中还可以设置合适的采集周期，满足画面对象的动态变化延迟要求，如图 4-60~图 4-62 所示。

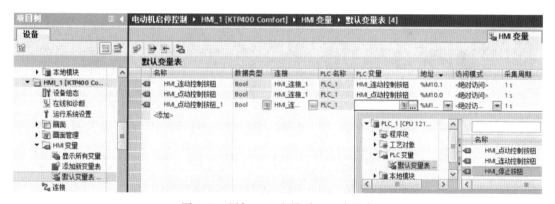

图 4-60　添加 PLC 变量到 HMI 变量表

在组态画面中的元件时，如果使用了 PLC 变量表中的变量，该变量将会自动地添加到 HMI 的变量表中。

4.10.5　组态监控画面

HMI 利用画面中可视化的画面元件来反映实际的工业生产过程，同时也可利用它们来修改工业现场的过程设定值。

双击项目树的"画面"文件夹下的"画面_1"（该画面是在添加 HMI 设备后自动生成的画面），打开画面编辑器，创建电动机点动按钮、连动按钮、停止按钮、运行指示灯

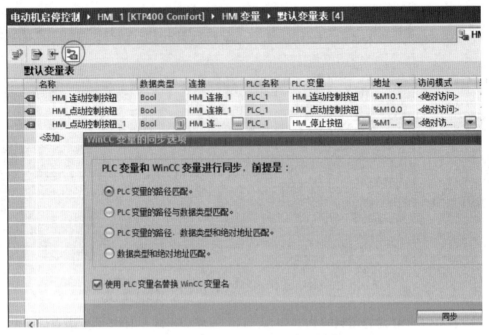

图 4-61 PLC 变量和 WinCC 变量同步

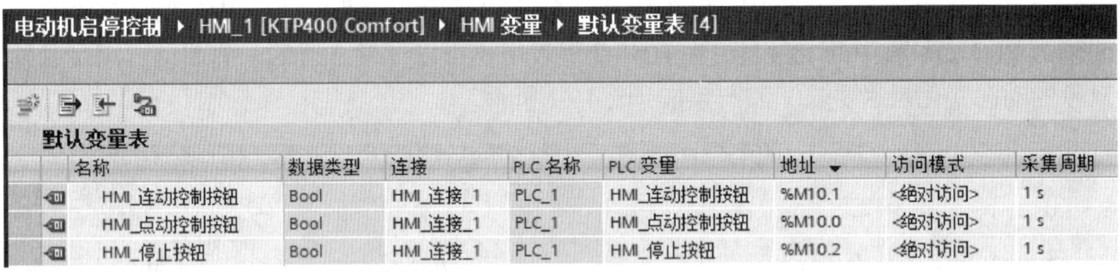

图 4-62 生成 HMI 变量

以及从图库里调出电动机图形对象（也可自己利用画面编辑器右侧的工具绘制电动机图形），如图 4-63 所示。电动机启停控制系统的静态画面设计好后，需要对画面中的对象进行组态。

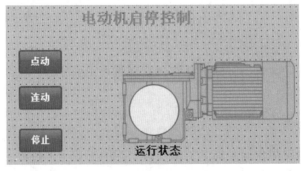

图 4-63 设计 HMI 画面

（1）按钮对象事件组态。按钮对象根据设计要求组态按钮"按下"和"释放"事件功能。单击点动按钮，在属性窗口中选择"事件"→"按下"，在弹出界面中选择"系统函数"→"编辑位"→"置位位"，在变量（输入/输出）框中选择需关联的变量"HMI_点动启动按钮"，完成点动按钮按下事件的组态；在属性窗口中选择"事件"→"释放"，在弹出界面中选择"系统函数"→"编辑位"→"复位位"，在变量（输入/输出）框中选择需关联的变量"HMI_点动启动按钮"，完成点动按钮释放事件的组态，如图4-64所示。连动按钮和停止按钮对象事件组态操作类似于点动按钮，在此不再重复叙述。

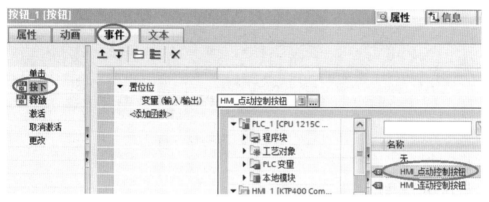

图 4-64　组态点动按钮事件

（2）按钮对象动画组态。通过组态按钮对象外观背景色效果，来提示按钮是否按下。单击点动按钮对象，在属性窗口中选择"动画"→"显示"→"添加新动画"→"外观"，在弹出界面的变量框中选择需关联的变量"HMI_点动控制按钮"，在弹出界面右下方的第一行的"范围"列中输入0和"背景色"列设置为深灰色，在第二行的"范围"列输入1和"背景色"列设置为绿色，完成点动按钮对象外观动画的组态，如图4-65所示。连动按钮和停止按钮对象动画组态操作类似于点动按钮，在此不再重复阐述。

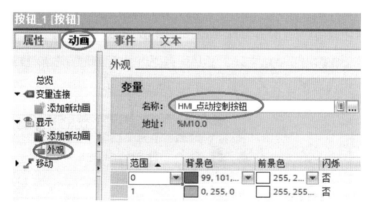

图 4-65　设置按钮对象外观动画

（3）指示灯对象动画组态。指示灯对象用圆来表示，需关联"电动机运行"变量，设置外观动画效果。单击指示灯对象，在属性窗口中选择"动画"→"显示"→"添加新动画"→"外观"，在弹出界面的变量框中选择需关联的变量"电动机运行"，在弹出界面右下方的第一行的"范围"列中输入0和"背景色"列设置为灰白色，在第二行的

"范围"列输入 1 和"背景色"列设置为红色，完成指示灯对象外观动画的组态，如图 4-66 所示。

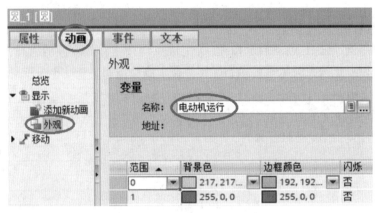

图 4-66　设置指示灯对象外观动画

4.10.6　HMI 仿真运行

在计算机上安装了"仿真/运行系统"组件后，可以用 WinCC 的运行系统来模拟 HMI 设备，模拟调试是学习 HMI 设备组态方法的重要途径。在此该项目采用 S7-PLCSIM 和 WinCC 运行系统的集成仿真方式进行演示，这种仿真不需要 HMI 设备和 PLC 的硬件，能较好地模拟实际控制系统的功能。

（1）启动仿真和下载 PLC 控制程序。选中项目树中的 PLC_1，单击工具栏上的"启动仿真"按钮![图标]，弹出 S7-PLCSIM 的精简视图，然后再单击工具栏上的"下载"按钮![图标]，把 PLC 控制程序下载到仿真 PLC，并把仿真 PLC 切换到 RUN 模式。

（2）HMI 仿真和运行画面。选中项目树中的 HMI_1，单击工具栏上的"启动仿真"按钮![图标]，软件编译成功后，出现运行画面，如图 4-67 所示。

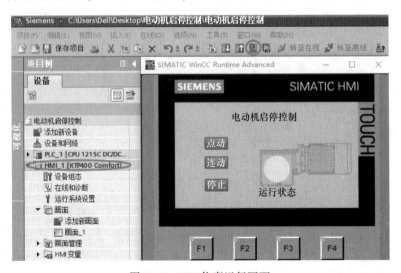

图 4-67　HMI 仿真运行画面

这时在 HMI 运行画面上, 单击任何按钮, 那么与该按钮关联的变量值就会发生变化。比如, 按下 "连动" 按钮, "HMI_连动" 变量 (地址为 M10.1) 的值变为 1, 连动按钮颜色变为绿色 (表示按钮处于按下状态), 电动机运行指示灯变为红色 (表示电动机处于运行状态), 那么 "HMI_运行" 变量 (地址为 Q0.0) 的值变为 1, 如图 4-67 所示。当按下 "停止" 按钮时, "HMI_停止" 变量 (地址为 M10.2) 的值变为 1, 停止按钮颜色变为橙色 (表示按钮处于按下状态), 电动机运行指示灯变为灰白色 (表示电动机处于停止状态), 那么 "HMI_运行" 变量 (地址为 Q0.0) 的值变为 0, 如图 4-68 所示。

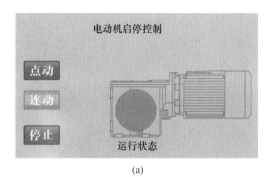

(a)

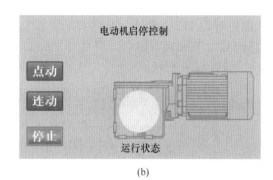

(b)

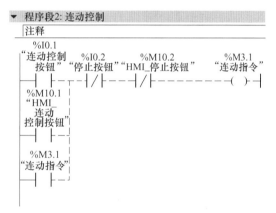

(c)

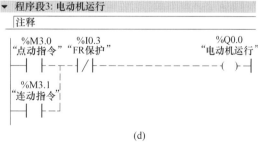

(d)

图 4-68　HMI 和 PLC 控制程序调试

（a）电动机运行画面调试——启动功能；（b）电动机运行画面调试——停止功能；
（c）HMI 连动按钮按下后的 PLC 程序监控；（d）HMI 停止按钮按下后的 PLC 程序监控

4.11 PC 系统

与 4.10 节所讲的触摸屏人机界面相比，使用电脑 PC 运行可视化监控系统，具有显示屏幕大、显示内容和细节更丰富、动画效果更逼真等特点。本节在 4.10 节的项目开发的基础上进行以下操作，演示 PC 系统的组态过程。

4.11.1 添加 PC 系统

打开上述已创建的工程项目"电动机启停控制"，在项目视图界面，双击目录树中的"添加新设备"，弹出"添加新设备"对话框，单击"PC 系统"按钮，在此选择"SIMATIC HMI 应用软件"下的"WinCC RT Advanced"，生成名为"PC-System_1"的 PC 站，如图 4-69 所示。

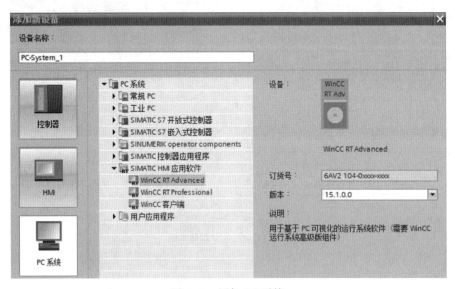

图 4-69　添加 PC 系统

4.11.2 设备组态

双击项目树中的"PC-System_1"PC 站下的"设备组态"，打开设备视图，在硬件目录中添加通信模块，在此选择"通信模块"→"PROFINET/Ethernet"→"常规 IE"，组态 PC 站以太网地址，其 IP 地址要与 PC 机的 IP 地址一致，如图 4-70 和图 4-71 所示。

4.11.3 网络组态

双击项目树中的"设备和网络"，打开网络视图，单击"连接"按钮 📟 连接，采用默认的"HMI 连接"。单击 PLC 中的以太网接口，用拖拽的方法连接 PLC 和 PC 站的以太网接口，PLC 与 PC 站建立 PN/IE-1 网络连接，如图 4-72 所示。

在项目树中，双击"PC-System_1"→"HMI_RT_2"→"连接"，打开连接编辑器，可以查看 HMI 连接的详细信息。

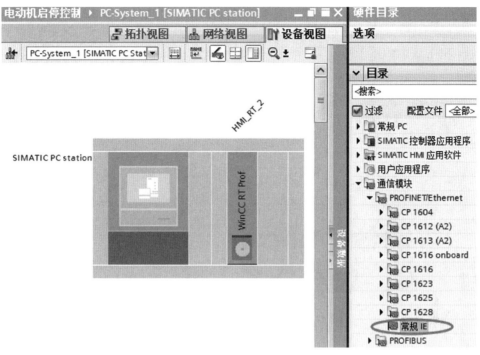

图4-70 添加通信模块"常规IE"

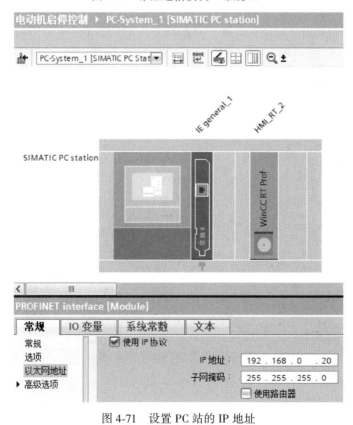

图4-71 设置PC站的IP地址

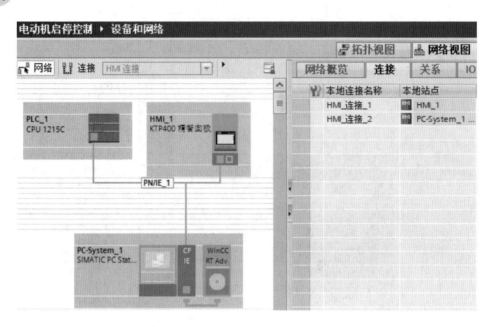

图 4-72　建立 PLC 与 PC 站的 HMI 连接

4.11.4　生成 HMI 变量和组态监控画面

该步骤与 4.10 节类似，在此不再重复叙述。生成的组态 PC 站的监控画面如图 4-73 所示。

图 4-73　组态 PC 站的监控画面

4.11.5　HMI 仿真运行

该步骤与上述 4.10 节类似，在此不再重复叙述。

（1）启动仿真和下载 PLC 控制程序。选中项目树中的 PLC_1，单击工具栏上的"启动仿真"按钮■，弹出 S7-PLCSIM 的精简视图，然后再单击工具栏上的"下载"按钮■，把 PLC 控制程序下载到仿真 PLC，并把仿真 PLC 切换到 RUN 模式，如图 4-74 所示。

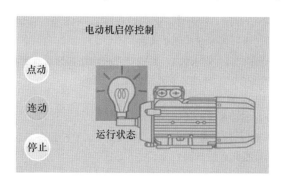

图 4-74　电动机运行画面调试——启动功能

（2）HMI 仿真和运行画面。选中项目树中的 HMI_RT-1，单击工具栏上的"启动仿真"按钮■，软件编译成功后，出现运行画面，然后进行电动机控制的调试，如图 4-75 所示。

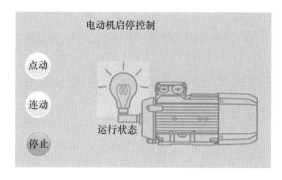

图 4-75　电动机运行画面调试——停止功能

习　题

4-1　TIA Portal 的专业版支持的 PLC 有哪几种，支持的 PLC 编程语言有哪几种？

4-2　TIA Portal 有哪几种视图操作模式？

4-3　在 TIA Portal 中如何创建一个新项目？在一个项目中，如何添加新的 I/O 控制器和 I/O 监视器，如何添加新的 I/O 设备？

4-4　在 TIA Portal 中如何创建 PROFINET 网络，如何给设备分配 IP 地址和设备名称？

4-5　在 TIA Portal 的专业版中，可支持的程序块有哪几种，可支持的编程语言有哪几种？

4-6　在 TIA Portal 中给变量取名时，可以允许使用哪些字符，不允许使用哪些字符？

4-7　在 TIA Portal 的专业版中，提供的指令有哪几个类型，其中"SCALE"指令属于哪一个类型，如何查阅指令的帮助信息？

4-8　组态一个触摸屏的可视化监控画面，需要哪几个必须的操作步骤？

4-9 在 TIA Portal 中，修改监控画面上的文本域的字体颜色、字体大小，以及在画面中的位置是在文本域属性的哪些选项中进行？

4-10 在 TIA Portal 中组态一个按钮，要求按下时使某个 PLC 的 BooL 型变量 = 1，松开时该变量 = 0，说明组态的操作步骤。

4-11 在 TIA Portal 中组态一个 I/O 域，要求显示某个 PLC 的 Int 型变量，说明组态的操作步骤。

4-12 单击按钮可实现画面的切换，需要使用哪个函数？

4-13 在 TIA Portal 中组态一个 PC 站，要求该 PC 站的计算机网络参数设置哪些内容？

4-14 在 TIA Portal 中添加一个 PC 站，详细说明其硬件组态步骤。

4-15 TIA 博途（Portal）软件安装的软硬件条件有哪些？

4-16 PLC 与计算机通信要设置哪些参数，如何设置？

4-17 如何使用 TIA 博途（Portal）软件来编写程序、调试程序、监控程序的运行？

4-18 如何组态一个触摸屏的可视化监控画面？

4-19 组何组态一个 PC 站的可视化监控画面？

5 S7-1200 PLC 的指令系统与编程

【知识要点】

PLC 的编程语言、程序的结构；S7-1200 PLC 的数据类型与编程软元件；基本逻辑指令、定时/计数器指令、常用功能指令的格式、功能和使用方法。

【学习目标】

了解 S7-1200 PLC 的编程语言和程序结构；掌握 S7-1200 PLC 的数据类型与编程软元件，基本逻辑指令、定时/计数指令、常用功能指令的使用方法；会使用 PLC 提供的指令系统根据控制要求编写程序。

通过本章的学习，使读者学会使用 PLC，即学会使用 PLC 的编程语言编写控制程序。

5.1 S7-1200 PLC 编程基础

5.1.1 S7-1200 PLC 的编程语言

5.1.1.1 PLC 编程语言的国际标准

IEC61131 是 IEC（国际电工委员会）制定的 PLC 标准，其中的第三部分 IEC 61131-3 是 PLC 的编程语言标准。IEC61131-3 是世界上第一个，也是至今为止唯一的工业控制系统的编程语言标准。

目前已有越来越多的生产 PLC 的厂家提供符合 IEC 61131-3 标准的产品，IEC 61131-3 已经成为各种工控产品事实上的软件标准。IEC 61131-3 详细地说明了句法、语义和下述 5 种编程语言。

(1) 指令表（Instruction List, IL）：西门子 PLC 称为语句表，简称 STL；

(2) 结构文本（Structured Text）：西门子 PLC 称为结构化控制语言，简称 S7-SCL；

(3) 梯形图（Ladder Diagram, LD）：西门子 PLC 简称为 LAD；

(4) 函数块图（Function Block Diagram）：简称为 FBD；

(5) 顺序功能图（Sequential Function Chart, SFC）：对应于西门子的 S7-Graph。

S7-1200 PLC 使用梯形图 LAD、函数块图 FBD 和结构化控制语言 SCL 这三种编程言。

5.1.1.2 梯形图

梯形图（LAD）是使用最多的 PLC 图形编程语言。梯形图与继电器电路图很相似，具有直观易懂的优点，很容易被熟悉继电器控制的电气人员掌握，特别适合于数字量逻辑控制。

梯形图由触点、线圈和用方框表示的指令框组成。触点代表逻辑输入条件，例如外部的开关、按钮和内部条件等。线圈通常代表逻辑运算的结果，常用来控制外部的负载和内部的标志位等。指令框用来表示定时器、计数器或者数学运算等指令。

触点和线圈等组成的电路称为程序段,英语名称为 Network (网络),STEP 7 自动地为程序段编号。可以在程序段编号的右边加上程序段的标题,在程序段编号的下面为程序段加上注释,如图 5-1 所示。单击编辑器工具栏上的"▣"按钮,可以显示或关闭程序段的注释。

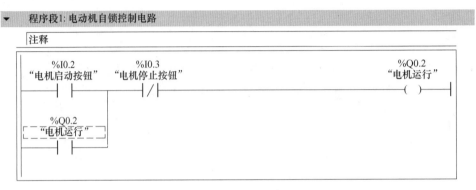

图 5-1 梯形图示例

在分析梯形图的逻辑关系时,为了借用继电器电路图的分析方法,可以想象在梯形图的左右两侧垂直"电源线"之间有一个左正右负的直流电源电压,当图 5-1 中 I0.2 与 I0.3 的常闭触点同时接通,或 Q0.2 与 I0.3 的常闭触点同时接通时,有一个假想的"能流"(Power Flow) 流过 Q0.2 的线圈。利用"能流"这一概念,可以借用继电器电路的术语和分析方法,帮助我们更好地理解和分析梯形图,能流只能从左往右流动。

程序段内的逻辑运算按从左往右的方向执行,与能流的方向一致。如果没有跳转指令,程序段之间按从上到下的顺序执行,执行完所有的程序段后,下一次扫描循环返回最上面的程序段 1,重新开始执行。

5.1.1.3 函数块图

函数块图 (FBD) 使用类似于数字电路的图形逻辑符号来表示控制逻辑,有数字电路基础的人很容易掌握,国内很少有人使用函数块图语言。函数块的使用方法如图 5-2 所示。图 5-2 是图 5-1 中的梯形图对应的函数块图,图 5-2 同时显示绝对地址和符号地址。

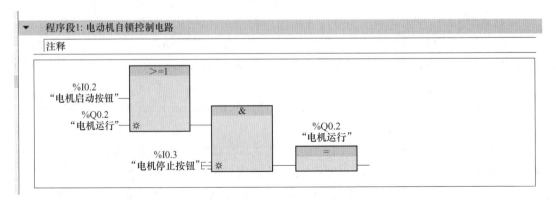

图 5-2 函数块图示例

在函数块图中，用类似于与门（带有符号"&"）、或门（带有符号">=1"）的方框来表示逻辑运算关系，方框的左边为逻辑运算的输入变量，右边为输出变量，输入、输出端的小圆圈表示"非"运算，方框被"导线"连接在一起，信号自左向右流动。指令框用来表示一些复杂的功能，例如数学运算等。

5.1.1.4 结构化控制语言 SCL

结构化控制语言 SCL（Structured Control Language）是一种基于 PASCAL 的高级编程语言，这种语言基于 IEC 1131-3 标准。SCL 除了包含 PLC 的典型元素（例如输入、输出、定时器或存储器位）外，还包含高级编程语言中的表达式、赋值运算和运算符。SCL 提供了简便的指令进行程序控制，例如创建程序分支、循环或跳转。SCL 尤其适用于数据管理、过程优化、配方管理和数学计算、统计任务等应用领域。

5.1.1.5 编程语言的切换

右键单击项目树中 PLC 的"程序块"文件夹中的某个代码块，选中快捷菜单中的"切换编程语言"，LAD 和 FDB 语言可以相互切换。只能在"添加新块"对话框中选择 SCL 语言。

5.1.2 S7-1200 PLC 的存储器

PLC 的存储器与计算机的存储功能相似，用来存储系统程序、用户程序和数据。S7-1200 系列 PLC 根据不同的功能，将存储器分为若干个不同的存储区，如装载存储器区、工作存储器区、保持性存储器区和系统存储区。

5.1.2.1 装载存储器区

装载存储器是非易失性的存储器，用于保存用户程序、数据和组态信息。所有的 CPU 都有内部的装载存储器，CPU 插入存储卡后，用存储卡作装载存储器。项目下载到 CPU 时，保存在装载存储器中。装载存储器具有断电保持功能，它类似于计算机的硬盘。

5.1.2.2 工作存储器区

工作存储器是集成在 CPU 中的高速存取的 RAM，为了提高运行速度，CPU 将用户程序中与程序执行有关的部分，例如组织块、函数块、函数和数据块从装载存储器复制到工作存储器。CPU 断电时，工作存储器中的内容将会丢失。工作存储器类似于计算机的内存条。

5.1.2.3 保持性存储器区

断电保持存储器（保持性存储器）用来防止在 PLC 电源关闭时丢失数据，暖启动后保持性存储器中的数据保持不变，存储器复位时其值被清除。

CPU 提供了 10kB 的保持性存储器，可以在断电时，将工作存储器的某些数据（例如数据块或位存储器 M）的值永久保存在保持性存储器中。

断电时组态的工作存储器的值被复制到保持性存储器。电源恢复后，系统将保持性存储器保存的断电之前工作存储器的数据，恢复到原来的存储单元。

在暖启动时，所有非保持的位存储器被删除，非保持的数据块的内容被设置为装载存储器中的初始值。保持性存储器和有保持功能的数据块的内容被保持。

5.1.2.4 存储卡

SIMATIC 存储卡基于 FEPROM（Flash EPROM），是预先格式化的 SD 存储卡，它用于在断电时保存用户程序和某些数据，不能用普通读卡器格式化存储卡，可以将存储卡作为程序卡、传送带卡或固件更新卡。

装载了用户程序的存储卡将替代设备的内部装载存储器，后者的数据被擦除。拔掉存储卡不能运行。无需使用 STEP7，用存储卡就可将项目复制到 CPU 的内部装载存储器，复制后必须取出存储卡。

将模块的固件存储在存储卡上，就可执行固件更新。忘记密码时，插入空的存储卡将会自动删除 CPU 内部装载存储器中受密码保护的程序，以后就可以将新的程序下载到 CPU 中。

存储卡的详细使用情况见《S7-1200 系统手册》的 5.5 节 "使用存储卡"。

5.1.2.5　系统存储器区

系统存储器是集成在 CPU 内部的 RAM 存储器，数据掉电丢失，容量不能扩展。系统存储器区主要包括输入过程映像区（I）、输出过程映像区（Q）、位存储器区（M）、局部存储器区（L）、I/O 外设存储器、数据块（DB）。

（1）过程映像输入/输出。过程映像输入在用户程序中的标识符为 I，它是 PLC 接收外部输入的数字量信号的窗口。输入端可以外接常开触点或常闭触点，也可以接多个触点组成的串、并联电路。

在每次循环扫描开始时，CPU 读取数字量输入点的外部输入电路的状态，并将它们存入过程映像输入区，见表 5-1。

表 5-1　系统存储器区

存储区	描　　述	强制	保持性
过程映像输入（I）	在循环开始时，将输入模块的输入值保存到过程映像输入表	No	No
外设输入（I：P）	通过该区域直接访问集中式和分布式输入模块	Yes	No
过程映像输出（Q）	在循环开始时，将过程映像输出表中的值写入输出模块	No	No
外设输出（Q：P）	通过该区域直接访问集中式和分布式输出模块	Yes	No
位存储器（M）	用于存储用户程序的中间运算结果或标志位	No	Yes
局部存储器（L）	块的临时局部数据，只能供块内部使用	No	No
数据块（DB）	数据存储器与 FB 的参数存储器	No	Yes

过程映像输出在用户程序中的标识符为 Q，用户程序访问 PLC 的输入和输出地址区时，不是去读、写数字量模块中信号的状态，而是访问 CPU 的过程映像区。在循环扫描中，用户程序计算输出值，并将它们存入过程映像输出区。在下一扫描循环开始时，将过程映像输出区的内容写到数字量输出点，再由后者驱动外部负载。

I 和 Q 均可以按位、字节、字和双字来访问，例如 I0.0、IB0、IW0 和 ID0。程序编辑器自动地在绝对操作数前面插入 "%"，例如%I3.2。在 SCL 中，必须在地址前输入 "%"来表示该地址为绝对地址。如果没有 "%"，STEP 7 将在编译时生成未定义的变量错误。

（2）外设输入。在 I/O 点的地址或符号地址的后面附加 "：P"，可以立即访问外设输入或外设输出。通过给输入点的地址附加 "：P"，例如 I0.3：P，可以立即读取 CPU、信号板和信号模块的数字量输入和模拟量输入。访问时使用 I_：P 取代 I 的区别在于前者的数字直接来自被访问的输入点，而不是来自过程映像输入。因为数据从信号源被立即读取，而不是从最后一次被刷新的过程映像输入中复制，这种访问被称为"立即读"访问。

由于外设输入点从直接连接在该点的现场设备接收数据值，因此写外设输入点是被禁止的，即 I_:P 访问是只读的。

I_:P 访问还受到硬件支持的输入长度的限制。以被组态为从 I4.0 开始的 2DI/2DQ 信号板的输入点为例，可以访问 I4.0:P、I4.1:P 或 IB4:P，但是不能访问 I4.2:P ~ I4.7:P，因为没有使用这些输入点；也不能访问 IW4:P 和 ID4:P，因为它们超过了信号板使用的字节范围。

用 I_:P 访问外设输入不会影响存储在过程映像输入区中的对应值。

（3）外设输出。在输出点的地址后面附加":P"（例如 Q0.3:P），可以立即写 CPU、信号板和信号模块的数字量和模拟量输出。访问时使用 Q_:P 取代 Q 的区别在于前者的数字直接写给被访问的外设输出点，同时写给过程映像输出，这种访问被称为"立即写"；因为数据被立即写给目标点，不用等到下一次刷新时将过程映像输出中的数据传送给目标点。

由于外设输出点直接控制与该点连接的现场设备，因此读外设输出点是被禁止的，即 Q_:P 访问是只写的。与此相反，可以读写 Q 区的数据。

与 I_:P 访问相同，Q_:P 访问还受到硬件支持的输出长度的限制。

用 Q_:P 访问外设输出同时影响外设输出点和存储在过程映像输出区中的对应值。

（4）位存储器区。位存储器区（M 存储器）用来存储运算的中间操作状态或其他控制信息，可以用位、字节、字或双字读/写位存储器区。

（5）数据块。数据块（Data Block）简称为 DB，用来存储代码块使用的各种类型的数据，包括中间操作状态或 FB 的其他控制信息参数，以及某些指令（例如定时器、计数器指令）需要的数据结构。

数据块可以按位（例如 DB1.DBX3.5）、字节（DBB）、字（DBW）和双字（DBD）来访问。在访问数据块中的数据时，应指明数据块的名称，例如 DB1.DBW20。

如果启用了块属性"优化的块访问"，不能用绝对地址访问数据块和代码块的接口区中的临时局部数据。

（6）局部存储器区。局部存储器区是一个临时数据存储区，用于保存程序块中的临时数据。局部存储器区的标识符为"L"。局部存储器类似于 M 存储器，二者的主要区别在于 M 存储器是全局的，而临时存储器是局部的。

可以通过菜单命令"工具"→"调用结构"查看程序中各代码块占用的临时存储器空间。

（7）定时器和计数器。定时器为用户提供定时控制功能，计数器为用户提供计数控制功能。S7-1200 中只有 IEC 定时器和 IEC 计数器，它们的个数不受限制，编程灵活。

5.1.3 数据形式与数据类型

5.1.3.1 数据形式

在 S7-1200 的许多指令中都用到常数。常数有多种表示方法，常数的长度可以是字节、字或双字，PLC 以二进制方式存储常数，书写形式可以是二进制、十进制、十六进制、ASCII 码或浮点数等多种形式。

5.1.3.2　基本数据类型

数据类型用来描述数据的长度（即二进制的位数）和属性，很多指令和代码块的参数支持多种数据类型。将鼠标的光标放在某条指令某个参数的地址域上，过一会儿在出现黄色背景的小方框中，可以看到该参数支持的数据类型。

不同的任务使用不同长度的数据对象，例如位逻辑指令使用位数据，移动指令使用字节、字和双字。字节、字和双字分别由 8 位、16 位和 32 位二进制数组成。

表 5-2 给出了基本数据类型的属性。

表 5-2　基本数据类型

变量类型	符号	位数	取值范围	常数举例
位	Bool	1	1，0	TRUE，FALSE 或 1，0
字节	Byte	8	16#00~16#FF	16#12，16#AB
字	Word	16	16#0000~16#FFFF	16#ABCD，16#0001
双字	DWord	32	16#00000000~16#FFFFFFFF	16#02468ACE
字符	Char	8	16#00~16#FF	'A'，'t'，'@'
有符号字节	Sint	8	$-128 \sim 127$	123，-123
整数	Int	16	$-32768 \sim 32767$	123，-123
双整数	Dint	32	$-2147483648 \sim 2147483647$	123，-123
无符号字节	USInt	8	$0 \sim 255$	123
无符号整数	UInt	16	$0 \sim 65535$	123
无符号双整数	UDInt	32	$0 \sim 4294967295$	123
浮点数（实数）	Real	32	$\pm 1.175495 \times 10^{-38} \sim \pm 3.402823 \times 10^{38}$	12.45，-3.4，$-1.2E+3$
双精度浮点数	LReal	64	$\pm 2.2250738585072020 \times 10^{-308} \sim$ $\pm 1.7976931348623157 \times 10^{308}$	12345.12345 -1，2E+40
时间	Time	321	T#$-$24d20h31m23s648ms~ T#24d20h31m23s648ms	T#1d_2h_15m_30s_45ms

A　位数据

位数据的数据类型为 Bool（布尔）型，在编程软件中，Bool 变量的值 1 和 0 用英语单词 TRUE（真）和 FALSE（假）来表示。

位存储单元的地址由字节地址和位地址组成，例如 I3.2 中的区域标识符"I"表示输入（Input），字节地址为 3，位地址为 2，这种存取方式称为"字节.位"寻址方式，如图 5-3 所示。

B　位字符串

数据类型 Byte、Word、Dword 统称为位字符串。它们不能比较大小，其常数一般用十六进制数表示。

字节（Byte）由 8 位二进制数组成，例如 I3.0~I3.7 组成了输入字节 IB3，B 是 Byte 的缩写。字（Word）由相邻的两个字节组成，例如字 MW20 由字节 MB20 和 MB21 组成。

MW20 中的 M 为区域标识符，W 表示字。双字（DWord）由两个字（或 4 个字节）组成，双字 MD20 由字节 MB20～MB23 或字 MW20、MW22 组成，D 表示双字。字、字节、双字的表示方法如图 5-4 所示。

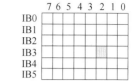

图 5-3　字节与位寻址方式

需要注意以下两点：

（1）用组成双字的编号最小的字节 MB20 的编号作为双字 MD20 的编号。

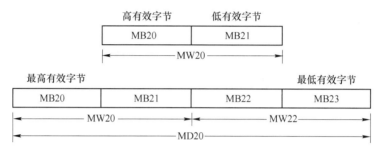

图 5-4　字、字节、双字的表示方法

（2）组成双字 MD20 的编号最小的字节 MB20 为 MD20 的最高位字节，编号最大的字节 MB23 为 MD20 的最低位字节。字也有类似的特点。

C　整数

整数的表示方法有 6 种，见表 5-3，所有整数的符号中均有 Int。符号中带 S 的为 8 位整数（短整数），带 D 的为 32 位双整数，不带 S 和 D 的为 16 位整数。带 U 的为无符号整数，不带 U 的为有符号整数。

表 5-3　复杂数据类型说明

数据类型	描　　述
String	String 数据类型表示最多包含 254 个字符的字符串
Array	Array 数据类型表示由固定数目的同一数据类型的元素组成的域
Struct	Struct 数据类型表示由固定数目的元素组成的结构，不同的结构元素可具有不同的数据类型
DTL	DTL 数据类型表示由日期和时间定义的时间点

有符号整数的最高位为符号位，最高位为 0 时为正数，为 1 时为负数。有符号整数用补码来表示，正数的补码就是它的本身，将一个二进制正整数的各位取反后加 1，得到绝对值与它相同的负数的补码。将负数的补码的各位取反后加 1，得到它的绝对值对应的正数。

SInt 和 USInt 分别为 8 位的短整数和无符号短整数，Int 和 UInt 分别为 16 位的整数和无符号整数，DInt 和 UDInt 分别为 32 位的双整数和无符号的双整数。

D　浮点数

32 位的浮点数（Real）又称为实数，最高位（第 31 位）为浮点数的符号位，浮点数的优点是用很小的存储空间（4B）可以表示非常大和非常小的数。PLC 输入和输出的数值大多是整数，例如 AI 模块的输出值和 AQ 模块的输入值，用浮点数来处理这些数据需要进行整数和浮点数之间的相互转换，浮点数的运算速度比整数的运算速度慢一些。

在编程软件中，用十进制小数来输入或显示浮点数，例如 50 是整数，而 50.0 为浮点数。

E 时间与日期

Time 是有符号双整数，其单位为 ms，能表示的最大时间为 24 天。Date（日期）为 16 位无符号整数，TOD（TIME_OF_DAY）为从指定日期的 0 时算起的毫秒数（无符号双整数）。其常数必须指定小时（24 小时/天）、分钟和秒，ms 是可选的。

数据类型 DTL 的 12 个字节为年（占 2 个字节）、月、日、星期的代码、小时、分、秒（各占 1 个字节）和纳秒（占 4 个字节），均为 BCD 码。星期日、星期一～星期六的代码分别为 1～7，可以在块的临时存储器或者 DB 中定义 DTL 数据。

F 字符

每个字符（Char）占一个字节，Char 数据类型以 ASCII 格式存储。字符常量用英语的单引号来表示，例如‘A’。WChar（宽字符）占两个字节，可以存储汉字和中文的标点号。

5.1.3.3 复杂数据类型

通过组合基本数据类型构成复杂数据类型，这对于组织复杂数据十分有用。用户可以生成适合特定任务的数据类型，将基本的、逻辑上有关联的信息单元组合成一个拥有自己名称的"新"单元，如电动机的数据记录，将其描述为一个属性（性能，状态）记录，包括速度给定值、速度实际值、启停状态等各种信息。另外，通过复杂数据类型可以使复杂数据在块调用中作为一个单元被传递，即在一个参数中传递到被调用块，符合结构化编程的思想。这种方式使众多基本信息单元高效而简洁地在主调用块和被调用块之间传递，同时保证了已编制程序的高度可重复性和稳定性。

复杂数据类型有字符串（STRING）、数组（ARRAY）、结构（STRUCT）、长格式的日期和时间（DTL）等 4 种，其类型说明见表 5-3。

A 字符串

String 数据类型（字符串）是由字符组成的一维数组，每个字节存放 1 个字符。第一个字节是字符串的最大字符长度，第二个字节是字符串当前有效字符的个数，字符从第 3 个字节开始存放，一个字符串最多 254 个字符。

WString 数据类型（宽字符串）存储多个数据类型为 WChar 的 Unicode 字符（长度为 16 位的宽字符，包括汉字）。第一个字是最大字符个数，默认的长度为 254 个宽字符，最多 16382 个 WChar 字符；第二个字是当前的总字符个数，可以在代码块的接口区和全局数据块中创建字符串、数组和结构。

在"数据块_1"的第 2 行的"名称"列（见图 5-5）输入字符串的名称"故障信息"，单击"数据类型"列中的"▦"按钮，选中下拉式列表中的数据类型"String"。"String[30]"表示该字符串的最大字符个数为 30，其启动值（初始字符）为‘OK’。

B 数组

数组（Array）是由固定数目的同一种数据类型元素组成的数据结构，允许使用除了

数据块_1

	名称	数据类型	偏移量	默认值	启动值	保持性	设置值	注释
1	▼ Static							
2	故障信息	String[30]	0.0	''	'OK'			
3	▶ 功率	Array[0..23] of Int	32.0					
4	▼ 电动机	Struct	80.0					
5	电流	Int	0.0	0	0			
6	电压	Int	2.0	0	0			
7	转速	Int	4.0	0	0			
8	断路器	Bool	6.0	false	false			

图 5-5　数据块中变量

Array 之外的所有数据类型作为数组的元素，数组的维数最多为 6 维。图 5-6 给出了一个名为“电流”的二维数组 Array［0..1，0..2］of Byte 的内部结构，它共有 6 个字节型元素。

	名称	数据类型	偏移量
1	▼ Static		
2	▼ 电流	Array[0..1, 0...	0.0
3	电流[0,0]	Byte	0.0
4	电流[0,1]	Byte	1.0
5	电流[0,2]	Byte	2.0
6	电流[1,0]	Byte	3.0
7	电流[1,1]	Byte	4.0
8	电流[1,2]	Byte	5.0

图 5-6　二维数组的结构图

第一维的下标 0、1 是电动机的编号，第二维的下标 0~2 是三相电流的序号。数组元素“电流［0，1］”是一号电动机的第 2 相电流。

在图 5-5 所示图中，在数据块的第 3 行的“名称”列输入数组的名称“功率”，单击“数据类型”列中的按钮，选中下拉式列表中的数据类型“Array［lo..hi］of type”。其中的“lo”（low）和“hi”（high）分别是数组元素的编号（下标）的下限值和上限值，它们用两个小数点隔开，可以是任意的整数（-32768~32767），下限值应小于等于上限值。方括号中各维的参数用逗号隔开，type 是数组元素的数据类型。

将“Array［lo..hi］of type”修改为“Array［0..23］of lnt”（见图 5-5），其元素的数据类型为 Int，元素的下标为 0~23。

在用户程序中，可以用符号地址“数据块_1”、功率［2］或绝对地址 DB1.DBW36 访问数组“功率”中下标为 2 的元素。

C　结构

结构（Struct）是由固定数目的多种数据类型的元素组成的数据类型，可以用数组和结构做结构的元素，结构可以嵌套 8 层。用户可以把过程控制中有关的数据统一组织在一个结构中，作为一个数据单元来使用，而不是使用大量的单个的元素，为统一处理不同类型的数据或参数提供了方便。

如图 5-5 所示的数据块_1 的第 4 行生成一个名为"电动机"的结构，数据类型为
Struct。在第 5~8 行生成结构的 4 个元素。数组和结构的"偏移量"列是它们在数据块中
的起始绝对字节地址。结构的元素的"偏移量"列是它们在结构中的地址偏移量，可以
看出数组"功率"占 4 个字节。

5.1.3.4 系统数据类型

系统数据类型（SDT）由系统提供并具有预定义的结构。系统数据类型的结构由固定
数目的可具有各种数据类型的元素构成，不能更改系统数据类型的结构，系统数据类型只
能用于特定指令。表 5-4 给出了常用的系统数据类型及其用途。

表 5-4　系统数据类型

系统数据类型	以字节为单位的结构长度	描　述
IEC_ TIMER	16	定时器结构 此数据类型用于"TP""TOF""TON"和"TONR"指令
IEC SCOUNTER	3	计数器结构，其计数为 SInt 数据类型 此数据类型用于"CTU""CTD"和"CTUD"指令
IEC_ USCOUNTER	3	计数器结构，其计数为 USInt 数据类型 此数据类型用于"CTU""CTD"和"CTUD"指令
IEC_ COUNTER	6	计数器结构，其计数为 Int 数据类型 此数据类型用于"CTU""CTD"和"CTUD"指令
IEC_ UCOUNTER	6	计数器结构，其计数为 UInt 数据类型 此数据类型用于"CTU""CTD"和"CTUD"指令
IEC_DCOUNTER	12	计数器结构，其计数为 DInt 数据类型 此数据类型用于"CTU""CTD"和"CTUD"指令
IEC_ UDCOUNTER	12	计数器结构，其计数为 UDInt 数据类型 此数据类型用于"CTU""CTD"和"CTUD"指令
ERROR_ STRUCT	28	编程或 VO 访问错误的错误信息结构 此数据类型用于"CET_ ERROR"指令
CONDTTIONS	52	定义的数据结构，定义了数据接收开始和结束的条件 此数据类型用于"RCV_ CFC"指令
TCON_ Parum	64	指定数据块结构，用于存储通过工业以太网（PROFINET）进行的开放式通信的连接说明
VOID	—	VOID 数据类型不保存任何值。如果输出不需要任何返回值，则使用此数据类型。例如，如果不需要错误信息，则可以在输出 STATUS 上指定 VOID 数据类型

5.2　位逻辑指令及应用

位逻辑指令处理的对象为二进制信号。对于触点和线圈而言，"0"表示未激活或未
接通，"1"表示已激活或已接通。

位逻辑指令解释信号状态"0"和"1"，并根据布尔逻辑对它们进行组合，所产生的结果称为逻辑运算结果，存储在状态字"RLO"（逻辑运算结果位）中。

触点读取位的状态，而线圈则将逻辑运算的结果写入位中。位逻辑指令的梯形图符号及功能描述见表5-5。

表5-5　位逻辑指令梯形图符号及功能描述

指令	描述	指令	描述
─┤ ├─	常开触点	RS	复位/置位触发器
─┤/├─	常闭触点	SR	置位/复位触发器
─┤ NOT ├─	取反 RLO	─┤P├─	扫描操作数的信号上升沿
─( )─	线圈	─┤N├─	扫描操作数的信号下降沿
─(/)─	取反线圈	─(P)─	在信号上升沿置位操作数
─(S)─	置位输出	─(N)─	在信号下降沿置位操作数
─(R)─	复位输出	P_TRIG	扫描 RLO 的信号上升沿
─(SET_BF)─	置位位域	N_TRIG	扫描 RLO 的信号下降沿
─(RESET_BF)─	复位位域	R_TRIG	检测信号上升沿
		F_TRIG	检测信号下降沿

5.2.1　触点和线圈等基本指令

（1）常开触点与常闭触点。常开触点在指定的位为1状态时闭合，为0状态时断开。常闭触点在指定的位为1状态时断开，为0状态时闭合。两个触点串联则进行"与"运算，两个触点并联则进行"或"运算。触点指令的操作对象是I、Q、M、DB、L等数据区的变量。

（2）取反RLO触点。RLO是逻辑运算结果的简称，图5-7中有"NOT"的触点为取反RLO触点，它用来转换能流输入的逻辑状态。如果有能流流入取反RLO触点，该触点输入端的RLO为1状态，反之为0状态。如果没有能流流入取反RLO触点，则有能流流出（见图5-7（a））。如果有能流流入取反RLO触点，则没有能流流出（见图5-7（b））。

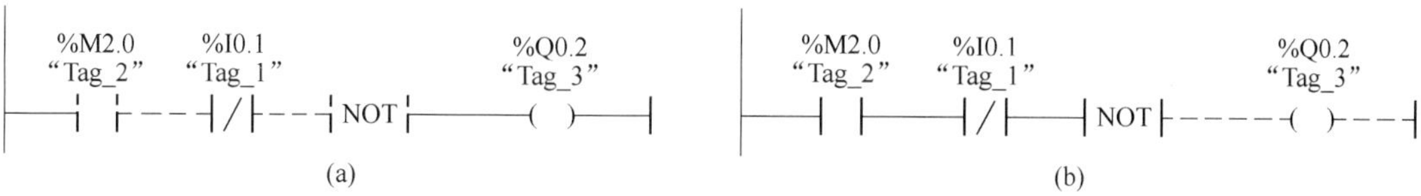

图5-7　取反 RLO 触点

（3）线圈。线圈将输入的逻辑运算结果（RLO）的信号状态写入指定的地址，线圈通电时写入1，断电时写入0。可以用Q0.2:P的线圈将位数据值写入过程映像输出Q0.2，同时立即直接写给对应的物理输出点，如图5-8（b）所示。

取反输出线圈中间有"/"符号，如果有能流流过M2.0的取反线圈（见图5-8

（a）），则 M2.0 为 0 状态，其常开触点断开（见图 5-8（b）），反之 M2.0 为 1 状态，其常开触闭合。

（a）　　　　　　　　　　　　　　　　　（b）

图 5-8　取反线圈和线圈输出

5.2.2　置位和复位指令

5.2.2.1　置位、复位输出指令

S（Set，置位输出）指令将指定的位操作数置位（变为 1 状态并保持）。

R（Reset，复位输出）指令将指定的位操作数复位（变为 0 状态并保持）。

如果同一操作数的 S 线圈和 R 线圈同时失电（线圈输入端的 RLO 为 "0"），则指定操作数的信号状态保持不变。

置位输出指令与复位输出指令最主要的特点是有记忆和保持功能。如果图 5-9 中 I0.5 的常开触点闭合，Q0.4 变为 1 状态并保持该状态。即使 I0.5 的常开触点断开，Q0.4 也仍然保持 1 状态（见图 5-9 中的波形图）。

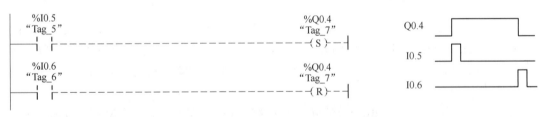

图 5-9　置位输出与复位输出指令

I0.6 的常开触点闭合时，Q0.4 变为 0 状态并保持该状态，即使 I0.5 的常开触点断开，Q0.4 也仍然保持 0 状态。

在程序状态中，用 Q0.4 的 S 和 R 线圈连续的绿色圆弧和绿色的字母表示 Q0.4 为 1 状态，用间断的蓝色圆弧和蓝色的字母表示 0 状态。图 5-9 中 Q0.4 为 1 状态。

5.2.2.2　置位位域指令与复位位域指令

"置位位域"指令 SET_BF 将指定的地址开始的连续的若干个位地址置位（变为 1 状态并保持）。在图 5-10 中的 I0.5 的上升沿（从 0 状态变为 1 状态），从 M2.0 开始的 3 个连续的位被置位为 1 状态并保持该状态不变。

"复位位域"指令 RESET_BF 将指定的地址开始的连续的若干个位地址复位（变为 0 状态并保持）。在图 5-10 中的 M4.3 的下降沿（从 1 状态变为 0 状态），从 M2.3 开始的 4 个连续的位被复位为 0 状态并保持该状态不变。

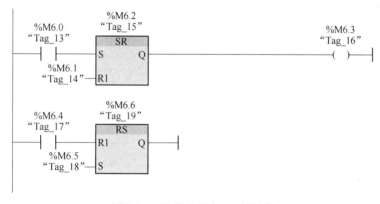

图5-10　边沿检测触点与置位复位域指令

5.2.2.3　置位/复位触发器与复位/置位触发器

图5-11中的SR方框是置位/复位（复位优先）触发器，其输入/输出关系见表5-6，两种触发器的区别仅在于表的最下面一行。在置位（S）和复位（R1）信号同时为1时，图5-11中的SR方框上面的输出位M6.2被复位为0，可选的输出Q反映了M6.2的状态。

图5-11　SR触发器与RS触发器

RS方框是复位/置位（置位优先）触发器（其功能见表5-6）。在置位（S1）和复位（R）信号同时为1时，方框上面的M6.6被置位为1，可选的输出Q反映了M6.6的状态。

表5-6　SR与RS触发器的功能

置位/复位（SR）触发器			复位/置位（RS）触发器		
S	R1	输出位	S1	R	输出位
0	0	保持前一状态	0	0	保持前一状态
0	1	0	0	1	0
1	0	1	1	0	1
1	1	0	1	1	1

5.2.3　沿指令

5.2.3.1　扫描操作数信号边沿的指令

图5-10中间有P的触点指令的名称为"扫描操作数的信号上升沿"，如果该触点上面

的输入信号 I0.5 由 0 状态变为 1 状态（即输入信号 I0.5 的上升沿），则该触点接通一个扫描周期，边沿检测触点不能放在电路结束处。

P 触点下面的 M4.2 为边沿存储位，用来存储上一次循环扫描时 I0.5 的状态。通过比较 I0.5 的当前状态和上一次扫描的状态，来检测信号的边沿。边沿存储位的地址只能在程序中使用一次，它的状态不能在其他地方被改写。只能用 M、DB 和 FB 的静态局部变量（Static）做边沿存储位，不能用块的临时局部数据或 I/O 变量做边沿存储位。

图 5-10 中间有 N 的触点指令的名称为"扫描操作数的信号下降沿"，如果该触点上面的输入信号 M4.3 由 1 状态变为 0 状态（即 M4.3 的下降沿），RESET_BF 的线圈"通电"一个扫描周期，该触点下面的 M4.4 为边沿存储位。

5.2.3.2　在信号边沿置位操作数的指令

图 5-12 中有 P 的线圈是"在信号上升沿置位操作数"指令，仅在流进该线圈的能流的上升沿（线圈由断电变为通电），该指令的输出位 M5.3 为 1 状态。其他情况下 M5.1 均为 0 状态，M5.4 为保存 P 线圈输入端 RLO 的边沿存储位。

图 5-12 中间有 N 的线圈是"在信号下降沿置位操作数"指令，仅在流进该线圈的能流的下降沿（线圈由通电变为断电），该指令的输出位 M5.1 为 1 状态。其他情况下 M5.1 均为 0 状态，M5.2 为边沿存储位。

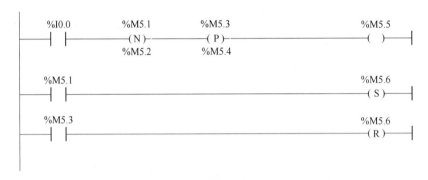

图 5-12　RLO 边沿置位操作数指令

上述两条线圈格式的指令不会影响逻辑运算结果 RLO，它们对能流是畅通无阻的，其输入端的逻辑运算结果被立即送给它的输出端，这两条指令可以放置在程序段的中间或程序段的最右边。

在运行时用外接的小开关使 I0.0 变为 1 状态，I0.0 的常开触点闭合，能流经 P 线圈和 N 线圈流过 M5.5 的线圈。在 I0.1 的上升沿，M5.1 的常开触点闭合一个扫描周期，使 M5.6 置位。在 I0.1 的下降沿，M5.3 的常开触点闭合一个扫描周期，使 M5.6 复位。

5.2.3.3　扫描 RLO 的信号边沿指令

在流进"扫描 RLO 的信号上升沿"指令（P_TRIG 指令）的 CLK 输入端（见图 5-13）的能流（即 RLO）的上升沿（能流刚流进），Q 端输出脉冲宽度为一个扫描周期的能流，使 M6.1 置位，指令方框下面的 M6.1 是脉冲存储位。

在流进"扫描 RLO 的信号下降沿"指令（N_TRIG 指令）的 CLK 输入端的能流的下降沿（能流刚消失），Q 端输出脉冲宽度为一个扫描周期的能流，使 Q0.1 复位，指令方

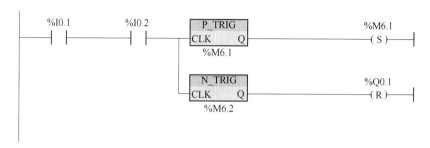

图 5-13　扫描 RLO 的信号边沿指令

框下面的 M6.2 是脉冲存储器位。P_TRIG 指令与 N_TRIG 指令不能放在电路的开始处和结束处。

5.2.3.4　检测信号边沿指令

图 5-14 中的 R_TRIG 是"检测信号上升沿"指令，F_TRIG 是"检测信号下降沿"指令。它们是函数块，在调用时应为它们指定背景数据块，这两条指令将输入 CLK 的当前状态与背景数据块中的边沿存储位保存的上一个扫描周期 CLK 的状态进行比较。如果指令检测到 CLK 的上升沿或下降沿，将会通过 Q 端输出一个扫描周期脉冲。

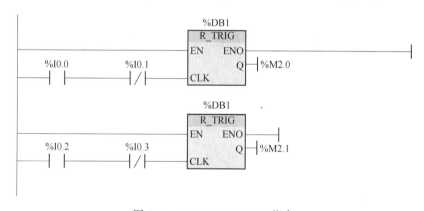

图 5-14　R_TRIG、F_TRIG 指令

5.2.3.5　边沿检测指令的比较

以上升沿检测为例，下面比较 4 种边沿检测指令的功能。在—|P|—触点上面的地址的上升沿到来时，该触点接通一个扫描周期。因此 P 触点用于检测触点上面的地址的上升沿，并且直接输出上升沿脉冲，其他 3 种指令都是用来检测 RLO（流入它们的能流）的上升沿。

在流过—(P)—线圈的能流的上升沿到来时，线圈上面的地址接通一个扫描周期。因此 P 线圈用于检测能流的上升沿，并用线圈上面的地址来输出上升沿脉冲。R_TRIG 指令与 P_TRIG 指令都是用于检测流入它们的 CLK 端的能流的上升沿，并直接输出检测结果。其区别在于 R_TRIG 指令用背景数据块保存上一次扫描循环 CLK 端信号的状态，而 P_TRIG 指令用边沿存储位来保存它。如果 P_TRIG 指令与 R_TRIG 指令的 CLK 电路只有某地址的常开触点，可以用该地址的—|P|—触点来代替。

5.2.4 位逻辑指令的典型应用电路

【例 5-1】 自保持控制

用启动和停止按钮实现信号的自保持控制。要求：按下起动按钮（I0.0），输出指示灯（Q0.0）亮，释放按钮，灯保持亮；按下停止按钮（I0.1），灯灭。控制程序如图 5-15 所示。

I0.0
I0.1
Q0.0
Q0.0
(a)
I0.0
Q0.0
S
1
I0.1
Q0.0
R
1
I0.0
I0.1
Q0.0
(b)

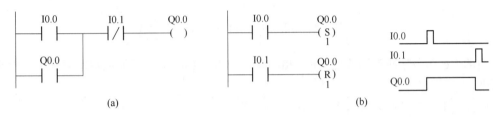

图 5-15 自保持控制电路

（a）自锁控制型；（b）置位、复位型

【解】 自锁控制型程序常用于以自复位型按钮作启动信号，或者用只接通一个扫描周期的触点去控制某个持续动作的控制电路。同样，置位、复位指令也能实现自锁控制。如图 5-15（b）中，常开触点 I0.0 将输出继电器 Q0.0 置位，常开触点 I0.1 将输出继电器 Q0.0 复位。自保持控制电路使用频率非常高，希望读者熟练掌握。

【例 5-2】 互锁电路

互锁控制是 PLC 控制程序中常用的控制程序形式，互锁控制就是在两个或两个以上输出继电器网络中，只能保证其中一个输出继电器接通输出，而不能让两个或两个以上输出继电器同时输出，避免了两个或两个以上输出继电器不能同时动作的控制对象同时动作。互锁控制程序如图 5-16 所示。

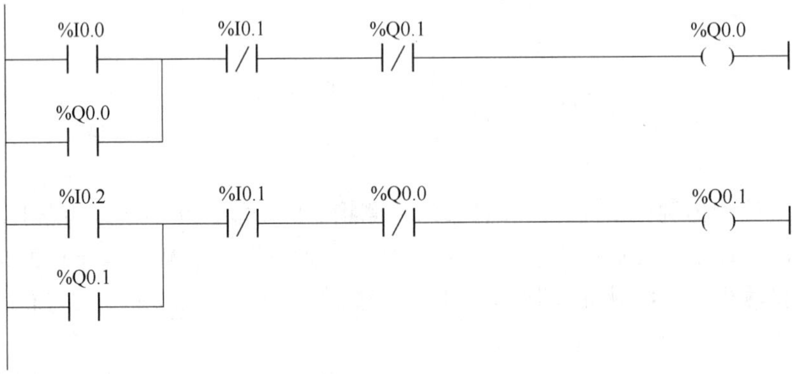

%I0.0
%I0.1
%Q0.1
%Q0.0
%Q0.0
%I0.2
%I0.1
%Q0.0
%Q0.1
%Q0.1

图 5-16 互锁控制程序

【解】 在图 5-16 所示的程序中，当 I0.0 得电闭合时，Q0.0 输出。由于 Q0.0 的常闭触点接在 Q0.1 的网络中，即使当 I0.2 得电闭合，Q0.1 也不能输出，只有当 I0.1 的常闭触点断开，Q0.0 断电后，I0.2 得电闭合，Q0.1 才输出。由于 Q0.1 的常闭触点接在 Q0.0 的网络中，此时当 I0.0 得电闭合时，Q0.0 也不能输出。

【例5-3】 二分频电路

在许多场合需要对控制信号进行分频，常见的有二分频、四分频控制。下面以二分频为例，介绍分频控制的实现方法。控制要求：将输入信号脉冲 I0.1 分频输出，输出脉冲 Q0.0 为 I0.1 的二分频。二分频电路如图 5-17 所示。

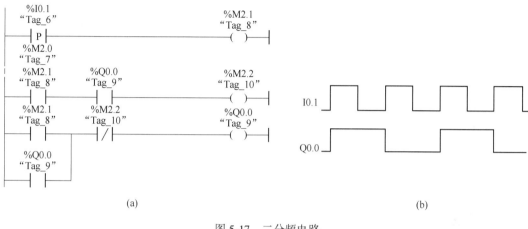

图 5-17 二分频电路

（a）梯形图；（b）时序图

【解】 在图 5-17 所示的二分频电路的梯形图和时序图中，当输入 I0.1 在 t_1 时刻接通时，此时内部标志位存储器 M2.1 上将产生单脉冲。而输出继电器 Q0.0 在此之前并未得电，其对应的常开触点处于断开状态。因此，执行程序至第 2 行时，尽管 M2.1 得电，内部标志位 M2.2 也不可能得电。执行至第 3 行时，Q0.0 得电并自锁。此后这部分程序虽然多次扫描，但由于仅接通一个扫描周期，不可能得电，Q0.0 对应的常开触点闭合，为 M0.2 的得电做好了准备，等到 t_2 时刻，输入 I0.1 再次接通，M2.1 上再次产生单脉冲，因此，在扫描第 2 行时，内部标志位存储器 M2.2 条件满足得电，M2.2 对应的常闭触点断开，执行第 3 行程序时，输出继电器 Q0.0 断电，输出信号消失。此后，虽然 I0.1 继续接通，但由于 M2.1 是单脉冲信号，虽多次扫描第 3 行，输出继电器 Q0.0 也不可能得电。在 t_3 时刻，输入 I0.1 第 3 次接通，M2.0 上又产生单脉冲，输出 Q0.0 每当有控制信号时，就有状态翻转（ON→OFF→ON→OFF→……），因此也可用作脉冲发生器。

二分频电路的程序设计方法很多，图 5-18 也是二分频电路的另一种形式，工作过程由读者自己分析。

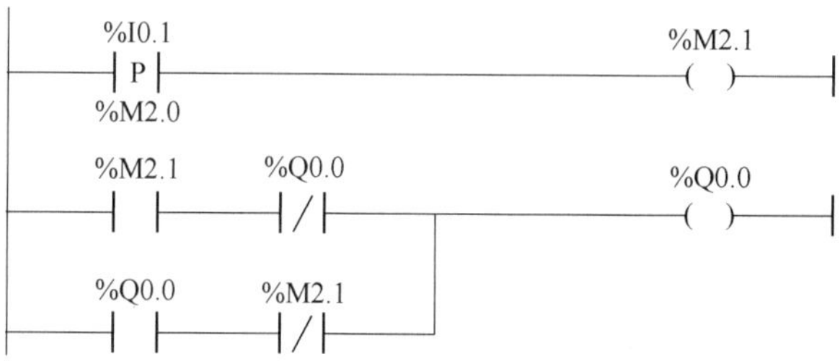

图 5-18 二分频电路的另种形式

5.3 定时器与计数器指令及其应用

S7-1200 使用符合 IEC 标准的定时器和计数器指令。IEC 定时器和 IEC 计数器属于函数块，调用时需要指定配套的背景数据块，定时器和计数器指令的数据保存在背景数据块中。用户程序中可以使用的定时器、计数器的数量仅受 CPU 存储器大小限制，每个定时器均使用 16 字节的 IEC_TIMER 数据类型的 DB 结构存储定时器数据，每个计数器均使用 IEC_COUTER 数据类型的 DB 结构存储计数器数据。

5.3.1 定时器指令

5.3.1.1 S7-1200 PLC 中的定时器

定时器是 PLC 的重要编程元件，是累计时间增量的内部器件，使用定时器指令可在编程时进行延时控制。S7-1200 CPU 的定时器有 4 种类型，分别是脉冲定时器（TP）、接通延时定时器（TON）、关断延时定时器（TOF）及保持型接通延时定时器（TONR）。4 种定时器指令的符号名称及功能见表 5-7。定时器指令可以用指令框表示，也可以用线圈指令表示，LAD 编程语言中定时器的指令集如图 5-19 所示，其中定时器指令除了 4 种定时器指令外，还有复位定时器（RT）和加载持续时间定时器（PT）两条指令，其作用如下：RT 指令用于复位指定定时器的数据，PT 指令用于加载指定定时器的持续时间。

表 5-7 定时器指令的符号名称及功能

定时器符号	定时器名称	功 能
TP	脉冲定时器	生成具有预设脉宽时间的脉冲
TON	接通延时定时器	输出 Q 在预设的延时过后设置为 ON
TOF	关断延时定时器	输出 Q 在预设的延时过后设置为 OFF
TONR	保持型接通延时定时器	输出 Q 在累计时间达到预设的时间后设置为 ON，使用 R 复位

使用定时器时，打开右边的指令列表窗口，将"定时器操作"文件夹中的定时器指令拖放到梯形图中适当的位置，在出现的"调用选项"对话框中，可以修改默认的背景数据块的名称。IEC 定时器没有编号，可以用背景数据块的名称（例如"T1"或"启动延时"），来做定时器的标识符。单击"确定"按钮，自动生成的背景数据块，如图 5-20 所示。

定时器的输入 IN 为启动输入端，在输入 IN 的上升沿（从 0 状态变为 1 状态），启动 TP、TON 和 TONR 开始定时。在输入 IN 的下降沿，启动 TOF 开始定时。

图 5-19 LAD 编程语言定时器指令集

T0					
		名称	数据类型	起始值	保持
1		▼ Static			☐
2		■ PT	Time	T#0ms	☐
3		■ ET	Time	T#0ms	☐
4		■ IN	Bool	false	☐
5		■ Q	Bool	false	☐

图 5-20　定时器的背景数据

PT 为预设时间值，ET 为定时开始后经过的时间，称为当前时间值，它们的数据类型为 32 位的 Time，单位为 ms，最大定时时间为 T#24D_20H_31M_23S_647MS，D、H、M、s、ms 分别为日、小时、分、秒和毫秒，可以不给输出 Q 和 ET 指定地址。Q 为定时器的位输出，各参数均可以使用 I（仅用于输入参数）、Q、M、D、L 存储区，PT 可以使用常量。定时器指令可以放在程序段的中间或结束处。

5.3.1.2　脉冲定时器 TP

脉冲定时器的指令名称为"生成脉冲"，用于将输出 Q 置位为 PT 预设的一段时间。其应用如图 5-21 所示。

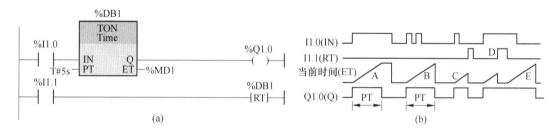

图 5-21　脉冲定时器的应用示例

（a）梯形图；（b）时序图

在 IN 输入信号的上升沿启动该定时器，Q 输出变为 1 状态，开始输出脉冲。定时开始后，当前时间 ET 从 0ms 开始不断增大，达到 PT 预设的时间时，Q 输出变为 0 状态。如果 IN 输入信号为 1 状态，则当前时间值保持不变（见图 5-21（b）中的波形 A）。如果 IN 输入信号为 0 状态，则当前时间变为 0s（见图 5-21（b）中的波形 B）。

IN 输入的脉冲宽度可以小于预设值，在脉冲输出期间，即使 IN 输入出现下降沿和上升沿（见图 5-21（b）中的波形 B），也不会影响脉冲的输出。

图 5-21 中的 I1.1 为 1 时，定时器复位线圈（RT）通电，定时器被复位。用定时器背景数据块的编号或符号名来指定需要复位的定时器。如果此时正在定时，且 IN 输入信号为 0 状态，将使当前时间值 ET 清零，Q 输出也变为 0 状态（见图 5-21（b）中的波形 C）。如果此时正在定时，且 IN 输入信号为 1 状态，将使当前时间清零，但是 Q 输出保持为 1 状态（见图 5-21（b）中的波形 D）。复位信号 I1.1 变为 0 状态时，如果 IN 输入信号为 1 状态，将重新开始定时（见图 5-21（b）中的波形 E）。只是在需要时才对定时器使用 RT 指令。

5.3.1.3 接通延时定时器

接通延时定时器（TON）用于将 Q 输出的置位操作延时 PT 指定的一段时间。IN 输入端的输入电路由断开变为接通时开始定时，定时时间大于等于预设时间 PT 指定的设定值时，输出 Q 变为 1 状态，当前时间值 ET 保持不变（见图 5-22（b）中的波形 A）。

IN 输入端的电路断开时，定时器被复位，当前时间被清零，输出 Q 变为 0 状态。CPU 第一次扫描时，定时器输出 Q 被清零。如果 IN 输入信号在未达到 PT 设定的时间时变为 0 状态（见图 5-22（b）中的波形 B），输出 Q 保持 0 状态不变。

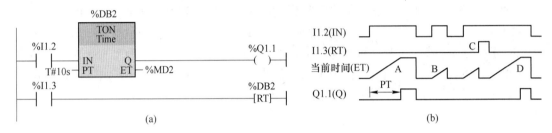

图 5-22　接通延时定时器应用示例

（a）梯形图；（b）时序图

图 5-22 中的 I1.3 为 1 状态时，定时器复位线圈 RT 通电（见图 5-22（b）中的波形 C），定时器被复位，当前时间被清零，Q 输出变为 0 状态。复位输入 I1.3 变为 0 状态时，如果 IN 输入信号为 1 状态，将开始重新定时（见图 5-22（b）中的波形 D）。

5.3.1.4 关断延时定时器指令

关断延时定时器（TOF）用于将 Q 输出的复位操作延时 PT 指定的一段时间。其 IN 输入电路接通时，输出 Q 为 1 状态，当前时间被清零。IN 输入电路由接通变为断开时（IN 输入的下降沿）开始定时，当前时间从 0 逐渐增大。当前时间等于预设值时，输出 Q 变为 0 状态，当前时间保持不变，直到 IN 输入电路接通（见图 5-23（b）中的波形 A）。关断延时定时器可以用于设备停机后的延时，例如大型变频电动机的冷却风扇延时。

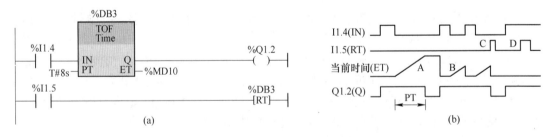

图 5-23　关断延时定时器应用示例

（a）梯形图；（b）时序图

如果当前时间未达到 PT 预设的值，IN 输入信号就变为 1 状态，当前时间被清零，输出 Q 将保持 1 状态不变（见图 5-23（b）中的波形 B）。图 5-23 中的 I1.5 为 1 状态时，定时器复位线圈 RT 通电。如果此时 IN 输入信号为 0 状态，则定时器被复位，当前时间被清零，输出 Q 变为 0 状态（见图 5-23（b）中的波形 C）。如果复位时 IN 输入信号为 1 状态，则复位信号不起作用（见图 5-23（b）中的波形 D）。

5.3.1.5　保持型接通延时定时器

保持型接通延时定时器（TONR）的 IN 输入电路接通时开始定时（见图 5-24（b）中的波形 A 和 B）。输入电路断开时，累计的当前时间值保持不变，可以用 TONR 来累计输入电路接通的若干个时间段。图 5-24 中的累计时间等于预设值 PT 时，Q 输出变为 1 状态（见图 5-24（b）中的波形 D）。

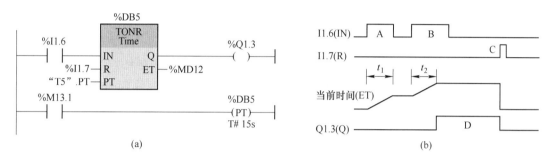

图 5-24　保持型接通延时定时器应用案例
（a）梯形图；（b）时序图

复位输入 R 为 1 状态时（见图 5-24（b）中的波形 C），TONR 被复位，它的当前时间值变为 0，同时输出 Q 变为 0 状态。

图 5-24 中的 PT 线圈为"加载持续时间"指令，该线圈通电时，将 PT 线圈下面指定的时间预设值写入图 5-24 中 TONR 定时器名的背景数据块 DB5 中的静态变量 PT（"T5". PT），将它作为 TONR 的输入参数 PT 的实际参数。用 I1.7 复位 TONR 时，"T5". PT 也清零。

5.3.2　计数器指令

5.3.2.1　计数器的数据类型

S7-1200 有 3 种 IEC 计数器：加计数器（CTU）、减计数器（CTD）和加减计数器（CTUD）。它们属于软件计数器，其最大计数频率受到 OB1 的扫描周期的限制。如果需要频率更高的计数器，可以使用 CPU 内置的高速计数器。

IEC 计数器指令是函数块，调用它们时，需要生成保存计数器数据的背景数据块。

CU 和 CD 分别是加计数输入端和减计数输入端，在 CU 或 CD 由 0 状态变为 1 状态时（信号的上升沿），当前计数器值 CV 被加 1 或减 1。PV 为预设计数值，Q 为布尔输出。R 为复位输入，CU、CD、R 和 Q 均为 Bool 变量。

将指令列表的"计数器操作"文件夹中的 CTU 指令拖放到工作区，单击方框中 CTU 下面的 3 个问号（见图 5-25），再单击问号右边出现的按钮，用下拉式列表设置 PV 和 CV 的数据类型为 Int。

PV 和 CV 可以使用的数据类型如图 5-25 所示。各变量均可以使用 I（仅用于输入变量）、Q、M、D 和 L 存储区，PV 还可以使用常数。

5.3.2.2　加计数器

如图 5-26 所示为加法计数器的应用电路，当接在 R 输入端的复位输入 I2.1 为 0 状

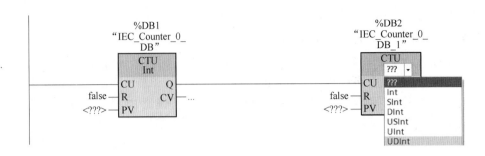

图 5-25 设置计数器的数据类型

态,接在 CU 输入端的加计数脉冲输入电路由断开变为接通时(即在 CU 信号的上升沿),计数器当前值 CV 加 1,直到 CV 达到指定的数据类型的上限值。此后 CU 输入的状态变化不再起作用,CV 的值不再增加。

CV 大于等于预设计数值 PV 时,输出 Q 为 1 状态,反之为 0 状态。第一次执行指令时,CV 被清零。各类计数器的复位输入 R 为 1 状态时,计数器被复位,输出 Q 变为 0 状态,CV 被清零。

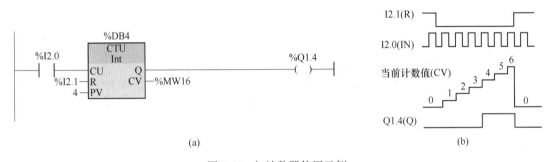

图 5-26 加计数器使用示例

(a) 梯形图;(b) 时序图

5.3.2.3 减计数器

图 5-27 为减计数器应用示例,当减计数器的装载输入 LD 为 1 状态时,输出 Q 被复位为 0 状态,并把预设计数值 PV 的值装入 CV。LD 为 1 状态时,减计数输入 CD 不起作用。

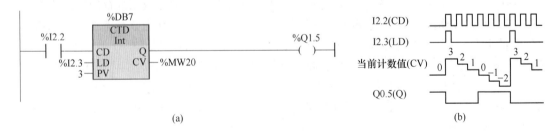

图 5-27 减计数器使用示例

(a) 梯形图;(b) 时序图

LD 为 0 状态时,在减计数输入 CD 的上升沿,当前计数器值 CV 减 1,直到 CV 达到指定的数据类型的下限值。此后 CD 输入信号的状态变化不再起作用,CV 的值不再减小。

当减计数器当前值 CV 小于等于 0 时，输出 Q 为 1 状态，反之 Q 为 0 状态。第一次执行指令时，CV 被清零。

5.3.2.4　加减计数器

加减计数器的应用示例如图 5-28 所示，在加减计数器的加计数输入 CU 的上升沿到来时，当前计数器值 CV 加 1，CV 达到指定的数据类型的上限值时不再增加。在减计数输入 CD 的上升沿到来时，CV 减 1，CV 达到指定数据类型的下限值时不再减小。

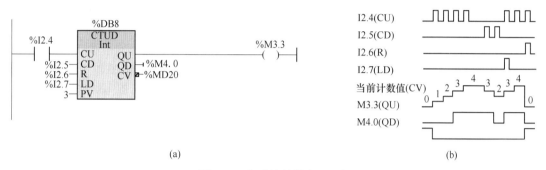

(a)　　　　　　　　　　　　　　　　　　　　(b)

图 5-28　加减计数器应用示例

（a）梯形图；（b）时序图

如果同时出现计数脉冲 CU 和 CD 的上升沿，CV 保持不变。CV 大于等于预设计数值 PV 时，输出 QU 为 1 状态，反之为 0 状态。CV 小于等于 0 时，输出 QD 为 1 状态，反之为 0 状态。

装载输入 LD 为 1 状态时，预设值 PV 被装入当前计数器值 CV，输出 QU 变为 1 状态，QD 被复位为 0 状态。

复位输入 R 为 1 状态时，计数器被复位，CV 被清零，输出 QU 变为 0 状态，QD 变为 1 状态。R 为 1 状态时，CU、CD 和 LD 不再起作用。

5.3.3　定时器、计数器典型应用电路

【例 5-4】　用接通延时定时器设计周期和占空比可调的振荡电路。

在控制系统里，往往还需要一种周期性的重复信号，如巡回检测，或者报警用的闪光灯等。用两个定时器即可组成一个振荡电路，其脉宽和周期都可用定时常数设定。

【解】　（1）I/O 分配：控制开关为 I0.0，灯为 Q0.0。

（2）程序编制：TON 定时器构成的振荡电路如图 5-29 所示。

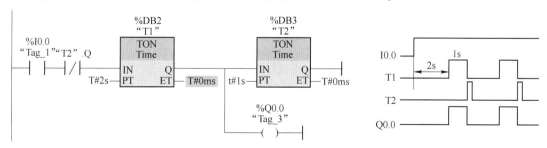

图 5-29　TON 定时器构成的振荡电路

（3）程序解析：图 5-29 中，I0.0 是输入的开关信号，当 I0.0 由 0 状态变为 1 状态时，由于"T2".Q 的常闭触点是闭合状态，T1 定时器开始定时，2s 定时到，T1 的 Q 输出端的能流流入右边的定时器 T2 的 IN 输入端，使 T2 开始定时，同时 Q0.0 的线圈通电。

1s 后，定时器 T2 的定时时间到，它的输出 Q 变为 1 状态，使"T2".Q（T2 是 DB3 的符号地址）的常闭触点断开，定时器 T1 的 IN 输入电路断开，其 Q 输出变为 0 状态，使 Q0.0 和定时器 T2 的 Q 输出也变为 0 状态。下一个扫描周期因为"T2".Q 的常闭触点接通，定时器 T1 又从预设值开始定时，以后 Q0.7 的线圈将这样周期性地通电和断电，直到串联电路断开。Q0.0 线圈通电和断电的时间分别等于 T1 和 T2 的预设值。

CPU 的时钟存储器字节的各位提供周期为 0.1~2s 的时钟脉冲，它们输出高电平和低电平时间相等的方波信号，可以用周期为 1s 的时脉冲来控制需要闪烁的指示灯。

使用脉冲定时器也可以实现周期和占空比可调的振荡电路，电路图如图 5-30 所示。振荡电路的程序设计方法很多，图 5-30 也是其中的一种形式，工作过程由读者自行分析。

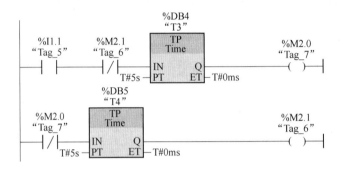

图 5-30 TP 定时器构成的振荡电路

【例 5-5】 用接通延时定时器设计脉宽可调，占空比为 50% 的振荡电路。

【解】 图 5-31 中第一阶梯形图使用一个 TON 定时器设计了一个周期为 2s，一个脉宽为一个扫描周期的脉冲信号，再对此信号作二分频，即得到周期为 4s、占空比为 50% 的方波信号。

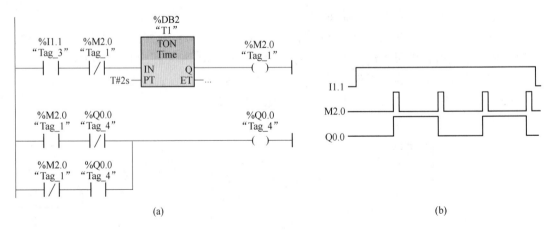

图 5-31 TON 定时器构成的占空比为 50% 的振荡电路

（a）梯形图；（b）时序图

【例5-6】　用3种定时器设计卫生间冲水控制电路。

控制要求：当检测到有使用者的信号时，冲水电磁阀延时3s后打开，冲水4s后停止，当使用者离开时，冲水电磁阀再次打开，冲水5s后自动停止。有关信号的波形图如图5-32（b）所示。

【解】　（1）I/O分配：光电开关为I0.0，冲水电磁阀为Q0.0控制。

（2）程序编制：卫生间冲水控制程序如图5-32（a）所示。

（3）程序解析：

从I0.0的上升沿（表示有人使用）开始，用接通延时定时器TON延时3s，3s后TON的输出Q变为1状态，使脉冲定时器（TP）的IN输入信号变为1状态，TP的Q输出"T2".Q输出一个宽度为4s的脉冲。TP和TOF的背景数据块DB2和DB3的符号地址分别为T2和T3。

从I0.0的上升沿开始，关断延时定时器（TOF）的Q输出"T3".Q变为1状态。使用者离开时（在I0.0的下降沿），TOF开始定时，5s后"T3".Q变为0状态。

由波形图5-32（b）可知，控制冲水电磁阀的Q0.0输出的高电平脉冲波形由两块组成，4s的脉冲波形由TP的Q输出"T2".Q提供。TOF的Q输出"T3".Q的波形减去I0.0波形得到宽度为5s的脉冲波形，可以用"T3".Q的常开触点与I0.0的常闭触点串联的电路来实现上述要求，两块脉冲波形的叠加用并联电路来实现。"T1".Q的常开触点用于防止3s内有人进入和离开冲水。

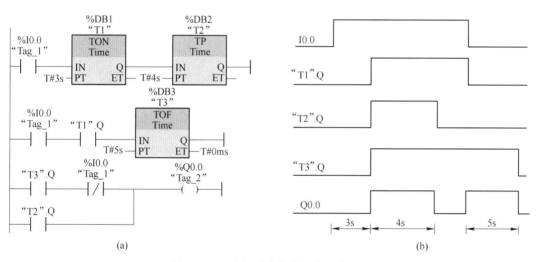

图5-32　卫生间冲水控制程序和波形图

（a）梯形图；（b）波形图

【例5-7】　单按钮控制照明灯起停。

控制要求：用一个按钮控制一盏灯，当按钮按4次时，灯点亮，再按2次时，灯熄灭。

【解】　（1）I/O分配：控制按钮为I0.0，灯为Q0.0。

（2）程序编制：单按钮控制照明灯梯形图程序如图5-33所示。

（3）程序解析：图5-33中使用了两个加计数器，都是对I0.0的上升沿进行计数，当

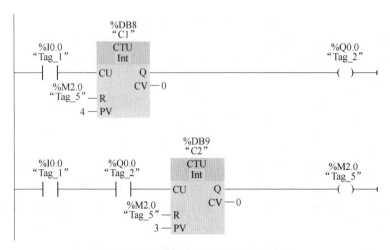

图 5-33   单按钮控制照明灯梯形图程序

计数器 C1 计满 4 个脉冲时，计数到，Q0.0 接通，灯点亮；同时，加计数器 C2 开始计数，再按两次，C2 计数到，M2.0 接通，同时复位计数器 C1 和 C2，Q0.0 和 M2.0 断开，灯灭。因为计第 4 个脉冲时，C2 也计了一次，按题目要求，再按 2 下，灯灭，所以 C2 的设定值为 3。

5.4   基本逻辑指令应用案例

【例 5-8】   笼型异步电动机的起停及点动控制。通过本例，认识西门子 PLC 控制系统的硬件连接及控制系统设计的过程。

控制要求：图 5-34 (a) 所示是用接触器控制的笼型异步电动机的起停及点动控制电路，现在要求用 PLC 控制来完成同样的功能。PLC 选用 CPU1215 DC/DC/DC 图 5-34 (b) 电动机的起停及点动 I/O 接线线路。

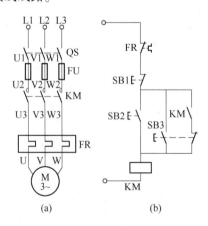

图 5-34   电动机起停及点动控制电气原理图

【解】   (1) 分析控制要求，确定输入输出设备，分配 PLC 的输入输出端口，并画出端口的接线原理图。I/O 端口如表 5-8 所示，表中列出了例 5-7 中用到的输入/输出设备名称及 PLC 地址分配。电动机起停及点动控制的 I/O 接线图如图 5-35 所示。

表 5-8　PLC 的 I/O 端口分配表

序号	输入设备	输入点	序号	输出设备	输出点
1	停止按钮 SB1	I0.0	1	接触器 KM	Q0.0
2	连续启动按钮 SB2	I0.1	2	运行指示灯	Q0.4
3	点动按钮 SB3	I0.2			

（2）用 PLC 输入、输出和中间元件的编号设计满足控制要求的梯形图。根据电气控制线路图的特点，写出 PLC 的程序如图 5-35 所示。

（3）对照控制要求，看梯形图能否满足控制要求。根据控制要求，按下启动按钮 SB2，接触器线圈 KM 通电，电动机启动并连续运行，按下停止按钮 SB1，KM 线圈失电，电动机停转；按下点动按钮 SB3，电动机启动，松开按钮 SB3，电动机停转。对照程序，当按下启动按钮 SB2 时，I0.1 接通，Q0.0 通电自锁，电动机启动并运行；当按下停止按钮 SB1 时，I0.0 常闭触点断开，Q0.0 失电，电动机停转；按下点动按钮 SB3 时，I0.2 接通，Q0.0 接通，松开 SB3 时，I0.2 的常开触点断开，常闭触点闭合，使 Q0.2 形成自锁，电动机不能停转。图 5-36（a）所示的程序不能实现点动功能，修改程序如图 5-36（b）所示。

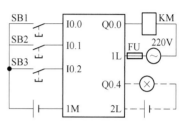

图 5-35　电动机起停及点动控制的 I/O 接线图

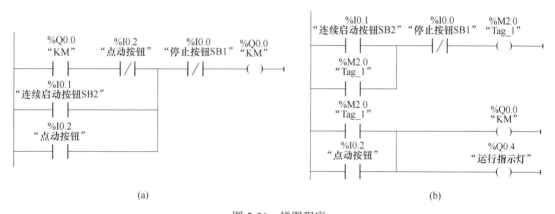

(a)　　　　　　　　　　　　　　　　　(b)

图 5-36　梯图程序
（a）修改前；（b）修改后

（4）输入并调试程序。程序编制好后，利用编程工具输入到 PLC，首先纠正程序句法上的错误，然后在输入端口接上相应的模拟开关，按工艺要求输入对应的开关信号，观察 PLC 输出指示灯，借助编程工具即可对程序进行调试，修改后使其满足控制要求。

调试好后，再把程序下载到 PLC，接上相应的外部执行元件，进行最后的现场调试。

【例 5-9】　笼型异步电动机 Y-△降压启动控制。

控制要求：笼型异步电动机 Y-△降压启动控制是异步电动机启动控制中的典型控制

环节，属常用控制小系统。其电气原理图如图 5-37 所示。试用 PLC 完成对笼型异步电动机Y-△降压启动控制。

【解】

（1）根据控制要求，分配 PLC 的输入输出端口，并画出端口的接线原理图。从图 5-37 所示的电气原理图中，可以看出 SB1 和 SB2 外部按钮是 PLC 的输入变量，KM1、KM2、KM3 是 PLC 的输出变量。其 I/O 地址分配表见表 5-9。端口的接线原理图如图 5-38 所示。

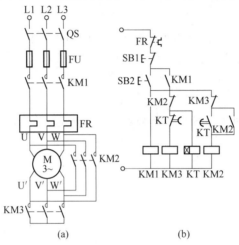

图 5-37   电动机Y-△降压启动控制线路
（a）主电路；（b）控制电路

表 5-9   PLC 的 I/O 地址分配表

序号	输入设备	输入点	序号	输出设备	输出点
1	停止按钮	I0.0	1	接触器 KM1	Q0.0
2	启动按钮	I0.1	2	接触器 KM2	Q0.1
3	热继电器	I0.2	3	接触器 KM3	Q0.2

在控制线路中，电动机由接触器 KM1、KM2、KM3 控制，其中 KM3 将电动机定子绕组连接成 Y 形，KM2 将电动机定子绕组连接成△形。KM2 和 KM3 不能同时吸合，否则将产生电源短路。在程序设计过程中，应充分考虑由Y向△切换的时间，即由 KM3 完全断开到 KM2 接通这段时间应互锁住，以防止发生短路。

（2）设计满足控制要求的梯形图。根据电气控制线路图的特点，写出控制程序如图 5-39 所示。

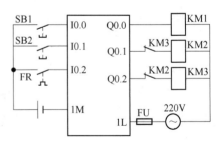

图 5-38   电动机Y-△降压启动控制
端口的接线原理图

在图 5-39 所示的梯形图程序中，启动时，按下 SB2，I0.1 常开闭合，此时 M2.0 接通并自锁，定时器 T0 和 T1 接通开始延时，Q0.2 也接通，即 KM3 接触器通电，T1 定时 1s 后，Q0.0 接通，KM1 接触器通电，此时，电动机定子绕组接为 Y 形，降压启动；降压启动 5s 后，定时器 T0 已定时 6s，KM3 接触器断电，同时定时器 T2 开始定时，定时 0.5s

后，Q0.1 接通，KM2 通电，由于 KM1 接触器保持通电状态，此时电动机进入△形连接，进入正常工作状态。若按下停止按钮 SB1，M0.0 断电，电动机停止运行。这里 T2 定时器延时的目的就是防止 KM3 触点还没有完全断开，而 KM2 触点已经闭合的情况。

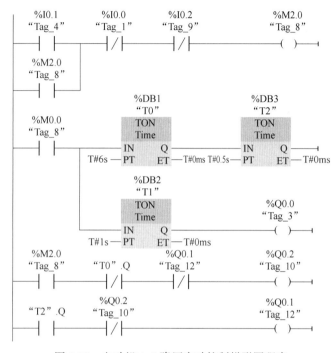

图 5-39 电动机Y-△降压启动控制梯形图程序

（3）实例分析。笼型异步电动机Y-△降压启动属于常用控制系统。在图 5-39 所示的程序中，使用 T0、T1、T2 这 3 个定时器将电动机定子绕组接为Y形，降压启动结束转接为△形全压运行的过程进行自动切换，在 Q0.1、Q0.2 两阶梯形图中，分别加入了互锁触点，保证 KM2 和 KM3 不能同时通电。此外，定时器 T2 定时 0.5s，目的是使 KM3 接触器断电灭弧后，KM2 才通电，避免了电源瞬时短路。

【例 5-10】 两条传送带顺序起停控制。

控制要求：两条传送带顺序相连，为了避免运送的物料在 1 号传送带上堆积，按下起动按钮 I0.2，1 号传送带开始运行，5s 后 2 号传送带自动起动。停机的顺序与起动的顺序刚好相反，即按了停止按钮 I0.3 后，先停 2 号传送带，5s 后停 1 号传送带。PLC 通过 Q0.0 和 Q0.1 控制两台电动机 M1 和 M2 的接触器。传送带示意图与波形图如图 5-40 所示。

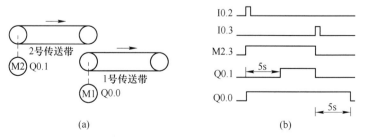

图 5-40 传送带示意图（a）和波形图（b）

【解】 （1）根据控制要求，选用 CPU1215DC/DC/RLAY 作为控制器，分配 PLC 的输入输出端口见表 5-10，并画出端口的接线原理图，如图 5-41 所示。根据控制要求，设置了启动标志 2.3。

表 5-10   PLC 的 I/O 端口分配表

序号	输入设备	输入点	序号	输出设备	输出点
1	启动按钮	I0.2	1	1 号传送带	Q0.0
2	停止按钮	I0.3	2	2 号传送带	Q0.1
3	启动标志	M2.3			

（2）设计满足控制要求的梯形图。传送带控制的梯形图程序如图 5-42 所示，程序中，采用了一个启动按钮和一个停止按钮来控制启动标志 M2.3。启动时，M2.3 保持接通，停止时，M2.3 断开。用启动标志 M2.3 控制通电延时定时器（TON），以及关断延时定时器（TOF）线圈。

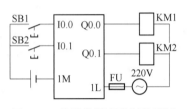

图 5-41   传送带顺序控制接线图

M2.3 接通时，断电延时定时器 T2 的触点马上接通，1 号传送带 Q0.0 启动，同时启动通电延时定时器 T1，延时 5s 后，Q0.1 接通，2 号传送带启动。

M2.3 断开时，T1 瞬时复位，Q0.1 瞬时断开，2 号传送带立刻停止，同时启动断电延时定时器 T2，延时 5s 后复位，Q0.0 断开，1 号传送带停止。

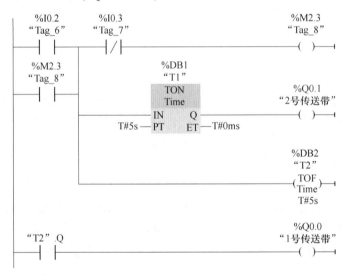

图 5-42   传送带控制梯形图

（3）实例分析。TON 的 Q 输出端控制的 Q0.1 在 I0.2 的上升沿之后 5s 变为 1 状态，在停止按钮 I0.3 的上升沿时变为 0 状态。综上所述，可以用 TON 的 Q 输出端直接控制 2 号传送带 Q0.1。

T2 是 DB2 的符号地址。按下启动按钮 I0.2，关断延时定时器线圈（TOF）通电。它的 Q 输出端"T2".Q 在它的线圈通电时变为 1 状态，在它的线圈断电后开始延时 5s 变为

0 状态，因此可以用 "T2". Q 的常开触点控制 1 号传送带 Q0.0。

此案例是一个典型的顺序控制，即两台设备的顺序启动和顺序停止的控制，此例中使用了两种类型的定时器来实现，读者也可以使用两个通电延时的定时器实现。

【例 5-11】 仿真电梯模型开关门控制。

电梯开关门控制要求如下：

（1）电梯开门环节。对于电梯的开门环节，我们主要考虑以下几种情况。

1）电梯在自动运行中停层时的开门。电梯在停层时，到达平层位置，会使自动平层开门信号接通，电梯将实施开门。

2）电梯在关门过程中需要重新开门。在电梯关门的过程中，当需要重新开门时，可以通过轿厢内的手动开门按钮实施重新开门。由于电梯采用红外线光幕装置来进行检测，在电梯关门过程中有信号触发时，将会自动发送重新开门信号，以达到重新开门的需求。

3）电梯厅门有外呼信号时的开门。当电梯运行到达某层站时，若没有乘客继续使用电梯，电梯将停靠在该层站待命；若有乘客在该层站呼叫，电梯将首先开门，以满足乘客用梯的要求。电梯在运行的过程中，当有外呼信号要求时，若电梯是顺向运行，则停层开门；若电梯是逆向运行，则不停层。

4）电梯在自动运行中禁止开门。当电梯在自动运行状态下，无论上行或下行过程中均不允许电梯门打开。

5）电梯门被夹或超载时的开门。当电梯在关门的过程中可能会因各种原因关不上门，如有东西被夹在门上，或在乘客乘坐电梯时因人数太多而超载，则电梯需要实施重新开门。

6）电梯在检修状态下的开门。电梯在检修状态下，由于检修开关打开，开门为手动状态，需要由手动开门按钮实施开门。考虑到检修状态时的开门，所以检修状态下电梯开门不能自锁。

（2）电梯关门控制要求。同电梯的开门环节类似，对于电梯的关门环节，我们也考虑了以下几种情况。

1）电梯在停站时的提前关门。当电梯在运行过程中，上下乘客已经完毕但是电梯停站时间还未到时，可以用轿厢内的手动关门按钮实现提前关门。

2）电梯的自动关门。当电梯开门时，开门时间计时定时器将工作并计时，当计时时间到达后，电梯应实现自动关门。

3）电梯门被夹或电梯超重时禁止关门。当电梯在运行的过程中，电梯门被夹或超重时，将禁止关门。

4）电梯在检修状态下的关门。电梯在检修状态下，关门为手动状态，由手动关门按钮实施关门。考虑到检修状态时的关门，所以检修关门不能自锁。

【解】 （1）根据控制要求，分析开关门电动机原理图、定义变量，并分配 PLC 的输入输出端口。这里列出 M 点的变量定义，输入与输出来自仿真电梯的 I/O 列表（见表 5-11），在后文涉及电梯案例亦遵循此原则。

（2）设计满足控制要求的梯形图。本例的开关门控制实质上是开关门电动机的正反转问题，但涉及电梯的实际情况时，有许多的联锁条件，所以在程序设计过程中设置了各种情况的标志信号，编程时按照开门和关门两个方面来设计程序。电梯开关门控制的关键程序如图 5-43 所示。

表 5-11　电梯开关关门控制 I/O 分配表

序号	名称	地址	序号	名称	地址
1	开门标志	M6.2	6	光幕信号标志	M7.4
2	关门标志	M6.4	7	1 层上呼~5 层上呼	M20.2~M20.6
3	开门完成标志	M8.4	8	2 层下呼~6 层下呼	M21.7~M22.3
4	延时自动关门标志	M7.2	9	开门继电器	Q8.2
5	关门按钮标志	M8.0	10	关门继电器	Q8.3

1) 电梯在自动运行中停层时的开门。电梯在停层时（既不上行，也不下行），到达平层位置（上下平层信号都为 1），使开门标志接通并自锁，电梯将实施开门。程序如图 5-43 所示。

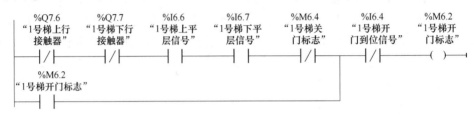

图 5-43　电梯平层时开门控制程序

2) 电梯厅门有外呼信号时的开门。当电梯有外呼信号时，电梯要响应呼叫，到达相应楼层，开门接人。程序如图 5-44 所示。程序中 M11.5~M12.3 对应 1~6 层的停层标志，受篇幅限制，只列出了部分程序。M13.1 表示电梯响应外呼信号时的开门标志。

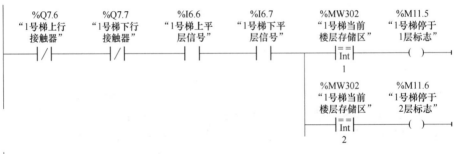

图 5-44　电梯外呼时开门控制程序

3）电梯在关门过程中需要重新开门。当需要重新开门时，可以通过轿厢内的手动开门按钮（I5.0）实施重新开门。控制程序如图 5-45 所示。图中列出了 3 种不同情况的开门条件，都可使开门标志 M6.2 接通从而控制开门接触器 Q8.2。

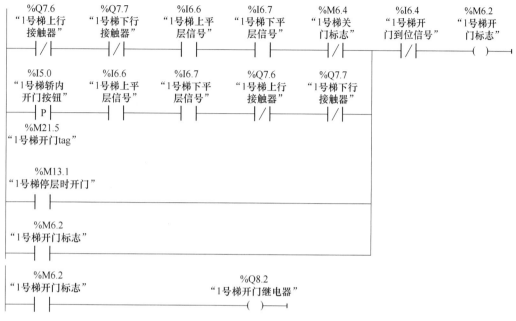

图 5-45　3 种情况下电梯开门控制程序

4）电梯关门控制。电梯的关门也有几种情况，开门到位后自动延时一段时间后，电梯关门，也可以手动关门，当有超重信号、光幕信号时停止关门，转为开门。其部分梯形图程序，如图 5-46 所示。

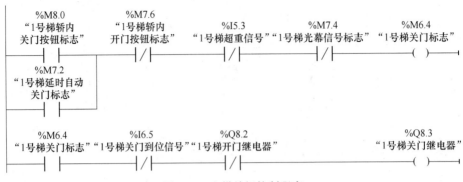

图 5-46 电梯关门控制程序

（3）实例分析。图 5-43～图 5-46 是针对仿真电梯的开关门电机来设计的梯形图程序，根据电梯的实际控制要求，电梯的开门和关门有很多种情况，加上安全和可靠性的考虑，程序中还包含一些联锁控环节。

【例 5-12】 仿真电梯模型曳引电动机启停控制。

控制要求：仿真电梯的曳引电动机采用交流双速电动机，交流双速电梯主驱动系统原理图如图 3-17 所示。电梯的启停控制要求为：

（1）电梯从静止开始，当收到运行信号时，选择一个方向后，开始串电抗降压启动；启动结束后，切除电抗器，正常运行。

（2）当到达目标楼层的第一个平层传感器的时候，需要换速，即高速转为低速；同时，开始按照时间原则，逐步减速制动。

（3）当到达第二个平层传感器时，曳引电动机电磁抱闸制动，立即停止运行。

【解】 （1）根据控制要求，分析交流双速电动机主驱动系统原理图、定义变量，并分配 PLC 的输入输出端口。这里列出 M 点的变量定义，输入与输出来自仿真电梯的 IO 列表（见表 5-12），在后文涉及电梯案例亦遵循此原则。

表 5-12 仿真电梯模型曳引电动机启停控制 I/O 分配表

序号	名称	地址	序号	名称	地址
1	上行标志	M6.6	1	1A 1级加速	Q6.0
2	下行标志	M6.7	2	SK 上行接触器	Q5.5
3	开门完成标志	M8.4	3	XK 下行接触器	Q5.6
4	停层信号	M8.2	4	KK 高速运行	Q6.1
5	上平层信号	I6.6	5	MK 低速运行	Q6.2
6	下平层信号	I6.7	6	2A 1级制动减速	Q6.3
			7	3A 2级制动减速	Q6.4
			8	4A 3级制动减速	Q6.5
			9	YA 抱闸	Q6.6

（2）设计满足控制要求的梯形图，完成本例的控制要求要解决以下几个问题。

1）明确电梯启动的条件：电梯门（包括层门和轿厢门）必须是关闭状态，轿厢不在电梯井的上端或下端的极限位置，另外应有上行或下行标志。

2）启动过程：当上行接触器 SK 或下行接触器 XK 以及高速运行接触器 KK 闭合时，电动机在定子回路串电抗器启动；此时由于启动转矩大于负载转矩，电动机转速逐步升至额定转速后开始稳速运行。

3）制动过程：当电梯到达停靠站之前，以当前电梯上行为例，由井道中的下平层传感器发出换速信号，通过控制电路使快速绕组接触器 KK 释放，慢速绕组接触器 MK 闭合。为了限制制动电流的冲击，此时电动机定子回路串入了电抗器和电阻。电动机处于发电制动状态，随着制动转矩的减小，为了提高制动效率，按照时间原则，先使一级制动减速接触器 1K 闭合，将电阻短路，使制动转矩发生跳变；随后依次按照时间原则分别将二级制动减速接触器 2K、三级制动减速接触器 3K 闭合，将限流电阻分别短路，电动机持续减速运行。这一阶段一直将高速时积蓄的能量回馈给电网，直到电动机达到同步转速之后开始稳速运行，即低速爬行阶段。此时断电抱闸停梯，实现了低平层。电梯启停控制的关键程序如图 5-47 所示。

程序段 1 中，上行标志和下行标志的产生由电梯所在楼层和呼叫信号楼层加以判断给出。程序段 3 中，停层信号根据电梯轿厢当前所处楼层和轿厢内选层信号二者的状态给出。其中，这里要注意，根据电梯制动减速过程，停层信号应该在井道中的上、下平层传感器发出换速信号的同时给出，在电梯平层位置抱闸停车后复位。

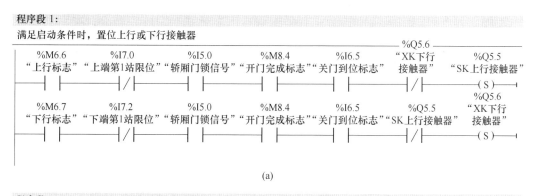

(a)

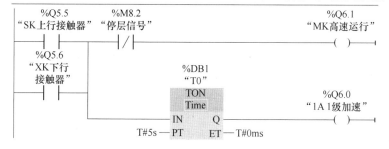

(b)

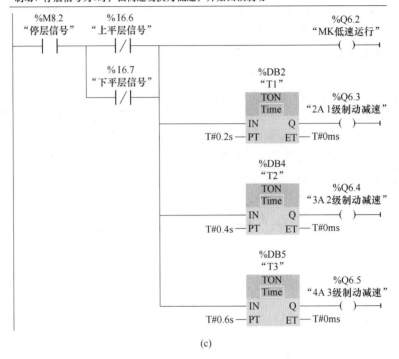

(c)

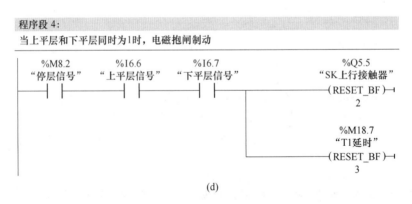

(d)

图 5-47   仿真电梯模型曳引电动机启停控制程序
(a) 程序段 1；(b) 程序段 2；(c) 程序段 3；(d) 程序段 4

由图 5-47 可知电梯启动时，SK 上行接触器或 XK 下行接触器接通，高速接触器 KK 接通，串电抗器启动，延时 5s 后，1K 接通，短接掉电抗器，启动结束。

（3）实例分析。图 5-48 是针对仿真电梯的主电路设计的梯形图程序，程序中包含了电动机的定子回路串电抗器降压启动控制、电动机的正反转控制、双速电动机的高低速切换控制、再生发电制动控制、机械制动控制等多个环节，是一个电动机控制的综合性实例。因为是以电梯为研究对象，程序中还包含一些联锁控制环节。

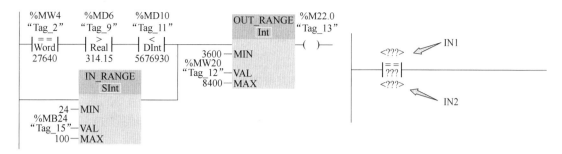

图 5-48 比较指令

5.5 传送、比较、移位指令及应用案例

5.5.1 比较操作指令

5.5.1.1 比较指令

比较指令用来比较数据类型相同的两个数 IN1 与 IN2 的大小（见图 5-49），IN1 和 IN2 分别在触点的上面和下面。操作数可以是 I、Q、M、L、D 存储区中的变量或常数。比较两个字符串是否相等时，实际上比较的是它们各对应字符的 ASCII 码的大小，第一个不相同的字符决定了比较结果。

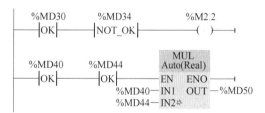

图 5-49 OK 指令与 NOT_OK 指令图及应用

可以将比较指令视为一个等效的触点，比较符号可以是"＝＝"（等于）、"<>"（不等于）、">"">=""<"和"<="。满足比较关系式给出的条件时，等效触点接通。例如，当 MW4 的值等于 27640 时，图 5-49 第一行左边的比较触点接通。

生成比较指令后，双击触点中间比较符号下面的问号，单击出现的按钮，用下拉式列表设置要比较的数的数据类型。数据类型可以是位字符串、整数、浮点数、字符串、TIME、DATE、TOD 和 DLT。比较指令的比较符号也可以修改，双击比较符号，单击出现的按钮，可以用下拉式列表修改比较符号。

5.5.1.2 值在范围内与值超出范围指令

"值在范围内"指令 IN_RANGE 与"值超出范围"指令 OUT_RANGE 可以等效为一个触点。如果有能流流入指令方框，执行比较，反之不执行比较。图 5-49 中 IN_RANGE 指令的参数 VAL 满足 MIN≤VAL≤MAX（24≤MB24≤100），或 OUT_RANGE 指令的参数 VAL 满足 VAL<MIN 或 VAL>MAX（MW20<8400 或 MW20>3600）时，等效触点闭合，指令框为绿色。不满足比较条件则等效触点断开，指令框为蓝色的虚线。

这两条指令的 MIN、MAX 和 VAL 的数据类型必须相同，可选整数和实数，可以是 I、Q、M、L、D 存储区中的变量常数。

5.5.1.3　检查有效性与检查无效性指令

"检查有效性"指令—|OK|—和"检查无效性"指令—|NOT_OK|—（见图 5-49）用来检测输入数据是否是有效的实数（即浮点数）。如果是有效的实数，OK 触点接通，反之 NOT_OK 触点接通。触点上面的变量的数据类型为 Real。

执行图 5-49 中的乘法指令 MUL 之前，首先用 OK 指令检查 MUL 指令的两个操作数是否是实数，如果不是，OK 触点断开，如果没有能流流入 MUL 指令的使能输入端，不会执行乘法指令。

5.5.2　移动操作指令

5.5.2.1　移动值指令

"移动值"指令 MOVE（见图 5-50）用于将 IN 输入端的源数据传送给 OUT1 输出的目的地址，并且转换为 OUT1 允许的数据类型（与是否进行 IEC 检查有关），源数据保持不变。IN 和 OUT1 的数据类型可以是位字符串、整数、浮点数、定时器、日期时间、CHAR、WCHAR、STRUCT、ARRAY、IEC 定时器/计数器数据类型、PLC 数据类型，IN 还可以是常数。

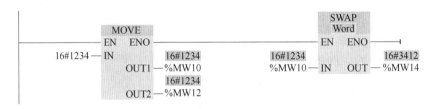

图 5-50　MOVE 与 SWAP 指令

移动值指令可用于 S7-1200 CPU 的不同数据类型之间的数据传送。如果输入 IN 数据类型的位长度超出输出 OUT1 数据类型的位长度，则源值的高位会丢失。如果输入 IN 数据类型的位长度小于输出 OUT1 数据类型的位长度，则目标值的高位会被改为 0。

MOVE 指令允许有多个输出，单击"OUT1"，将会增加一个输出，增加的输出的名称为 OUT2，以后增加的输出的编号按顺序排列。用鼠标右键单击某个输出的短线，执行快捷菜单中的"删除"命令，将会删除该输出参数，删除后自动调整剩下的输出编号。

5.5.2.2　交换指令

IN 和 OUT 为数据类型 Word 时，"交换"指令 SWAP 交换输入 IN 的高、低字节后，保存到 OUT 指定的地址。IN 和 OUT 为数据类型 Dword 时，交换 4 个字节中数据的顺序，交换后保存到 OUT 指定的地址（见图 5-50）。

5.5.2.3　填充存储区指令

"填充存储区"指令 FILL_BLK 将输入参数 IN 设置的值填充到输出参数 OUT 指定起始地址的目标数据区（见图 5-51），COUNT 为填充的数组元素的个数，源区域和目标区域的数据类型应相同。生成"DATA"（DB1）和"数据块_2"（DB2），在 DB13 中创建有 20 个 Int 元素的数组 Source，在 DB2 中创建有 40 个 Int 元素的数组 Distin。编写如下程序：I0.0 的常开触点接通时，常数 1600 被填充到 DB3（数据块_1）的 DBW0 开始的 10 个字中。Source 是"DATA"（DB1）中元素的数据类型为 Int 的数组。

图 5-51 填充存储区指令

"不可中断的存储区填充"指令 UFILL_BLK 与 FILL_BLK 指令的功能相同，其区别在于前者的填充操作不会被其他操作系统的任务打断。

5.5.2.4 存储区移动指令

图 5-52 中的"存储区移动"指令 MOVE_BLK 用于将源存储区的数据移动到目标存储区。IN 和 OUT 是待复制的源区域和目标区域中的首个元素（并不要求是数组的第一个元素）。

图 5-52 中的 I0.2 触点接通时，数据块 DATA 中的数组 Source 的 0 号元素开始的 10 个 Int 元素的值，被复制给数据块 DATA1 的数组 Distin 的 0 号元素开始的 10 个元素。COUNT 是要传送的数组元素的个数，复制操作按地址增大的方向进行。源区域和目标区域的数据类型相同。

图 5-52 存储区移动指令

除了 IN 不能取常数外，指令 MOVE_BLK 和 FILL_BLK 的参数的数据类型和存储区基本上相同。"不可中断的存储区移动"指令 UMOVE_BLK（见图 5-52）与 MOVE_BLK 指令的功能基本上相同，其区别在于前者的复制操作不会被操作系统的其他任务打断。执行该指令时，CPU 的报警响应时间将会增大。

"移动块"指令 MOVE_BLK_VARIANT 将一个存储区（源区域）的数据移动到另一个存储区（目标区域），可以将一个完整的数组或数组的元素复制到另一个相同数据类型的数组中。源数组和目标数组的大小（元素个数）可能会不同，可以复制一个数组内的多个或单元素。

5.5.3 移位和循环移位指令

5.5.3.1 移位指令

"右移"指令 SHR 和"左移"指令 SHL 将输入参数 IN 指定的存储单元的整个内容逐位右移或左移若干位，移位的位数用输入参数 N 来定义，移位的结果保存在输出参数 OUT 指定的地址中。

无符号数移位和有符号数左移后空出来的位用 0 填充。有符号整数右移后空出来的位用符号位（原来的最高位）填充，正数的符号位为 0，负数的符号位为 1。

移位位数 N 为 0 时不会移位，但是 IN 指定的输入值被复制给 OUT 指定的地址。

将指令列表中的移位指令拖放到梯形图后，单击方框内指令名称下面的问号，用下拉式列表设置变量的数据类型。

如果移位后的数据要送回原地址，应将图 5-53 中 M2.0 的常开触点改为 M2.0 的扫描操作数的信号上升沿指令（P 触点），否则在 M2.0 为 1 状态的每个扫描周期都要移位一次。

右移 n 位相当于除以 2，将十进制数 −200 对应的二进制数 2#1111 1111 0011 1000 右移 2 位（见图 5-53 和图 5-54），相当于除以 4，右移后的数为 −50。

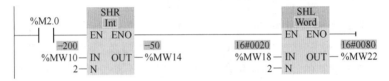

图 5-53   移位指令梯形图

左移 n 位相当于乘以 2，将 16#0020 左移 2 位，相当于乘以 4，左移后得到的十六进制数为 16#0080（见图 5-53）。

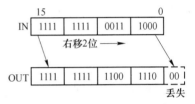

图 5-54   数据的右移示例

5.5.3.2   循环移位指令

"循环右移"指令 ROR 和 "循环左移" 指令 ROL 将输入参数 IN 指定的存储单元的整个内容逐位循环右移或循环左移若干位，即移出来的位又送回存储单元另一端空出来的位，原始的位不会丢失。N 为移位的位数，移位的结果保存在输出参数 OUT 指定的地址。N 为 0 时不会移位，但是 IN 指定的输入值复制给 OUT 指定的地址。移位位数 N 可以大于被移位存储单元位数。

5.5.4   转换值指令

5.5.4.1   转换值指令

"转换值"指令 CONVERT 在指令方框中的标示符为 CONV，它的参数 IN、OUT 可以设置为十多种数据类型，IN 还可以是常数。

EN 输入端有能流流入时，CONVERT 指令将输入 IN 指定的数据转换为 OUT 指定的数据类型。转换前后的数据类型可以是位字符串、整数、浮点数、CHAR、WCHAR 和 BCD 码等。

图 5-55 中 I0.0 的常开触点接通时，执行 CONVERT 指令，将 MW4 中的 16 位 BCD 码转换为整数后送 MW40。如果执行时没有出错，有能流从 CONVERT 指令的 ENO 端流出。ROUND 指令将 MD42 中的实数四舍五入转换为整数后保存在 MW46。

5.5.4.2   浮点数转换为双整数的指令

浮点数转换为双整数有 4 条指令，"取整"指令 ROUND 用得最多，它将浮点数转换为四舍五入的双整数。"截尾取整"指令 TRUNC 仅保留浮点数的整数部分，去掉其小数部分。

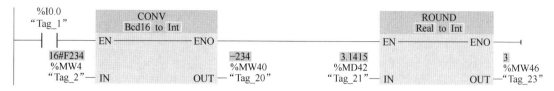

图 5-55　数据换指令

"浮点数向上取整"指令 CEIL 将浮点数转换为大于或等于它的最小双整数,"浮点数向下取整"指令 FLOOR 将浮点数转换为小于或等于它的最大双整数。这两条指令极少使用。

因为浮点数的数值范围远远大于 32 位整数,有的浮点数不能成功地转换为 32 位整数。如果被转换的浮点数超出了 32 位整数的表示范围,得不到有效的结果,ENO 为 0 状态。

5.5.4.3　标准化指令

图 5-56 中的"标准化"指令 NORM_X 的整数输入值 VALUE（MIN≤VALUE≤MAX）被线性转换（标准化,或称归一化）为 0.0~1.0 之间的浮点数,转换结果用 OUT 指定的地址保存。

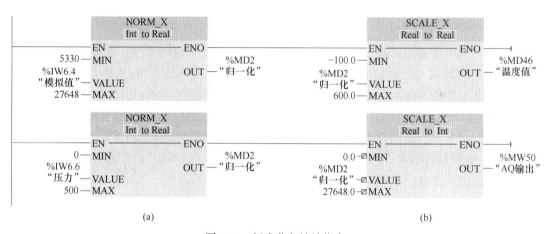

(a)　　　　　　　　　　　　　　(b)

图 5-56　标准化与缩放指令

NORM_X 的输出 OUT 的数据类型可选 Real 或 LReal,单击方框内指令名称下面的问号,用下拉式列表设置输入 VALUE 和输出 OUT 的数据类型。输入、输出之间的线性关系如下（见图 5-56（a））:

$$OUT = (VALUE - MIN)/(MAX - MIN)$$

5.5.4.4　缩放指令

图 5-56（b）中的"缩放"（或称为"标定"）指令 SCALE_X 的浮点数输入值 VALUE（0.0≤VALUE≤1.0）被线性转换（映射）为参数 MIN（下限）和 MAX（上限）定义的范围之间的数值,转换结果用 OUT 指定的地址保存。

单击方框内指令名称下面的问号,用下拉式列表设置变量的数据类型。参数 MIN、

MAX 和 OUT 的数据类型应相同，VALUE、MIN 和 MAX 可以是常数。输入、输出之间的线性关系如下（见图 5-57）：

$$OUT = VALUE * (MAX - MIN) MIN$$

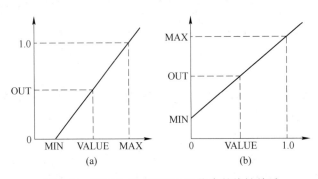

图 5-57　NORM_X、SCALE_X 指令的线性关系

（a）NORM_X 标准化指令的线性关系；（b）SCALE_X 缩放指令的线性关系

满足下列条件之一时 ENO 为 0 状态：EN 输入为 0 状态；MIN 的值大于等于 MAX 的值；实数值超出 IEEE-754 标准规定的范围；有溢出；输入 VALUE 为 NaN（无效的算术运算结果）。

5.5.5　传送比较移位指令型应用电路

【例 5-13】　用接通延时定时器和比较指令组成占空比可调的脉冲发生器。

【解】　T1 是接通延时定时器 TON 的背景数据块的符号地址。"T1".Q 是 TON 的位输出。PLC 进入 RUN 模式时，TON 的 IN 输入端为 1 状态，定时器的当前值从 0 开始不断增大。当前值等于预设值时 "T1".Q 变为 1 状态，其常闭触点断开，定时器被复位，"T1".Q 变为 0 状态。下一扫描周期其常闭触点接通，定时器又开始定时。TON 和它的 Q 输出 "T1".Q 的常闭触点组成了一个脉冲发生器，使 TON 的当前时间 "T1".ET 按图 5-58（b）所示的锯齿波形变化。比较指令用来产生脉冲宽度可调的方波，"T1".ET 小于 1000ms 时，Q0.0 为 0 状态，反之为 1 状态。

比较指令上面的操作数 "T1".ET 的数据类型为 Time，输入该操作数后，指令中 ">=" 符号下面的数据类型自动变为 "Time"。

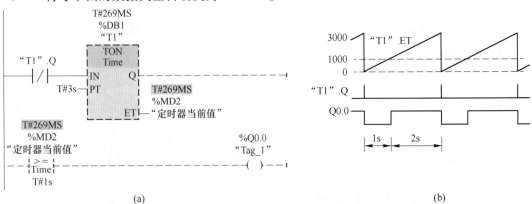

图 5-58　占空比可调的脉发生器

【例 5-14】 某温度变送器的量程为$-200\sim850℃$，输出信号为$4\sim20mA$，符号地址为"模拟值"的 IW96 将 $0\sim20mA$ 的电流信号转换为数字 $0\sim27648$，求以"℃"为单位的浮点数温度值。

【解】 4mA 对应的模拟值为 5530，IW96 将$-200\sim850℃$的温度转换为模拟值 $5530\sim27648$，用"标准化"指令 NORM_X 将 $5530\sim27648$ 的模拟值归一化为 $0.0\sim1.0$ 之间的浮点数（见图 5-59），然后用"缩放"指令 SCALE_X 将归一化后的数字转换为$-200\sim850℃$的浮点数温度值，用变量"温度值"MD74 保存。

图 5-59　NORM_X 指令与 SCALE_X 指令

【例 5-15】 使用循环移位指令的彩灯控制器。

【解】 在图 5-60 的 8 位循环移位彩灯控制程序中，QB1 是否移位用 I1.6 来控制，移位的方向用 I1.7 来控制。为了获得移位用的时钟脉冲和首次扫描脉冲，在组态 CPU 的属性时，设置系统存储器字节和时钟存储器字节的地址分别为默认的 MB1 和 MB0，时钟存储器位 M0.5 的频率为 1Hz。PLC 首次扫描时 M1.0 的常开触点接通，MOVE 指令给 QB1（Q1.0～Q1.7）置初始值 7，也就是 QB1 的低 3 位被置为 1。

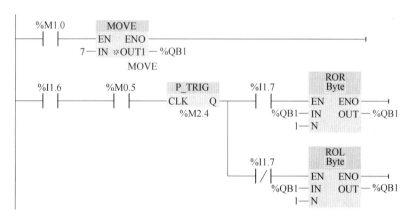

图 5-60　使用循环移位指令的彩灯控制器

输入、下载和运行彩灯控制程序，通过观察 CPU 模块上与 Q1.0～Q1.7 对应的 LED（发光二极管），观察彩灯的运行效果。

I1.6 为 1 状态时，在时钟存储器位 M0.5 的上升沿，指令 P_TRIG 输出一个扫描周期的脉冲。如果此时 I1.7 为 1 状态，执行一次 ROR 指令，QB0 的值循环右移 1 位。如果 I1.7 为 0 状态，执行一次 ROL 指令，QB1 的值循环左移 1 位。表 5-13 是 QB1 循环移位前后的数据。因为 QB1 循环移位后的值又送回 QB1，循环移位指令的前面必须使用 P_TRIG 指令，否则每个扫描循环周期都要执行一次循环移位指令，而不是每秒钟移一次。

表 5-13　QB1 循环移位前后的数据

内容	循环左移	循环右移
移位前	0000 0111	0000 0111
第 1 次移位后	0000 1110	1000 0011
第 2 次移位后	0001 1100	1100 0001
第 3 次移位后	0011 1000	1110 0000

5.5.6　传送比较移位指令型应用案例

【例 5-16】　电梯楼层信号的产生、消除及显示。

控制要求：根据电梯的工作原理，要求以七段数码管显示电梯当前的楼层信息。

【解】　（1）根据控制要求，定义变量，并分配 PLC 的输入输出端口。这里列出 M 点的变量定义。输入与输出来自仿真电梯的 I/O 列表（见表 5-14），在后文涉及电梯案例亦遵循此原则。

表 5-14　电梯楼层信号的产生、消除及显示控制 I/O 分配表

序号	名称	地址	序号	名称	地址
1	上行标志	M6.6	4	上平层信号	I6.7
2	下行标志	M6.7	5	初始化楼层	MW300
3	下平层信号	I6.6	6	当前楼层存储区	MW302

（2）设计满足控制要求的梯形图，完成本例的控制要求要解决以下几个问题：

1）了解电梯楼层信号如何产生。如何消除已经响应过的电梯楼层信号包括两部分，当前运行方向与当前所处楼层。当电梯在运行过程中处于某一楼层时，应产生位于该楼层的位置信号，以控制七段数码管显示当前电梯所处的楼层位置；当电梯离开该楼层时，该楼层的位置信号应被新的楼层信号（上一层信号或下一层信号）所取代。

2）如何显示电梯的楼层信号。对于楼层信号的显示要求采用七段数码管实现，常用的七段式 LED 数码管，就是指数码管里有七个小 LED 发光二极管，通过控制不同 LED 的亮灭来显示出不同的字形。数码管又分为共阴极和共阳极两种类型，共阴极就是将八个 LED 的阴极连在一起，让其接地，这样给任何一个 LED 的另一端高电平，它便能点亮。而共阳极就是将八个 LED 的阳极连在一起。在这里我们采用的是共阴极数码管，图 5-61 中的数码管 a、b、c、d、e、f、g，均有相应的 PLC 输出点来与之对应。

电梯楼层信号的产生、消除程序如图 5-62 所示，电梯楼层信号显示程序如图 5-63 所示。

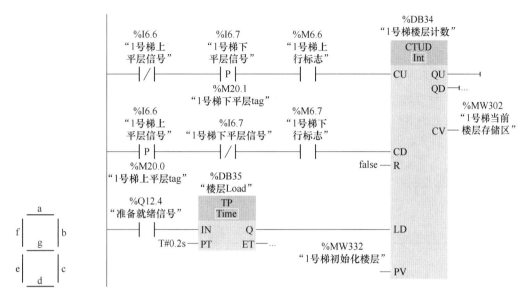

图 5-61 七段数码管

图 5-62 电梯楼层信号的产生和消除程序

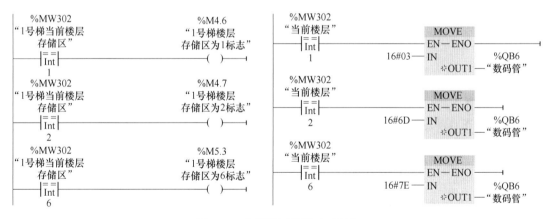

图 5-63 电梯楼层信号显示程序

（3）案例分析。电梯控制系统实质上是一个随动控制系统，楼层的信息是根据使用者的情况而随时变化的。本例中采取的是用一个可逆计数器记录楼层的信号，而楼层信息的显示采用的是数码显示管来显示，程序中的 QB6 中的 8 位分别与数码显示管的 8 段对应，如果在数码显示管前加 1 片译码器，则 QB6 可接 2 片数码显示管。具体使用方法请读者自己思考。

【例 5-17】 小车自动选向，自动定位控制。

某车间有 4 个工作台，小车往返于工作台之间运料。每个工作台设有一个到位开关（SQ）和一个呼叫按钮（SB）。具体控制要求如下：

（1）小车初始时应停在 4 个工作台中的任意一个到位开关位置上；

（2）设小车现暂停于 M 号工作台，（此时 SQm 动作）这时 n 号工作台有呼叫（即 SBn 动作）。

m>*n* 小车左行，直至 SQn 动作，到位停车；即小车所停位置 SQ 的编号大于呼叫的 SB 的编号时，小车往左运行至呼叫的 SB 位置后停止。

m<*n* 小车右行，直至 SQn 动作，到位停车；即小车所停位置 SQ 的编号小于呼叫的 SB 的编号时，小车往左运行至呼叫的 SB 位置后停止。

m=*n* 小车原地不动；即当小车位置 SQ 与呼叫 SB 编号相同时，小车动作。

【解】

（1）根据控制要求，分配输入输出端口，并画出端口的接线原理图。I/O 分配表见表 5-15。

表 5-15   送料小车的自动定位控制的 I/O 分配表

序号	输入设备	输入点	序号	输出设备	输出点
1	呼叫按钮 SB1	I0.0	1	小车前进 KM1	Q0.0
2	呼叫按钮 SB2	I0.1	2	小车后退 KM2	Q0.1
3	呼叫按钮 SB3	I0.2			
4	呼叫按钮 SB4	I0.3			
5	1 号工位行程开关 SQ1	I0.4			
6	2 号工位行程开关 SQ2	I0.5			
7	3 号工位行程开关 SQ3	I0.6			
8	4 号工位行程开关 SQ4	I0.7			
9	启动信号	I1.0			
10	停止信号	I1.1			

送料小车自动定位控制的 I/O 接线图如图 5-64 所示。

（2）梯形图程序设计。

方法一：利用传送，比较指令来实现小车自动选向，自动定位控制，需解决以下几个问题：

1）工位号和呼叫位置的确定。因为小车同时只可能停在一个工位上，所以小车的位置值是确定的，通过使用移位指令，存放在 VB0 中，即 1 号位为 1，2 号位为 2，3 号位为 4，4 号位为 8。

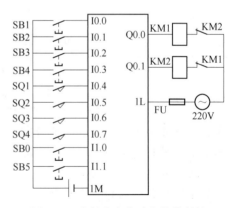

图 5-64   送料小车自动定位控制的 I/O 接线图

呼叫位置的编号由传送指令完成。即当 1 号位有呼叫即给 VB1 送值 1，2 号位有呼叫则送 2，3 号位有呼叫则送 4，4 号位有呼叫则送 8，这样 m、n 在任意位置，都给它们赋了一个确定的值。

2）小车行进方向的确定：通过比较指令来完成。

3）到位停车：通过比较结果来控制；送料小车自动选向，自动定位控制梯形图如

图 5-65 所示。

方法二：利用编码、解码指令实现小车自动选向与自动定位控制主要解决以下问题：

1）首先判断有无键按下，采用比较指令实现。

2）有键按下则先编码，再解码。主要是如果同时有多个呼叫，则先响应呼叫号大的呼叫。

3）确定有键按下，则判断小车是否在某工位上。正常情况时，小车应在某个工位上。

4）如果不在工位上，则暂停。

5）如果在工位上，则自动判定方向并运动。

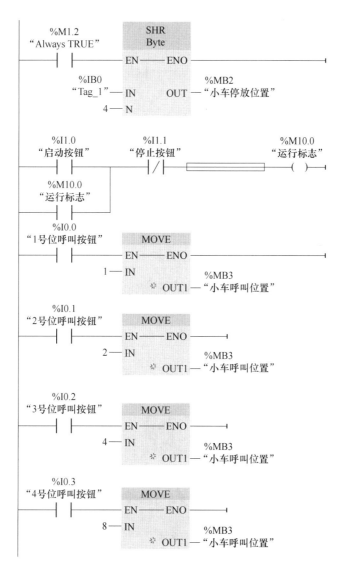

(a)

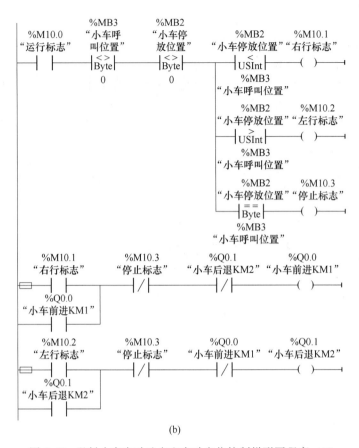

(b)

图 5-65　送料小车自动选向和自动定位控制梯形图程序（1）

（a）确定小车停放位置值和小车呼叫位置值；（b）自动判断小车行进的方向

用编码、解码指令实现的梯形图如图 5-66 所示。

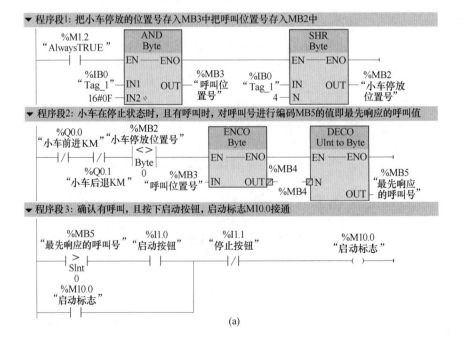

(a)

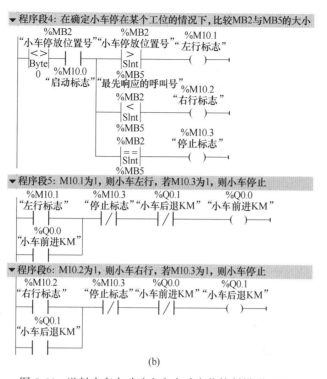

图 5-66　送料小车自动选向和自动定位控制梯形（2）

(a) 用编码、解码指令确定小车呼叫位置值；(b) 自动判断小车行进的方向

（3）案例分析。如果同时有多个呼叫，则先响应呼叫号小的位置呼叫。这是一个典型的随机控制，在电梯控制中，电梯的自动选向和自动定位即属于这一种。

当生产线上工位增多时（或电梯楼层增多时），使用传送指令来设计本例，会使程序增长。可考虑在增加工位时，不需改变程序就能实现控制，可以采用编码与解码指令来解决此问题。

5.6　数学运算指令与逻辑运算指令

5.6.1　数学运算指令

5.6.1.1　四则运算指令

数学函数指令中的 ADD、SUB、MUL 和 DIV 分别是加、减、乘、除指令，它们执行的操作见表 5-16。操作数的数据类型可选整数（SInt、Int、DInt、USInt、UInt、UDInt）和浮点数 Real，IN1 和 IN2 可以是常数。IN1、IN2 和 OUT 的数据类型应相同。

整数除法指令将得到的商截尾取整后，作为整数格式的输出到 OUT。

ADD 和 MUL 指令允许有多个输入，单击方框中参数 IN2，将会增加输入 IN3，以后增加的输入的编号依次递增。

5.6.1.2　CALCULTE 指令

可以使用"计算"指令 CALCULATE 定义和执行数学表达式，根据所选的数据类型计算复杂的数学运算或逻辑运算。

单击图 5-66 指令框中 CALCULATE 下面的 "???"，用出现的下拉式列表选择该指令的数据类型为 Real，根据所选的数据类型，可以用某些指令组合的函数来执行复杂的计算。单击指令框右上角的 图标，或双击指令框中间的数学表达式方框，打开图 5-67 下面的对话框。对话框给出了所选数据类型可以使用的指令，在该对话框中输入待计算的表达式，表达式可以包含输入参数的名称（INn）和运算符，不能指定方框外的地址和常数。

表 5-16   数学函数指令

指令	描 述	指令	描述	表 达 式
ADD	IN1+IN=OUT	SQR	计算平方	$IN^2 = OUT$
SUB	IN1−IN=OUT	SQRT	计算平方根	$a/I = OUT$
MUL	INI * IN=OUT	LN	计算自然对数	$LN (IN) = OUT$
DIV	IN1/IN=OUT	EXP	计算指数值	$e^{IN} = OUT$
MOD	返回除法的余数	SIN	计算正弦值	$sin (IN) = OUT$
NEG	将输入值的符号取反（求二进的补码）	COS	计算余弦值	$cos (IN) = OUT$
INC	将参数 IN/OUT 的值加 1	TAN	计算正切值	$tan (IN) = OUT$
DEC	将参数 IN/OUT 的值减 1	ASIN	计算反正弦值	$arcsin (IN) = OUT$
ABS	求有符号整数和实数的绝对值	ACOS	计算反余弦值	$arccos (IN) = OUT$
MIN	获取最小值	ATAN	计算反正切值	$arctan (IN) = OUT$
MAX	获取最大值	EXPT	取幂	$IN^{IN2} = OUT$
LIMIT	将输入值限制在指定的范围内	FRAC	提取小数	
T				

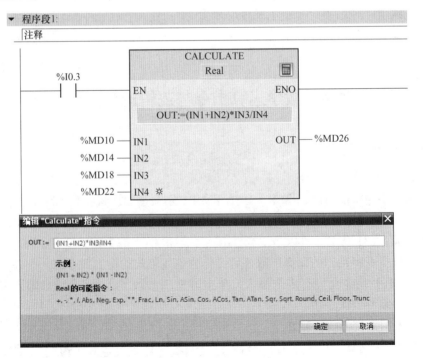

图 5-67   CALCULATE 指令实例

在初始状态下, 指令框只有两个输入 IN1 和 IN2。单击方框左下角的星号, 可以增加输入参数的个数。功能框按升序对插入的输入编号, 表达式可以不使用所有已定义的输入。

运算时使用方框外输入的值执行指定的表达式的运算, 运算结果传送到 MD26 中。

5.6.1.3 浮点数函数运算指令

浮点数 (实数) 数学运算指令 (见表 5-16) 的操作数 IN 和 OUT 的数据类型为 Real。

"计算指数值" 指令 EXP 和 "计算自然对数" 指令 LN 中的指数和对数的底数 e = 2.718282。"计算平方根" 指令 SQRT 和 LN 指令的输入值如果小于 0, 输出 OUT 为无效的浮点数。

三角函数指令和反三角函数指令中的角度均为以弧度为单位的浮点数。如果输入值是以度为单位的浮点数, 使用三角函数指令之前应先将角度值乘以 π/180.0, 转换为弧度值。

"计算反正弦值" 指令 ASIN 和 "计算反余弦值" 指令 ACOS 的输入值的允许范围为 −1.0 ~ 1.0, ASIN 和 "计算反正切值" 指令 ATAN 的运算结果的取值范围为 −π/2 ~ π/2 弧度, ACOS 的运算结果的取值范围为 0 ~ π。

求以 10 为底的对数时, 需要将自然对数值除以 2.302585 (10 的自然对数值)。例如 lgl00 = lnl00/2.302585 = 4.605170/2.30255 = 2。

5.6.1.4 其他数学函数指令

(1) MOD 指令。除法指令只能得到商, 余数被丢掉。可以用 "返回除法的余数" 指令 MOD 来求各种整数除法的余数 (见图 5-68), 输出 OUT 中的运算结果为除法运算 IN1/IN2 的余数。

图 5-68 MOD 指令和 INC 指令

(2) NEG 指令。"求二进制补码" (取反) 指令 NEG 将输入 IN 的值的符号取反后, 保存在输出 OUT 中。IN 和 OUT 的数据类型可以是 SInt、Int、DInt 和 Real, 输入 IN 还可以是常数。

(3) INC 与 DEC 指令。执行 "递增" 指令 INC 与 "递减" 指令 DEC 时, 参数 IN/OUT 的值分别被加 1 和减 1。IN/OUT 的数据类型为各种有符号或无符号的整数。

如果图 5-62 中的 INC 指令用来计 I1.4 动作的次数, 应在 INC 指令之前添加检测能流上升沿的 P_TRIG 指令; 否则在 I1.4 为 1 状态的每个扫描周期, MW64 都要加 1。

(4) ABS 指令。"计算绝对值" 指令 ABS 用来求输入 IN 中的有符号整数 (SInt、Int、DInt) 或实数 (Real) 的绝对值, 将结果保存在输出 OUT 中。IN 和 OUT 的数据类型应相同。

(5) MIN 与 MAX 指令。"获取最小值" 指令 MIN 比较输入 IN1 和 IN2 的值 (见

图 5-69），将其中较小的值送给输出端 OUT“获取最大值”指令 MAX 比较输入 IN1 和 IN2 的值，将其中较大的值送给输出端 OUT 输入参数和 OUT 的数据类型为各种整数和浮点数，可以增加输入的个数。

（6）LIMIT 指令。“设置限值”指令 LIMIT（见图 5-69）将输入 IN 的值限制在输入 MIN 与 MAX 的值范围之间。如果 IN 的值没有超出该范围，将它直接保存在 OUT 指定的地址中。如果 IN 的值小于 MIN 的值或大于 MAX 的值，将 MIN 或 MAX 的值输送给 OUT。

图 5-69　MIN 指令和 LIMIT 指令

（7）提取小数与取幂指令。“提取小数”指令 FRAC 将输入 IN 的小数部分传送到输出 OUT。“取幂”指令 EXPT 计算以输入 IN1 的值为底，以输入 IN2 为指数的幂（OUT = $IN1^{IN2}$），计算结果在 OUT 中。

5.6.2　逻辑运算指令

5.6.2.1　字逻辑运算指令

字逻辑运算指令对两个输入 IN1 和 IN2 逐位进行逻辑运算，运算结果在输出 OUT 指定的地址中，如图 5-70 所示。

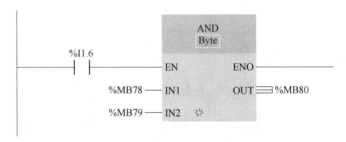

图 5-70　字逻辑运算指令

“与运算”（AND）指令的两个操作数的同一位如果均为 1，运算结果的对应位为 1，否则为 0（见表 5-17）。“或运算”（OR）指令的两个操作数的同一位如果均为 0，运算结果的对应位为 0，否则为 1。“异或运算”（XOR）指令的两个操作数的同一位如果不相同，运算结果的对应位为 1，否则为 0。以上指令的操作数 IN1、IN2 和 OUT 的数据类型为位字符串 Byte、Word 或 DWord。允许有多个输入，单击方框中的星号，将会增加输入的个数。

“求反码”指令 INV 将输入 IN 中的二进制整数逐位取反，即各位的二进制数由 0 变 1、由 1 变 0，运算结果存放在输出 OUT 指定的地址。

表 5-17 字逻辑运算举例

参　　　数	数　　　值
IN1	0101
	1001
IN2 或 INV 指令的 IN	1101
	0100
AND 指令的 OUT	0101
	0000
OR 指令的 OUT	1101
	1101
XOR 指令的 OUT	1000
	1101
INV 指令的 OUT	0010
	1011

5.6.2.2　解码与编码指令

如果输入参数 IN 的值为 n，"解码"（即译码）指令 DECO 将输出参数 OUT 的第 n 位置位为 1，其余各位置 0，相当于数字电路中译码电路的功能。利用解码指令，可以用输入 IN 的值来控制 OUT 中指定位的状态。如果输入 IN 的值大于 31，将 IN 的值除以 32 以后，用余数来进行解码操作。

IN 的数据类型为 UInt，OUT 的数据类型为位字符串 Byte、Word 和 DWord。

图 5-70 中 DECO 指令的参数 IN 的值为 5，OUT 为 2#0010 0000（16#20），仅第 5 位为 1。

"编码"指令 ENCO（Encode）与"解码"指令相反，将 IN 中为 1 的最低位的位号送给输出参数 OUT 指定的地址，IN 的数据类型可选 Byte、Word 和 Dword，OUT 的数据类型为 Int。如果 IN 为 2#00101000（即 16#28，见图 5-71），OUT 指定的 MW98 中的编码结果为 3。如果 IN 为 1 或 0，MW98 的值为 0。如果 IN 为 0，ENO 为 0 状态。

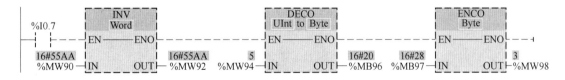

图 5-71　字逻辑运算指令

5.6.2.3　SEL 与 MUX、DEMUX 指令

"选择"指令 SEL（Select）的 Bool 输入参数 G 为 0 时选中 IN0（见图 5-72），G 为 1 时选中 IN1，选中的数值被保存到输出参数 OUT 指定的地址中。

"多路复用"指令 MUX（Multiplex）根据输入参数 K 的值，选中某个输入数据，并将它传送到输出参数 OUT 指定的地址。$K=m$ 时，将选中输入参数 INm。如果参数 K 的值大

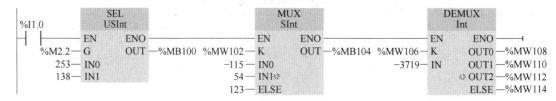

图 5-72   字逻辑运算指令

于可用的输入个数,则参数 ELSE 的值将复制到输出端 OUT 中,并且 ENO 的信号状态会被指定为 0 状态。

单击方框内的#符号,可以增加输入参数 INn 的个数。INn、ELSE 和 OUT 的数据类型应相同,它们可以取多种数据类型。参数 K 的数据类型为整数。

"多路分用"指令 DEMUX 根据输入参数 K 的值,将输入 IN 的内容复制到选定的输出,其他输出则保持不变。$K=m$ 时,将复制到输出 OUTm。单击方框中的 $*$ 符号,可以增加输出参数 OUTn 的个数。参数 K 的数据类型为整数,IN、ELSE 和 OUTn 的数据类型应相同,它们可以取多种数据类型。如果参数 K 的值大于可用的输出个数,参数 ELSE 就输出 IN 的值,并且 ENO 为 0 状态。

5.6.3　数学运算与逻辑运算指令应用举例

【例 5-18】　压力变送器的量程为 0~10MPa,输出信号为 0~10V,被 CPU 集成的模拟量输入的通道 0(地址为 IW64)转换为 0~27648 的数字。假设转换后的数字为 N,试求以 kPa 为单位的压力值。

【解】　0~10MPa(0~10000kPa)对应于转换后的数字 0~27648,转换公式为:

$$P = (10000 * N)/27648 (kPa)　　　　　　(5-1)$$

值得注意的是,在运算时一定要先乘后除,否则将会损失原始数据的精度。公式中乘法运算的结果可能会大于一个字能表示的最大值,因此应使用数据类型为双整数的乘法和除法,如图 5-73 所示。为此首先使用 CONV 指令,将 IW60 转换为双整数(Dnt)。

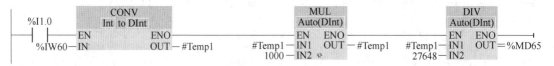

图 5-73　使用整数运算指令的压力计算程序

双整数除法指令 DIV 的运算结果为双整数,但是由上式知运算结果实际上不会超过 16 位正整数的最大值 32767,所以双字 MD65 的高位字 MW65 为 0,运算结果的有效部分在 MD65 的低位字 MW67 中。

【例 5-19】　使用浮点数运算计算上例以 kPa 为单位的压力值。将式(5-1)改写为式(5-2):

$$P = (10000 * TV)/27648 = 0.361690 * N (kPa)　　　　　　(5-2)$$

在 OB1 的接口区定义数据类型为 Real 的局部变量 Temp2,用来保存运算的中间结果。

【解】 用 CONV 指令将 IW64 中的数的数据类型转换为实数（Real），再用实数乘法指令完成式（5-2）的运算，如图 5-74 所示。最后使用四舍五入的 ROUND 指令，将运算结果转为整数。

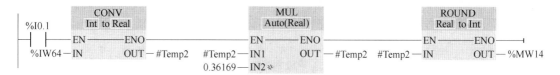

图 5-74 使用浮点数运算指令的计算程序

【例 5-20】 单按钮控制 5 台电动机的启停。

控制要求：按钮按数次，最后一次保持 1s 以上后，则号码与次数相同的电动机运行，再按按钮，该电动机停止，五台电动机接于 Q0.0~Q0.4。

【解】

（1）根据控制要求，分配输入输出端口，并画出端口的接线原理图。I/O 分配表见表 5-18，I/O 外部接线如图 5-75 所示。

表 5-18 单按钮控制 5 台电动机的 I/O 分配表

序号	输入设备	输入点	序号	输出设备	输出点
1	启动按钮 SB1	I0.0	1	电动机 1	Q0.0
			2	电动机 2	Q0.1
			3	电动机 3	Q0.2
			4	电动机 4	Q0.3
			5	电动机 5	Q0.4

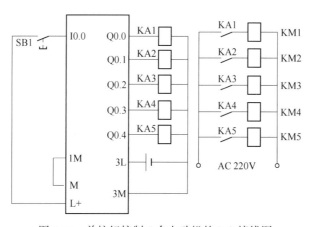

图 5-75 单按钮控制 5 台电动机的 I/O 接线图

（2）梯形图程序设计。

本例采用解码指令来实现其控制要求，主要解决以下几个问题：

1）用一个按钮控制 5 台电动机，则需对按钮所按次数进行计数。设 MB2 为计数器，用来存放按钮所按的次数。

2）对 MB2 的内容进行解码，结果放在 MW4 中，用定时器的触点作为主控条件，利用解码结果启动相应的电动机。

3），当按下 5 次后，再按一次则使电动机停止。可设置计数器 MB3，按钮成功输入计数一次，MB3 = 1，当再按一下时，MB3 = 2 则控制电动机停止。

单按钮控制 5 台电动机的梯形程序图程序如图 5-76 所示。

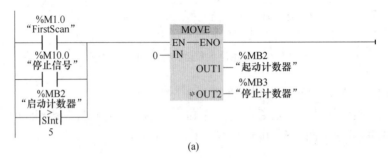

(a)

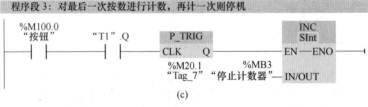

(b)

程序段 3：对最后一次按数进行计数，再计一次则停机

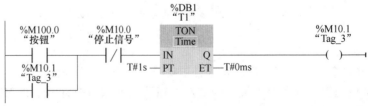

(c)

程序段 4：产生停止信号

(d)

程序段 5：按钮最后一次按下的时间要求超过 1s

(e)

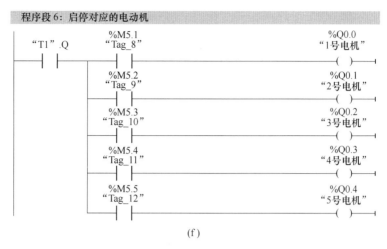

图 5-76　单按钮控制 5 台电动机的梯形程序图

（a）程序段 1；（b）程序段 2；（c）程序段 3；（d）程序段 4；（e）程序段 5；（f）程序段 6

（3）案例分析。本例采用一个按钮控制 5 台电动机的启停，实质上是使用解码指令，把需要起动的电动机号（二进制的数值）转换成位状态来控制电动机的启停。从某种意义上来看，编码和解码指令也是一种数字量与位变量之间的转换指令，如果能使用灵活，会使程序设计变得很简单。

5.7　程序控制指令及应用

5.7.1　跳转指令

5.7.1.1　跳转指令标签指令

没有执行跳转指令时，各个程序段按从上到下的先后顺序执行。跳转指令中止程序的顺序执行，使程序流程跳转到指令中的跳转标签所在的目的地址。跳转时不执行跳转指令与跳转标签（LABEL）之间的程序，跳到目的地址后，程序继续顺序执行。使能端输入有效时，程序跳转到指定标号处（同一程序内）；使能端输入无效时，程序顺序执行。跳转指令使用方法如图 5-77 所示。

图 5-77 是跳转指令在梯形图中应用的例子。程序中 M3.0 的常开触点闭合，跳转条件满足。"RLO 为 1 时跳转"指令的 JMP 线圈通电（跳转线圈为绿色），跳转被执行，将跳转到指令给出的跳转标签 TZ001 处，执行标签之后的第一条指令。被跳过的程序段的指令没有被执行，这些程序段的梯形图为灰色。如果跳转条件不满足，将继续执行跳转指令之后的程序。

跳转指令使用注意事项如下：

（1）由于跳转指令具有选择程序段的功能，在同一程序中且位于因跳转而不会被同时执行程序段中的同一线圈不被视为双线圈。

（2）在跳转发生的扫描周期中，被跳过的程序段停止执行。该程序段涉及的各输出

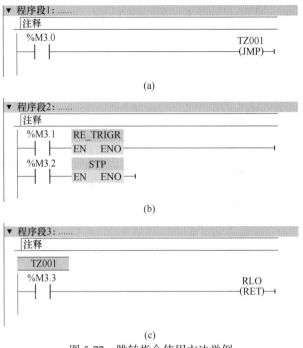

图 5-77   跳转指令使用方法举例

（a）程序段 1；（b）程序段 2；（c）程序段 3

器件的状态保持跳转前的状态不变，不响应程序相关的各种工作条件的变化。

（3）只能在同一个代码块内跳转，不能从一个代码块跳转到另一个代码块。在一个代码块内，跳转标签的名称只能使用一次。一个程度段中只能设置一个跳转标签。

（4）在跳转条件中引入上升沿或下降沿脉冲指令时，跳转只执行一个扫描周期。但若使用系统存储器 M1.2 作为跳转指令的工作条件，跳转就成为无条件跳转。

（5）标签在程序段的开始处，标签的第一个字符必须是字母，其余的可以是字母、数字和下划线。

跳转指令最常见的应用例子是程序初始化及设备的自动、手动两种工作方式涉及的程序段选择，图 5-78 是手动/自动转换梯形图。

在图 5-78 所示的程序段中，当 I1.2 常开触点接通时，执行第 1 条跳转指令，跳到标签 LP1 处，而 I1.2 的常闭触点断开，第 2 条跳转指令的条件不满足，顺序执行自动程序。同样，当 I1.2 的常开触点断开时，第 1 条跳转指令的条件不满足，顺序执行手动程序。此时，第 2 条跳转指令的条件满足，跳转到标签 LP2 处。从程序中可以看到任何时刻，只可能执行其中的一段程序，这样可以避免由于手动和自动控制的对象一致而引起的双线圈输出。

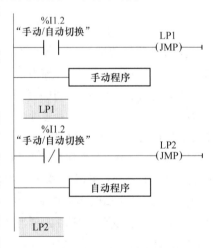

图 5-78   手动/自动转换梯形图

5.7.1.2   跳转分支指令与定义跳转列表指令

"跳转分支"指令 SWITCH 是根据一个或多个比较指令的结果，定义要执行的多个程序跳转。用参数 K 指定要比较的值，将该值与各个输入提供的值进行比较，可以为每个输入选择比较符号。

使用"定义跳转列表"指令 JMP-LIST，可以定义多个有条件跳转，并继续执行由参数 K 的值指定的程序段中的程序，用指令框的输出 DESTn 指定的跳转标签定义跳转，可以增加输出的个数。跳转分支指令和定义跳转列表指令的使用方法如图 5-79 所示。

在图 5-79 所示的程序段中，当 I2.0 接通时如果 MB6＝100，则程序将跳转到 LP1 指定的程序段；如果 MB6>5，则程序将跳转到 LP2 指定的程序段；如果 I 满足上述条件，则执行输出 ELSE 处的跳转到 LP3 所指定的程序段。若 M2.1 的常开触点接通时，如果 MW8 的值为 1，将跳转到标签 LP2 指定的程序段；如果 MW8 的值大于可用的输出编号，则继续执行块中下一个程序的程序。

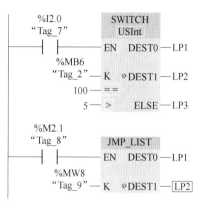

图 5-79 多分支跳转指令

5.7.1.3 RE_TRIGR 指令

监控定时器又称为看门狗（Watchdog），每次循环它都被自动复位一次，正常工作时最大循环周期小于监控定时器的时间设定值，它不会起作用。

如果循环时间大于监控定时器的设定时间，监控定时器将会起作用。可以在所有的块中调用"重新启动周期监视时间"指令 RE_TRIGR 来复位监控定时器。PLC 扫描时间最长只能延长到已组态最大循环时间的 10 倍。

在组态 CPU 时，可以用参数"循环周期监视时间"设置允许的最大循环时间，默认值为 150ms。

5.7.1.4 STP 指令与返回指令 RET

"退出程序"指令 STP 是指当其 EN 输入端有能流流入时，PLC 进入 STOP 模式。

"返回"指令 RET 是指有条件的结束块，它的线圈通电时，停止执行当前的块，不再执行该指令后面的指令，返回调用它的块。RET 指令的线圈断电时，继续执行它下面的指令。一般情况并不需要在块结束时使用 RET 指令来结束块，操作系统将会自动地完成这一任务。RET 线圈上面的参数是返回值，数据类型为 Bool，如果当前的块是组织块 OB，返回值被忽略。如果当前的块是 FC 或 FB，返回值作为 FC 或 FB 的 ENO 的值传送给调用它的块。返回值可以是 TRUE、FALSE 或指定位地址。

5.7.1.5 GET_ERROR 与 GET_ERR_ID 指令

"获取本地错误信息"指令 GET_ERROR 用输出参数 ERROR（错误）显示程序块内发生的错误，该错误通常为访问错误。#ERROR 是在 OB1 的接口区定义的系统数据类型为 Error Struct（错误结构）的临时局部变量。该数据类型的详细结构见该指令的在线帮助。符号"#"表示该变量为局部变量。

如果块内存在多处错误，更正了第一个错误后，该指令输出下一个错误的错误信息。

"获取本地错误 ID"指令 GET_ERR_ID 用来报告错误的 ID（标识符）。如果块执行时出现错误，且指令的 EN 输入为 1 状态，出现的第一个错误的标识符保存在指令的输出参数"ID"中，ID 的数据类型为 Word。第一个错误消失时，指令输出下一个错误的 ID。ID 代码的意义见该指令的在线帮助。

"获取本地错误信息"指令 GET_ERROR 和"获取本地错误 ID"指令 GET_ERR_ID 的使用方法如图 5-80 所示。

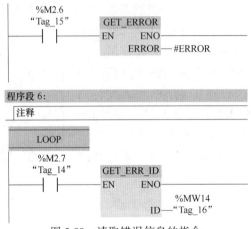

图 5-80　读取错误信息的指令

此外程序控制指令还有"启用/禁用 CPU 密码"指令 ENDIS_PW 和"测量程序运行时间"指令 RUNIME。

5.7.2　应用举例

【例 5-21】　彩灯控制。

控制要求：设计一个彩灯控制程序实现如下功能：（1）前 64s，16 个输出（Q0.0~Q1.7），初态为 Q0.0 闭合，其他打开，依次从最低位到最高位移位闭合，循环 4 次；（2）后 64s，16 个输出（Q0.0~Q1.7），初态为 Q1.7 和 Q1.6 闭合，其他打开，依次从最高位到最低位两两移位闭合，循环 8 次。

【解】　（1）根据控制要求，分配输入输出端口。I/O 分配表见表 5-19。

表 5-19　彩灯控制的 I/O 分配表

序号	输入设备	输入点	序号	输出设备	输出点
1	启动开关	I0.0	1~16	16 个彩灯	QW0

（2）梯形图程序设计。根据控制要求，可以把控制任务分解成以下几个小问题，再编程实现：

1）设计一个周期为 128s，占空比为 50% 的连续脉冲信号。根据控制要求，彩灯的点亮方式有两种：前 64s 为单灯循环点亮，后 64s 为双灯循环点亮，整个循环周期则是 128s，故可以采用设计的脉冲信号作为彩灯循环点亮的起动信号。

2）设计单灯循环点亮的程序。前 64s，要求 16 个灯从低位到高位依次循环点亮，每次亮一个灯，可以采用字循环左移指令实现。

3）设计双灯循环点亮的程序。后 64s，要求 16 个灯从高位到低位依次循环点亮，每次亮两个灯，可以采用字循环右移指令实现。彩灯控制的梯形图程序如图 5-81 所示。

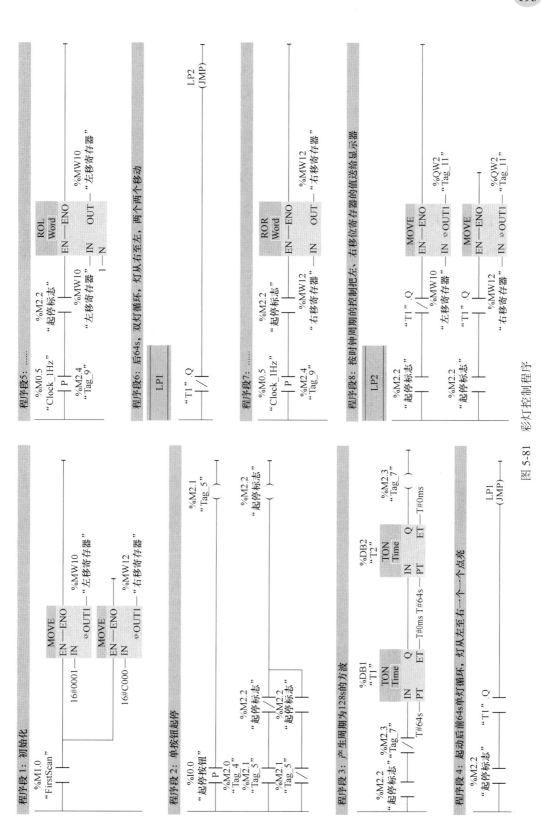

图 5-81 彩灯控制程序

（3）案例分析。在图 5-81 所示的程序中，首次扫描时，进行初始化设置，分别给左移寄存器 MW10 和右移寄存器 MW12 赋初值。当起停按钮 I0.0 按下时，起动标志 M2.2 接通，再按一下，M2.2 断开，程序段 3 产生周期为 128s 的脉冲。前 64s，T1.Q 的常开触点断开，顺序执行单灯循环点亮程序；常闭触点接通，跳转到标签 LP2；后 64s，T1.Q 的常开触点接通，跳转到标签 LP1 处去执行双灯循环点亮程序。

彩灯循环控制的程序设计有很多种方法，此例主要是用来介绍跳转指令的使用方法。

5.8　时钟日历指令

5.8.1　日期和时间指令

在 CPU 断电时，用超级电容保证实时时钟（Time-of-day Clock）的运行。保持时间通常为 20 天，40℃时最少为 12 天。打开在线与诊断视图，可以设置实时时钟的时间值，也可以用日期和时间指令来读、写实时时钟。

（1）日期时间的数据类型。数据类型 Time 的长度为 4 个字节，时间单位为 ms。数据结构 DTL（日期时间）见表 5-20，可以在全局数据块或块的接口区定义 DTL 变量。

表 5-20　数据结构 DTL

数据	字节数	取值范围	数据	字节数	取值范围
年的低两位	2	1970~2554	小时	1	0~23
月	1	1~12	分钟	1	0~59
日	1	1~31	秒	1	0~59
星期	1	1~7（星期日~星期六）	纳秒	4	0~999 999 999

（2）T_CONV 指令。日期和时间指令属于扩展指令。"转换时间并提取"指令 T_CONV 用于在整数和时间数据类型之间转换。使用实时时钟指令时，需要用指令名称下面的下拉式列表来选择输入、输出参数的数据类型。"转换时间并提取"指令 T_CONV 的使用方法如图 5-82 所示。

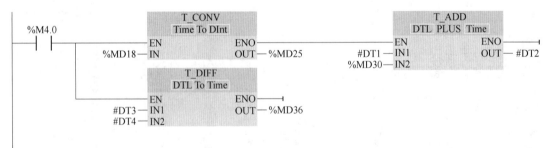

图 5-82　时间处理指令

（3）T_ADD 与 T_SUB 指令。"时间相加"指令 T_ADD 的输入参数 IN1 的值与 IN2 的值相加，"时间相减"指令 T_SUB 的输入参数 IN1 的值减去 IN2 的值，参数 OUT 是用来指定保存运算结果的地址。各参数的数据类型见指令的在线帮助。

（4）T_DIFF 指令和 T_COMBINE 指令。"时间值相减"指令 T_DIFF 将输入参数 IN1 中的时间值减去 IN2 中的时间值，结果发送到输出参数 OUT 指定的地址中。"组合时间"指令 T_COMBINE 用于合并日期值和时间值，并将其转换为合并后的日期时间值。

5.8.2　时钟指令

系统时间是格林尼治标准时间，本地时间是根据当地时区设置的本地标准时间。我国的本地时间（北京时间）比系统时间多 8 个小时。可以用 CPU 的巡视窗口设置时区。

"设置时间"指令 WR_SYS_T 用于设置 CPU 时钟的日期和系统时间，将输入 IN 的 DTL 值写入 PLC 的实时时钟。"读取时间"指令 RD_SYS_T 和"读取本地时间"指令 RD_LOC_T 是将读取 PLC 的系统时间和 PLC 本地时间保存在输出 OUT 指定的地址中，数据类型为 DTL。上述时间值不包括对本地时区和夏令时的补偿。输出参数 RET_VAL 是返回的指令执行的状态信息，数据类型为 Int。

生成全局数据块"数据块_1"，在其中生成数据类型为 DTL 的变量 DT1~DT3。"写时间"（M3.2）为 1 状态时，"写入本地时间"指令 WR_LOC_T（见图 5-83），将输入参数 LOCTIME 输入的日期时间作为本地时间写入实时时钟。参数 DST 与夏令时有关，我国不使用夏令时。

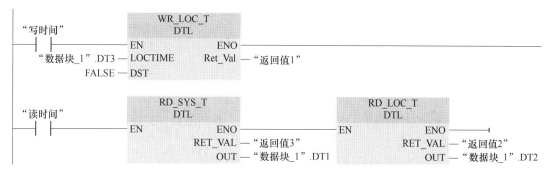

图 5-83　读写时间指令与数据块

"读时间"（M3.1）为 1 状态时，"读取本地时间"指令 RD_LOC_T 的输出 OUT 提供数据类型为 DTL 的 PLC 中的当前日期和本地时间。为了保证读取到正确的时间，在组态 CPU 的属性时，应设置实时时间的时区为北京，不使用夏令时。图 5-83 给出了同时读出的系统时间 DT1 和本地时间 DT2，本地时间要多 8 个小时。

"设置时区"指令 SET_TIMEZONE 用于设置本地时区和夏令时/标准时间切换的参数。

"运行时间定时器"指令 RTM 用于对 CPU 的 32 位运行小时计数器的设置、启动、停止和取操作。

5.8.3　应用举例

【例 5-22】　当时间达到 2021 年 8 月 22 日 20 点 30 分的时候，CPU 转停止。

【解】　在全局数据块 DATA 中定义一个数据类型为 DTL 的变量 DT TIME，使用 RD_LOC_T 指令读取本地时间，并存储在 DT TIME 中，使用 DT4 中对应的存储器与实时的日期与时间进行比较，完全一致时执行 STP 指令。梯形图程序如图 5-84 所示。

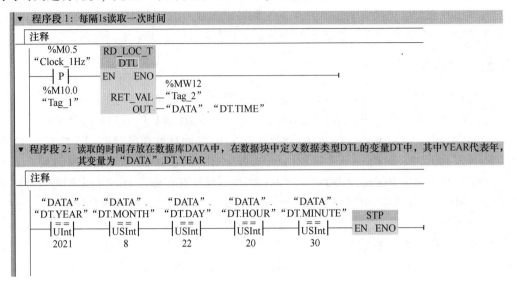

图 5-84　梯形图程序

【例 5-23】　试设计一个简易定时报时器，完成别墅花园的灯光报警控制。
控制要求：

（1）早上 6 点半，电铃（Q0.0）每秒响一次，六次后自动停止；

（2）9:00~17:00，启动住宅报警系统（Q0.1）；

（3）晚上 6 点开园内照明（Q0.2）；

（4）晚上 10 点关园内照明（Q0.2）。

【解】　（1）根据控制要求，分配输入输出端口，并画出端口的接线原理图。
I/O 地址分配表见表 5-21，I/O 端口接线图如图 5-85 所示。

表 5-21　简易定时报时器 I/O 分配表

序号	输入设备	输入点	序号	输出设备	输出点
1	系统启动开关 QS	I0.0	1	电铃	Q0.0
			2	启动住宅报警系统继电器 KA1	Q0.1
			3	开/关园内照明继电器 KA2	Q0.2

（2）梯形程序设计。完成本例的控制要求，要解决以下几个问题：

1）产生一个实时时钟，即一个周期为 24h 循环时钟信号。可以采用读取本地时间 RD_LOC_T 指令直接读取系统时钟，获取实时时钟信号。

2）能按设定时间进行控制，采用获取的实时时间，与设定值进行比较，利用比较结果进行相关控制。简易定时报时器的梯形图程序如图 5-86 所示。

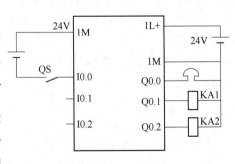

图 5-85　I/O 端口接线图

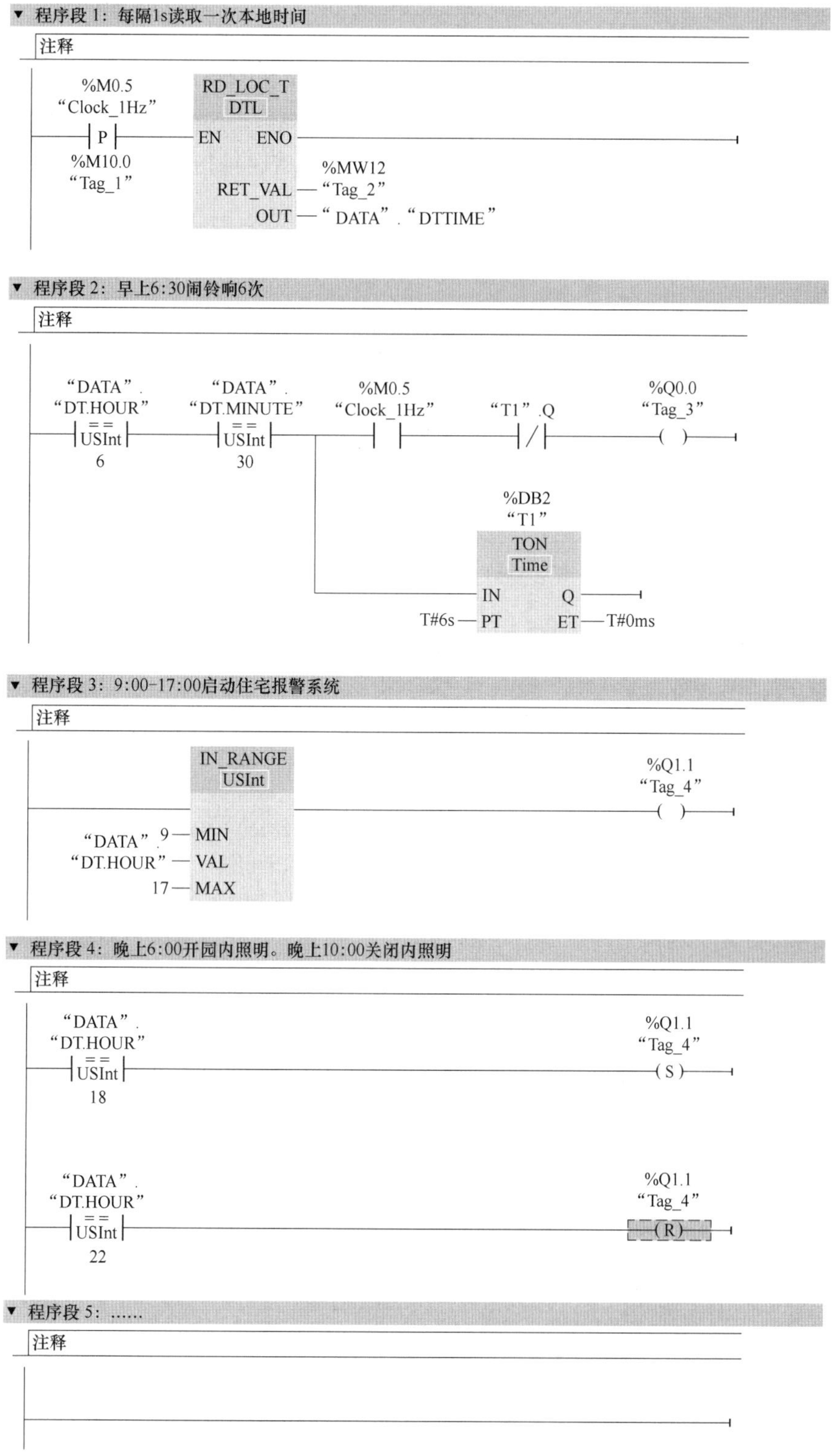

▼ 程序段 1：每隔1s读取一次本地时间

注释

```
    %M0.5          RD_LOC_T
  "Clock_1Hz"        DTL
     ┤P├        EN      ENO
    %M10.0
    "Tag_1"                      %MW12
                   RET_VAL ─── "Tag_2"
                       OUT ─── "DATA"."DTTIME"
```

▼ 程序段 2：早上6:30闹铃响6次

注释

```
  "DATA".        "DATA".        %M0.5         "T1".Q         %Q0.0
 "DT.HOUR"     "DT.MINUTE"   "Clock_1Hz"                   "Tag_3"
    ┤==├          ┤==├           ┤ ├            ┤/├           ( )
   USInt          USInt
     6             30

                                          %DB2
                                          "T1"
                                          TON
                                          Time
                                     IN         Q
                                T#6s─PT        ET─T#0ms
```

▼ 程序段 3：9:00-17:00启动住宅报警系统

注释

```
              IN_RANGE
               USInt                        %Q1.1
                                           "Tag_4"
                                             ( )
   "DATA". 9 ─ MIN
  "DT.HOUR" ── VAL
         17 ─ MAX
```

▼ 程序段 4：晚上6:00开园内照明。晚上10:00关闭内照明

注释

```
   "DATA".                                  %Q1.1
  "DT.HOUR"                                "Tag_4"
    ┤==├                                     (S)
   USInt
     18


   "DATA".                                  %Q1.1
  "DT.HOUR"                                "Tag_4"
    ┤==├                                     (R)
   USInt
     22
```

▼ 程序段 5：……

注释

图 5-86　简易定时报时器的梯形图程序

（3）实例分析。设计简易定时报时器的关键是设计一个实时的时钟信号。产生实时时钟的方法很多，可以利用内部时钟脉冲信号和计数器结合使用即可构成。从控制要求来看，时钟的定时精度不高，故可按每 15min 为一个设定单位，共 96 个时间单元来设计。

也可以使用多个定时器来设计，本例采取的方法是利用系统的扩展指令直接读取本地时间，以获得实时时钟。当然使用此方法的前提是 CPU 有时钟指令。

习　题

5-1　什么叫编程语言，S7-1200 PLC 常用的编程语言主要有哪几种？

5-2　在梯形图中地址相同的输出继电器重复使用会带来什么结果？

5-3　4 种边沿检测指令各有什么特点？

5-4　在全局数据块中生成数据类型为 IEC_TIMER 的变量 T1，用它提供定时器的背景数据，实现接通延时定时器的功能。

5-5　在全局数据块中生成数据类型为 IEC_CONTER 的变量 C1，用它提供计数器的背景数据，实现加计数器的功能。

5-6　设计一个控制交流电动机正转、反转和停止的用户程序，要求从正转运行到反转运行之间的切换必须有 2s 延时。

5-7　编写单按钮单路启/停控制程序，控制要求为：单个按钮（I0.0）控制一盏灯，第一次按下时灯（Q0.1）亮，第二次按下时灯灭，……，即奇数次灯亮，偶数次灯灭。

5-8　编写单按钮双路启/停控制程序，控制要求为：用一个按钮（I0.0）控制两盏灯，第一次按下时第一盏灯（Q0.0）亮，第二次按下时第一盏灯灭，同时第二盏灯（Q0.1）亮，第三次按下时第二盏灯灭，第四次按下时第一盏灯亮，如此循环。

5-9　请用通电延时定时器构造断电延时型定时器。设定断电延时时间为 10s。

5-10　用 PLC 设计一个闹钟，每天早上 6：00 闹铃。试编程其梯形图程序。

5-11　用 PLC 的置位、复位指令实现彩灯的自动控制。控制过程为：按下启动按钮，第一组花样绿灯亮；10s 后第二组花样蓝灯亮；20s 后第三组花样红灯亮，30s 后返回第一组花样绿灯亮，如此循环，并且仅在第三组花样红灯亮后方可停止循环。

5-12　如图 5-87 所示为一台电动机启动的工作时序图，试画出梯形图。

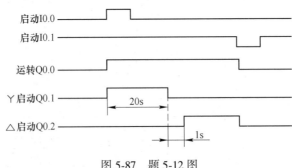

图 5-87　题 5-12 图

5-13　用 3 个开关（I0.1、I0.2、I0.3）控制一盏灯 Q1.0，当 3 个开关全通或者全断时灯亮，其他情况灯灭。（提示：使用比较指令。）

5-14　用 3 台电动机相隔 5s 启动，各运行 20s，循环往复。使用移位指令和比较指令完成控制要求。

5-15　现有 3 台电动机 M1、M2、M3，要求按下启动按钮 I0.0 后，电动机按顺序启动（M1 启动，接着

M2 启动，最后 M3 启动），按下停止按钮 I0.1 后，电动机按顺序停止（M3 先停止，接着 M2 停止，最后 M1 停止）。试设计其梯形图程序。

5-16　如图 5-88 所示为两组带机组成的原料运输自动化系统，该自动化系统的启动顺序为：盛料斗 D 中无料，先启动带机 C，5s 后再启动带机 B，经过 7s 后再打开电磁阀 YV，该自动化系统停机的顺序恰好与启动顺序相反。试完成梯形图程序设计。

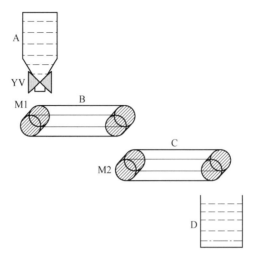

图 5-88　题 5-16 图

5-17　如图 5-89 所示，若传送带上 20s 内无产品通过则报警，并接通 Q0.0。试画出梯形图并写出指令表。

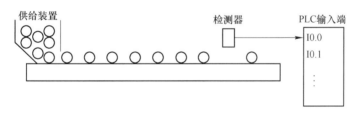

图 5-89　题 5-17 图

5-18　AIW64 中 A/D 转换得到的数值 0~27648 正比于温度值 0~800℃。用整数运算指令编写程序，在 I0.2 的上升沿，将 IW64 输出的模拟值转换为对应的温度值（单位为 0.1℃），存放在 MW30 中。

5-19　频率变送器的量程为 45~55Hz，被 IW96 转换为 0~27648 的整数。用"标准化"指令和"缩放"指令编写程序，在 I0.2 的上升沿，将 AIW96 输出的模拟值转换为对应的浮点数频率值，单位为 Hz，存放在 MD34 中。

5-20　编写将 MW100 的高、低字节内容互换并将结果送入定时器作为定时器预置值的程序。

5-21　移位指令构成移位寄存器，实现广告牌字的闪烁控制。用 HL1~HL4 四只灯分别照亮"欢迎光临"四个字，其控制要求见表 5-22，每步间隔 1s。

表 5-22　广告牌字闪耀流程

流程	1	2	3	4	5	6	7	8
HL1	√				√		√	
HL2		√			√		√	

流程	1	2	3	4	5	6	7	8
HL3			√		√		√	
HL4				√	√		√	

5-22 运用算术运算指令完成算式 $[(100+200)×10]/3$ 的运算，并画出梯形图。

5-23 编写一段检测上升沿变化的程序。每当 I0.1 接通一次，MB2 的数值增加 1，如果计数达到 18 时，Q0.1 接通，用 I0.2 使 Q0.1 复位。

5-24 编写一段程序，将 MB100 开始的 50 个字的数据传送到 MB1000 开始的存储区。

5-25 编写程序，将 MW10 中的电梯轿厢所在的楼层数转换为 2 位 BCD 码后送给 QB2，通过两片译码驱动芯片和七段显示器显示楼层数。

5-26 编写程序，I0.2 为 1 状态时求出 MW50～MW56 中最小的整数，存放在 MW58 中。

5-27 试用编码指令实现某喷水池花式喷水控制。控制流程要求为第一组喷嘴喷水 4s，第二组喷嘴喷水 2s，两组喷嘴同时喷水 2s，都停止喷水 1s，重复以上过程。

5-28 设计循环程序，求 DB1 中 10 个浮点数数组元素的平均值。

6 S7-1200 PLC 的程序结构

【知识要点】

函数、函数块、数据块、中断与组织块的结构与使用方法。

【学习目标】

了解 S7-1200 PLC 编程的结构，理解结构化编程的思路，掌握函数、函数块，中断和组织块的结构与使用方法

6.1 S7-1200 PLC 的编程方法

S7-1200 PLC 提供了 3 种程序设计方法，即线性化编程、模块化编程和结构化编程。

6.1.1 线性化编程

线性化编程类似于继电接触器控制电路，整个用户程序放在循环控制组织块 OB1（主程序）中，如图 6-1 所示。循环扫描时不断地依次执行 OB1 中的全部指令。线性化编程具有不带分支的简单结构：一个简单的程序块包含系统的所有指令。这种方式的程序结构简单，不涉及功能块、功能、数据块、局域变量和中断等较复杂的概念，容易入门。

图 6-1 是线性化编程示意图，由于所有的指令都在一个块中，即使程序中的某些部分代码在大多数时候并不需要执行，但循环扫描工作方式中每个扫描周期都要扫描执行所有的指令，CPU 因此额外增加了不必要的负担，不能有效充分被利用。此外，如果要求多次执行相同或类似的操作，线性化编程的方法需要重复编写相同或类似的程序。

图 6-1 线性化编程示意图

通常不建议用户采用线性化编程的方式，除非是刚入门或者程序非常简单。

6.1.2 模块化编程

模块化编程是将程序分为不同的逻辑块，每个块中包含完成某部分任务的功能指令。组织块 OB1 中的指令决定块的调用和执行，被调用的块执行结束后，返回到 OB1 中程序块的调用点，继续执行 OB1，该过程如图 6-2 所示。模块化编程中，OB1 起着主程序的作用，功能（FC）或功能块（FB）控制着不同的过程任务，如电动机控制、电动机相关信

息及其运行时间等，相当于主循环程序的子程序。模块化编程中被调用块不向调用块返回数据。

　　模块化编程中，在主循环程序和被调用的块之间没有数据的交换。同时，控制任务被分成不同的块，方便几个人同时编程，而且相互之间没有冲突、互不影响。此外，将程序分成成若干块，将方便调试程序和查找故障。OB1 中的程序包含有调用不同块的指令，由每次循环中不是所有的块都执行，只有需要时才调用有关的程序块，这样将有助于提高CPU 的利用效率。

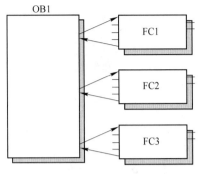

图 6-2　模块化编程示意图

　　建议用户在编程时采用模块化编程，程序结构清晰，可读性强，调试方便。

6.1.3　结构化编程

　　结构化编程是通过抽象的方式将复杂的任务分解成一些能够反映过程的工艺、功能或可以反复使用的可单独解决的小任务，这些任务由相应的程序块（或称为逻辑块）来表示，程序运行时所需的大量数据和变量存储在数据块中，某些程序块可以用来实现相同或相似的功能。这些程序块是相对独立的，它们被 OB1 或其他程序块调用。

　　在块调用中，调用者可以是各种逻辑块，包括用户编写的组织块（OB）、FB、FC 和系统提供的SFB 和 SFC，被调用的块是 OB1 之外的逻辑块。调用 FB 时需要为它指定一个背景数据块，后者随 FB 的调用而打开，在调用结束时自动关闭，如图 6-3 所示。

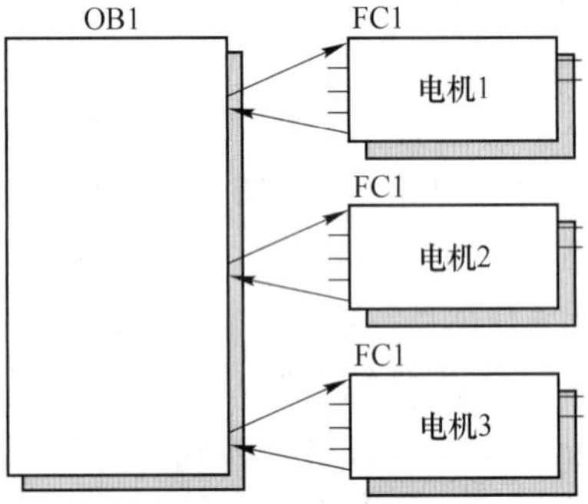

图 6-3　结构化编程示意图

　　和模块化编程不同，结构化编程中通用的数据和代码可以共享。结构化编程具有如下优点。

　　（1）各单个任务块的创建和测试可以相互独立地进行。

　　（2）通过使用参数，可将块设计得十分灵活。例如可以创建一个钻孔程序块，其坐标和钻孔深度可以通过参数传递进来。

　　（3）块可以根据需要在不同的地方以不同的参数数据记录并进行调用。

　　（4）在预先设计的库中，能够提供用于特殊任务的"可重用"块。

　　建议用户在编程时根据实际工程特点采用结构化编程方式，通过传递参数使程序块重复调用，结构清晰，调试方便。

　　结构化编程中用于解决单个任务的块使用局部变量来实现对其自身数据的管理，它不仅通过其块参数来实现与"外部"的通信，即与过程控制中的传感器和执行器，或者与用户程序中的其他块之间的通信。在块的指令段中，不允许访问如输入、输出、位存储器或 DB 中的变量这样的全局地址。

　　局部变量分为临时变量和静态变量。临时变量是当块执行时，用来暂时存储数据的变量，局部变量可以应用于所有的块（OB、FC、FB）中。若那些在块调用结束后还需要保持原值的变量则必须存储为静态变量，静态变量只能用于 FB 中。当块执行时，临时变量被用来临时存储数据，当退出该块时这些数据将丢失，这些临时数据都存储在局部数据堆栈（LStack）中。

临时变量的定义是在块的变量声明表中定义的，在"temp"行中输入变量名和数据类型，临时变量不能赋初值。当块保存后，地址栏中将显示该临时变量在局部数据堆栈中的位置。可以采用符号地址和绝对地址来访问临时变量，但为了使程序可读性强，最好采用符号地址来访问。

程序编辑器可以自动地在局部变量名前加上"#"号进行标识以区别于全局变量，局部变量只能在变量表中对其进行定义的块中使用。

6.2 函数和数据块

6.2.1 块的概述

6.2.1.1 块的简介

在 PLC 的操作系统中包含了用户程序和系统程序，操作系统已固化在 CPU 中，它提供 CPU 运行和调试的机制。操作系统是按照事件来驱动扫描用户程序的，主要用来实现与特定的控制任务无关的功能，处理 PLC 的启动、刷新过程映像输入/输出表、调用用户程序、处理中断和错误、管理存储区和处理通信等。用户程序则是为了完成特定的控制任务，是由用户编写的程序。用户程序通常包括组织块（OB）、函数块（FB）、函数（FC）和数据块（DB）。用户程序中块的结构示意图如图 6-4 所示。

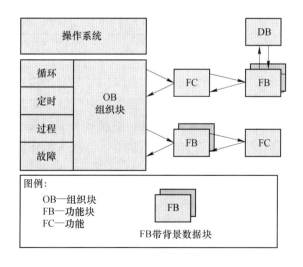

图 6-4 用户程序中块的结构示意图

用户程序中的块的说明见表 6-1。

表 6-1　用户程序中的块的说明

块	简 要 描 述
组织块（OB）	操作系统与用户程序的接口，决定用户程序的结构
函数块（FB）	用户编写的包含经常使用的功能的子程序，有专用的背景数据块
函数（FC）	用户编写的包含经常使用的功能的子程序，没有专用的背景数据块
背景数据块（DB）	用于保存 FB 的输入、输出参数和静态变量，其数据在编译时自动生成
全局数据块（DB）	存储用户数据的数据区域，供所有的代码块共享

6.2.1.2　块的结构

块是由变量声明表和程序组成。每个逻辑块都有变量声明表，变量声明表是用来说明块的局部数据。而局部数据包括参数和局部变量两大类。在不同的块中可以重复声明和使用同一局部变量，因为它们在每个块中仅有效一次。

局部变量包括两种：静态变量和临时变量。

参数是在调用块和被调用块之间传递的数据，包括输入、输出和输入/输出变量。表6-2 为局部数据声明类型。

表 6-2　局部数据声明类型

变量名称	变量类型	简 要 描 述
输入	Input	为调用模块提供数据，输入给逻辑模块
输出	Output	从逻辑模块输出数据结果
输入/输出	InOut	参数值既可以输入，也可以输出
静态变量	Static	静态变量存储在背景数据块中，块调用结束后，变量被保留
临时变量	Temp	临时变量存储 L 堆栈中，块执行结束后，变量消失
常量	Constant	常量是在块中使用并且带有声明的符号名的常数

6.2.1.3　块的调用

块调用即子程序调用，调用者可以是 OB、FB 及 FC 等各种逻辑块，被调用的块是除 OB 之外的逻辑块。调用 FB 时需要指定背景数据块。块可以嵌套调用，即被调用的块又可以调用其他的块，允许嵌套调用的层数与 CPU 的型号有关。块嵌套调用的层数还受到 L 堆栈大小的限制。每个 OB 需要至少 20B 的 L 内存。当块 A 调用块 B 时，块 A 的临时变量将压入 L 堆栈。

图 6-5 中，OB1 调用了 FB1，FB1 又调用了 FC1。应创建块的顺序是，先创建 FC1，然后创建 FB1 及其背景数据块，也就是说，在编程时要保证被调用的块已经存在了。

图 6-5 中，OB1 还调用了 FB2，FB2 调用了 FB1，FB1 调用了 FC21，这些都是嵌套调用的例子。

从程序循环组织块 OB1 或启动组织块 OB1 开始，嵌套深度最多为 16 层；从中断 OB 开始，嵌套深度为最多为 6 层。

可嵌套块调用以实现模块化的结构。在图 6-5 中，嵌套深度为 3；程序循环 OB 加 3 层对代码块的调用。

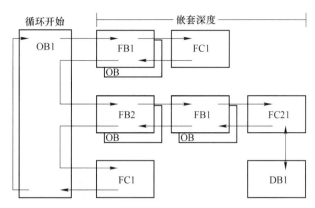

图 6-5 块调用的分层结构示意图

6.2.2 函数（FC）及其应用

6.2.2.1 函数（FC）简介

函数（FC）是用户编写的程序块，是不带存储器的代码块。由于没有存储参数值的数据存储器，因此调用函数时，必须给所有形参分配实参。

FC 里有一个局部变量表和块参数。局部变量表里有：Input（输入参数）、Output（输出参数）、Inout（输入/输出参数）、Temp（临时数据）、Return（返回值 RET_VAL）。Input（输入参数）将数据传递到被调用的块中进行处理。Output（输出参数）是将结果传递到调用的块中。Inout（输入/输出参数）将数据传递到被调用的块中，在被调用的块中处理数据后，再将被调用的块中发送的结果存储在相同的变量中。Temp（临时数据）是块的本地数据，并且在处理块时将其存储在本地数据堆栈。关闭并完成处理后，临时数据就不能再访问。Return 包含返回值 RET_VAL。

6.2.2.2 函数（FC）应用举例

函数（FC）类似于 VB 语言中的子程序，用户可以将具有相同控制过程的程序编写在 FC 中，然后在主程序 Main［OB1］中调用。创建函数的步骤是：先建立一个项目，然后在 TIA 软件项目视图的项目树中，选中"已经添加的设备"（如：PLC-1）→"程序块"→"添加新块"，即可弹出要插入函数的界面。下面用 3 个例题讲解函数（FC）的使用方法。

【例 6-1】用函数 FC 实现电动机的启停控制（1）。

【解】（1）新建一个项目，本例为"启停控制"。在 TIA 软件项目视图的项目树中选中并单击已经添加的设备"PLC1"→"程序块"→"添加新块"，如图 6-6 所示，弹出添加块界面。在"添加新块"界面中，选择创建块的类型为"函数"，再输入函数的名称（本例为启停控制），之后选择编程语言（本例为 LAD），最后单击"确定"按钮，弹出函数的程序编辑器界面。

（2）在"程序编辑器"中，输入如图 6-7 所示的程序，此程序能实现启停控制，再保存。

（3）在 TIA 软件项目视图的项目树中，双击"Main［OB］"，打开主程序"Main

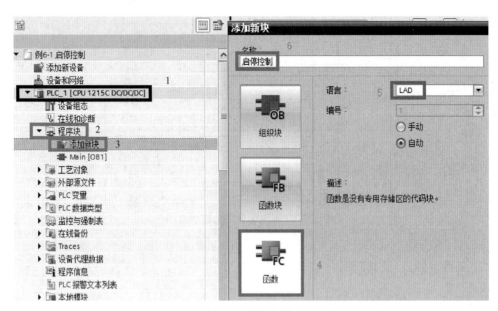

图 6-6   添加新块

图 6-7   函数 FC1 中的程序

[OB]"，选中新创建的函数"启停控制［FC1］"，并将其拖拽到程序编辑器中，如图 6-8 所示。至此，项目创建完成。

在例 6-1 中，只能用 I0.0 实现启动，用 I0.1 实现停止，这种函数调用方式是绝对调用，灵活性不够，例 6-2 将采用参数调用的方式实现电动机的启停控制。

图 6-8　在主程序中调用 FC1

【例 6-2】用函数实现电动机的启停控制（2）。

【解】（1）新建一个项目，添加新块，步骤与例 6-1 中的第一步相同，这里不再介绍。

（2）在 TIA 软件项目视图的项目树中，双击函数块"启停控制"，打开函数，弹出"程序编辑器"界面，先选中 Input（输入参数），新建参数"Start"和"Stop"数据类型为"Bool"，再选中 Inout（输入/输出参数），新建参数"Motor"，数据类型为"Bool"，最后在程序段 1 中输入程序，注意参数前都要加"#"，如图 6-9 所示。

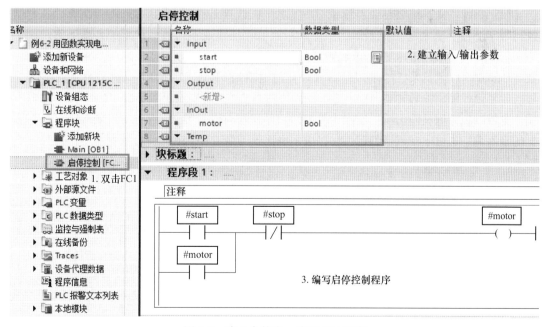

图 6-9　建立参数表，编写 FC1 程序

（3）在 TIA 软件项目视图的项目树中，双击"Main［OB1］"，打开主程序块"Main

[OB]",选中新创建的函数"启停控制[FC1]",并将其拖到程序编辑器中。如图 6-10 所示。如果将程序下载到 PLC 中,就可以实现"启停控制"。

这个程序的函数"FC1"的调用比较灵活,与例 6-1 不同,启动不只限于 I0.0,停止不只限于 I0.1,在编写程序时,可以灵活分配应用。

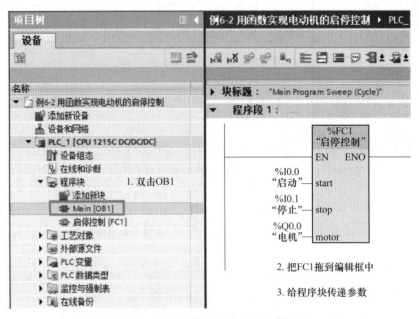

图 6-10 在主程序 OB1 中调用函数 FC1

【例 6-3】 某系统采集一路模拟量(温度),温度的范围是 0~200℃,要求对温度值进行数字滤波,算法是:把最新的三次采样数值相加,取平均值,即是最终温度值。

【解】 数字滤波的程序是函数 FC1,先创建一个空的函数,打开函数,并创建输入参数"GatherV",就是采样的模拟量输入值;创建输出参数"ResultV",就是数字滤波的结果。创建输入输出参数"FirstV""SecondV""ThirdV",输入输出参数既可以在方框的输入端,也可以在方框的输出端,应用比较灵活;创建临时变量参数"Temp1"参数既可以在方框的输入端,也可以在方框的输出端,应用也比较灵活。FC1 的局部变量表如图 6-11 所示。

		名称	数据类型	默认值	注释
		数字滤波			
1	◀ ▼	Input			
2	◀ ■	GatherV	Real		
3	◀ ▼	Output			
4	◀ ■	ResultV	Real		
5	◀ ▼	InOut			
6	◀ ■	FirstV	Real		
7	◀ ■	SecondV	Real		
8	◀ ■	ThirdV	Real		
9	◀ ▼	Temp			
10	◀ ■	Temp1	Real		
11	◀ ▼	Constant			
12	◀ ■	Con1	Real	0.0	
13	◀ ▼	Return			
14	◀ ■	数字滤波	Void		

图 6-11 数字滤波 FC1 的局部参数表

在 FC1 中，编写滤波梯形图程序，如图 6-12 所示。

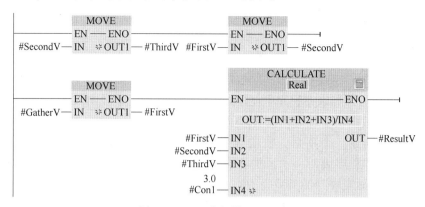

图 6-12 FC1 中的梯形图程序

在主程序中，编写梯形图程序，如图 6-13 所示。先对采集的模拟量进行标准化，再进行缩放得到工程量（温度值）放在 MD14 中，再把采集到的三个数分别放在 MD18、MD22、MD26 中，取平均值后结果存放在 MD30 中。

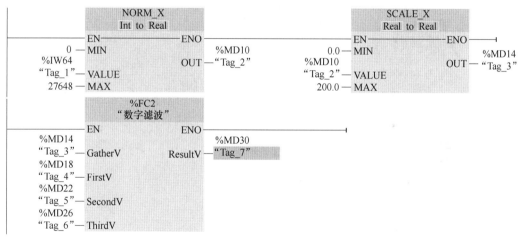

图 6-13 OB1 中的梯形图程序

6.2.3 数据块（DB）及其应用

6.2.3.1 数据块（DB）简介

数据块（DB）是用于存储用户数据及程序的中间变量。新建数据块时，默认状态是优化的存储方式且数据块中存储的变量是非保持的。数据块占用 CPU 的装载存储区和工作存储区，与标识存储器的功能类似，都是全局变量，不同的是：M 数据区的大小在 CPU 技术规范中已定义，且不可扩展，而数据块存储区由用户定义，最大不能超过工作存储区或装载存储区，S1200 PLC 的非优化数据最大数据空间为 64kB。而优化的数据块的存储空间要大得多，但其存储空间与 CPU 的类型有关。有的程序中（如有的通信程序），只能使用非优化数据块，多数的情形可以使用优化和非优化数据块，但应优先使用优化数据块。

按照功能，数据块 DB 可以分为：全局数据块、背景数据块和基于数据类型（用户定义数据类型、系统数据类型和数组类型）的数据块。

6.2.3.2　全局数据块（DB）及其应用

全局数据块用来存储程序数据，因此，数据块包含用户程序使用的变量数据。用户程序可以使用位、字节、字或双字来访问数据块中的数据，可以使用符号或绝对地址。全局数据块必须在创建后才可以在程序中使用。下面用一个例子来说明数据块的使用方法。

【例 6-4】　用数据块实现电动机的启停控制。

【解】　（1）新建一个项目，在项目视图的项目树中选中并单击"新添加的设备"（本例为 PLC_1→"程序块"→"添加新块"），弹出界面"添加新块"，在"添加新块"界面中，选中"添加新块"的类型为 DB，输入数据块的名称，再单击"确定"按钮，即可添加一个新的数据块，但此数据块中没有数据。操作过程如图 6-14 所示。

图 6-14　新建一个数据块

（2）打开"数据块 1"，在"数据块 1"的编辑界面中，新建一个变量 SB1，如是非优化的访问数据块，其地址实际就是 DB1.DBX0.0。如果是优化的访问数据块，则采用的是符号地址如"数据块 1".SB1，如图 6-15 所示。

		名称	数据类型	起始值	保持	可从 HMI/...	从 H...	在 HMI ...	设定值
1	◀	▼ Static							
2	◀	■ SB1	Bool	false	☐	☑	☑	☑	☐
3	◀	■ SB2	Bool	false	☐	☑	☑	☑	☐

图 6-15　在数据块中新建变量

（3）在"程序编辑器"中，输入如图 6-16 所示的程序，此程序能实现启停控制，最后保存程序。

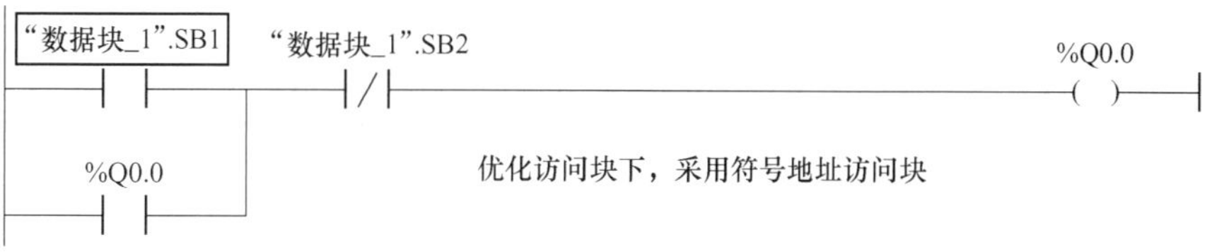

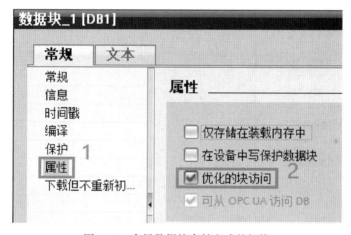

图 6-16　OB1 中的梯形图（1）

在数据块创建后，在全局数据块的属性中可以切换存储方式。在项目视图的项目树中，选中并单击"数据块 1"，单击鼠标右键，在弹出的快捷菜单中，单击"属性"选项，弹出如图 6-17 所示的界面，选中"属性"，如果取消"优化的块访问"，则切换到"非优化存储方式"。如果是"非优化存储方式"，可以使用绝对方式访问该数据块（如 DB1.DBX.0）；如是"优化存储方式"，则只能采用符号方式访问该数据块（如"数据块 1".SB1）。

图 6-17　全局数据块存储方式的切换

选择为非优化的块访问后，OB1 中的程序如图 6-18 所示。

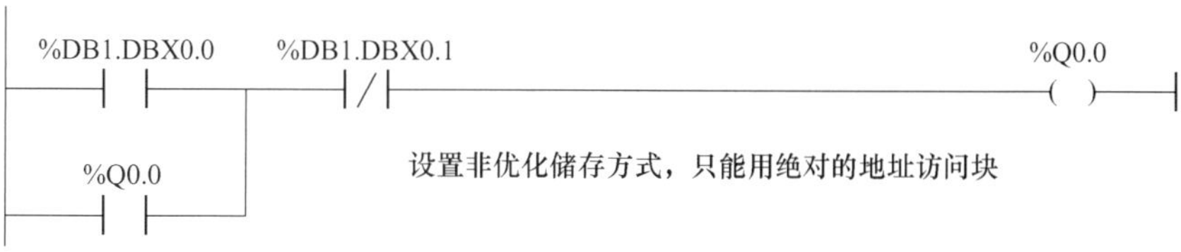

图 6-18　OB1 中的梯形图（2）

6.2.3.3　数组 DB 及其应用

数组 DB 是一种特殊类型的全局数据块，它包含一个任意数据类型的数组。其数组可以为基本数据类型，也可以是 PLC 数据类型的数组。创建数组 DB 时，需要输入数组数据类型和数组上限，创建完数组 DB 后，可以修改其数组上限，但不能修改数据类型。数组 DB 始终启用"优化块访问"属性，不能进行标准访问，并且为非保持性属性，不能修改为保持属性。

数组 DB 在 S7-1200 中较为常用，以下的例子是用数据块创建数组。

【例 6-5】　用数据块创建一个数组 ary［0..5］，数组中包含 6 个整数，并编写程序把模拟量通道 IW64：P 采集的数据保存在数组的第 3 个整数中。

【解】　（1）新建项目"例 6-5"，进行硬件组态，新建全局数据块命名为"数据块 2"，双击"数据块 2"打开数据块"数据块 2"，在"数据块 2"中创建数组。数组名称 ary，数组为 Aray［0..5］，表示数组中有 6 个元素，Int 表示数组的数据类型为整数，如图 6-19 所示，保存创建的数组。

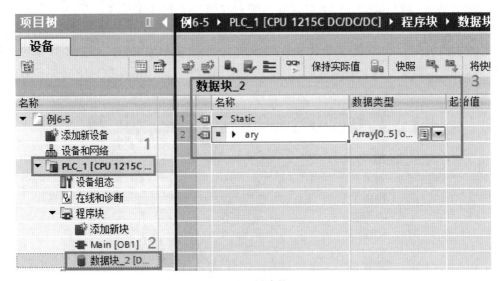

图 6-19　创建数组

（2）在 Main［OB1］中编写梯形图程序，如图 6-20 所示。

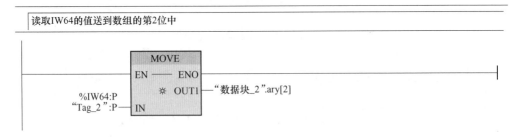

图 6-20　OB1 中的梯形图程序

6.2.4　函数块（FB）及其应用案例

6.2.4.1　函数块

函数块 FB 属于用户自己编写的有自己的存储区（背景数据块）的代码块。函数块

FB 的典型应用是执行不能在一个扫描周期结束的操作。每次调用函数块时，都需要指定一个背景数据块，后者随函数块的调用而打开，在调用结束时自动关闭。函数块的输入、输出参数和静态局部数据（Static）用指定的背景数据块保存。函数块执行完后，背景数据块中的数值不会丢失。

【**例 6-6**】　用函数块实现电动机的 Y-△ 降压启动控制。电动机的主电路图与 I/O 接线图如图 6-21 所示。

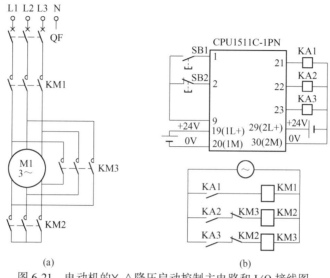

图 6-21　电动机的 Y-△ 降压启动控制主电路和 I/O 接线图

（a）主电路；（b）I/O 接线图

【**解**】　（1）新建一个项目，生成一个名为"Y-△ 降压控制"的函数块 FB1，去掉它的"优化的块访问"属性。

（2）双击块 FB1，在接口区定义变量如图 6-22 所示，并在 FB1 的程序编辑区编写程序如图 6-23 所示。

		名称	数据类型	默认值	保持	可从 HMI/...
1		▼ Input				
2		■ start	Bool	false	非保持	☑
3		■ stop	Bool	false	非保持	☑
4		■ <新增>				
5		▼ Output				
6		■ KM2	Bool	false	非保持	☑
7		■ KM3	Bool	false	非保持	☑
8		■ <新增>				
9		▼ InOut				
10		■ KM1	Bool	false	非保持	☑
11		■ <新增>				
12		▼ Static				
13		■ ▶ T0	IEC_TIMER		非保持	☑
14		■ ▶ T1	IEC_TIMER		非保持	☑
15		■ ▶ IEC_Timer_0_Instance	TON_TIME		非保持	☑
16		■ <新增>				
17		▼ Temp				
18		■ <新增>				
19		▼ Constant				
20		■ Time1	Time	t#500ms		
21		■ Time0	Time	T#5s		

图 6-22　FB1 的接口表

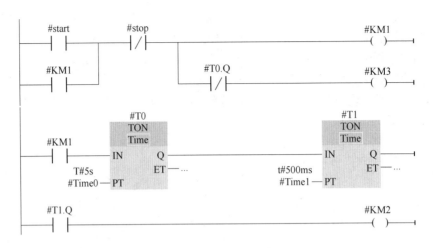

图 6-23　FB1 中的程序

（3）在 OB1 中调用 FB1，如图 6-24 所示。程序中两次调用了 FB1，但传递了不同的控制参数，即用同一个程序实现了对两台不同电机的控制，简化了代码。

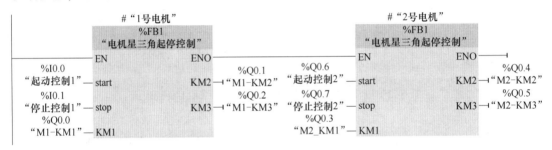

图 6-24　OB1 中的程序

6.2.4.2　函数（FC）与函数块（FB）的区别

FB 和 FC 均为用户编写的子程序，接口区中均有 Input、Output、InOut 参数和 Temp 数据，FC 的返回值实际上属于输出参数。下面是 FC 和 FB 的区别：

（1）函数块有背景数据块，函数没有背景数据块。

（2）只能在函数内部访问它的局部变量，其他代码块或 HMI（人机界面）可以访问函数块 的背景数据块中的变量。

（3）函数没有静态变量（Static），函数块有保存在背景数据块中的静态变量。

函数如果有执行完后需要保存的数据，只能用全局数据区（例如全局数据块和 M 区）来保存，但是这样会影响函数的可移植性。如果函数或函数块的内部不使用全局变量，只使用局部变量，不需要做任何修改，就可以将块移植到其他项目。如果块的内部使用了全局变量，在移植时需要重新统一分配所有的块内部使用的全局变量地址，以保证不会出现地址冲突。当程序很复杂、代码块很多时，这种重新分配全局变量地址的工作量非常大，也很容易出错。

如果代码块有执行完后需要保存的数据，显然应使用函数块，而不是函数。

（4）函数块的局部变量（不包括 Temp）有默认值（初始值），函数的局部变量没有默认值。在调用函数块时可以不设置某些有默认值的输入、输出参数的实际参数，这种情况下将使用这些参数在背景数据块中的启动值，或使用上一次执行后的参数值。这样可以简化调用函数块的操作，调用函数时应给所有的形式参数指定实际参数。

（5）函数块的输出参数不仅与来自外部的输入参数有关，还与用静态数据保存的内部状态数据有关。函数因为没有静态数据，相同的输入参数产生相同的执行结果。

6.2.4.3　组织块与 FB 和 FC 的区别

出现事件或故障时，由操作系统调用对应的组织块，FB 和 FC 是用户程序在代码块中调用的。组织块没有输入参数、输出参数和静态变量，只有临时局部数据。组织块自动生成的临时局部变量包含了与启动组织块的事件有关的信息，它们由操作系统提供。

组织块中的程序是用户编写的，用户可以自己定义和使用组织块的临时局部数据。

6.3　多　重　背　景

6.3.1　多重背景简介

多重数据块是数据块的一种特殊形式，可以利用多重背景数据块来减少数据块的使用量。如在 OB1 中调用 FB10，在 FB10 中又调用 FB1 和 FB2，则只要 FB10 的背景数据块选择为多重背景数据块就可以了，FB1 和 FB2 不需要建立背景数据块，其接口参数都保存在 FB10 的多重背景数据块中。建立多重背景数据块的方法是：建立数据块时只要在数据类型选项中选择"实例的 DB"就可以了。

例如，PLC 控制两台电动机，且控制两台电动机的接口参数均相同。一般的作法，我们可以编写功能块 FB1 控制两台电动机，当控制不同的电动机时，分别使用不同的背景数据块就可以控制不同的电动机了（如第一台电动机的控制参数保存在 DB1 中，第二台动电机的控制参数保存在 DB2 中，我们可以在控制第一台电动机调用 FB1 时以 DB1 为背景数据就可以了，第二台同样以 DB2 为背景数据块）。这样就需要使用两个背景数据块，如果控制的电动机台数更多，则会使用更多的数据块。使用多重背景数据块就是为了减少数据块的数量。

多重背景数据块最大的优点是可以减少数据块的使用量。以本例来说，我们就可以在 OB1 中调用 FB10，再在 FB10 中分别调用（每台电动机各调用一次）FB1 来控制两台电动机的运转。对于每次调用，FB1 都将它的数据存储在 FB1 的背景数据块 DB1 中。这样就无需再为 FB1 分配数据块，所有的功能块都指向 FB10 的数据块 DB10，程序结构图如图 6-25 所示。

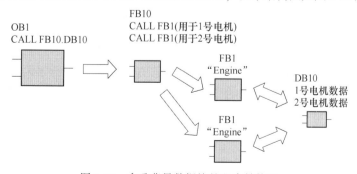

图 6-25　多重背景数据块的程序结构图

6.3.2 多重背景的应用举例

6.3.2.1 用于定时器与计数器的多重背景

每次调用 IEC 定时器和 IEC 计数器指令时，都需要指定一个背景数据块，如果这类指令很多，将会生成大量的数据块"碎片"。为了解决这个问题，在函数块中使用定时器、计数器指令时，可以在函数块的接口区定义数据类型为 IEC_Timer（IEC 定时器）或 IEC_Couter（IEC 计数器）的静态变量，用这些静态变量来提供定时器和计数器的背景数据，这种程序结构被称为多重背景。下面用实例介绍用于定时器与计数器的多重背景的使用方法。

【例 6-7】 使用多重背景设计一个脉宽可调的振荡电路。

【解】 （1）新建一个项目，生成一个名为"振荡电路"的函数块 FB1，去掉它的"优化的块访问"属性。

（2）双击块 FB1，在接口区定义变量，如图 6-26 所示。

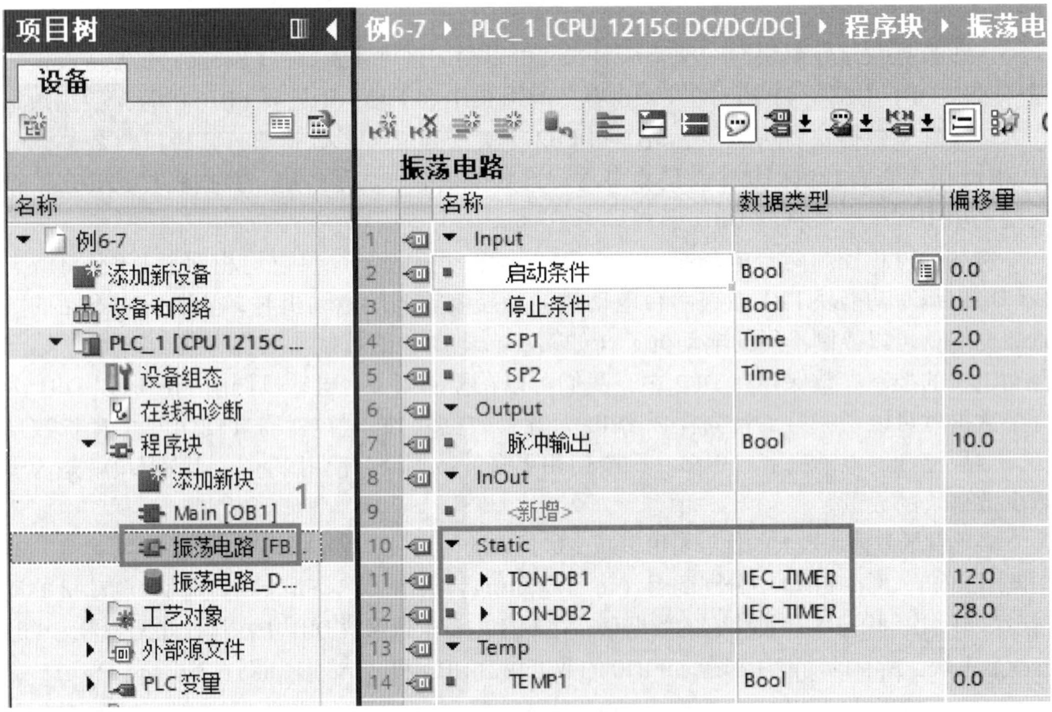

图 6-26 在 FB1 的接口区输入变量

（3）在 FB1 的程序编辑区中，把定时器指令 TON 拖入，弹出"调用选项"对话框。单击选中"多重背景"，在选择框的选择列表中的"TON-DB1"，用 FB1 中的静态变量"TON-DB1"提供 TON 的背景数据，如图 6-27 所示。

振荡电路的程序如图 6-28 所示。

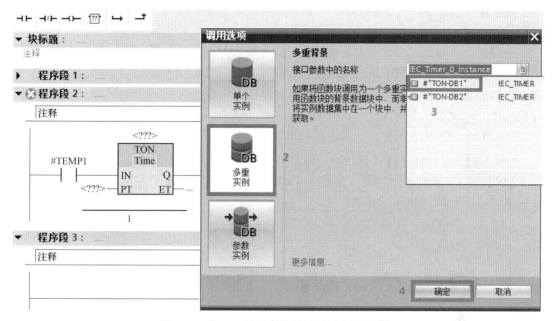

图 6-27　在 FB1 的程序编辑区调用选项对话框

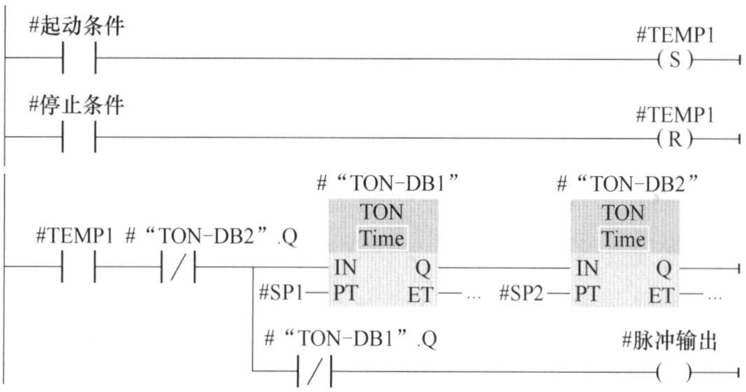

图 6-28　FB1 中的程序

（4）在 PLC 变量表中定义调用 FB1 所需要的变量，在 OB1 中调用 FB1，其背景数据块为"振荡电路-DB"，如图 6-29 所示。

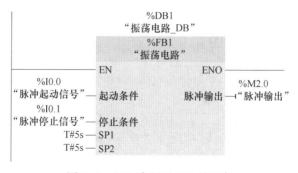

图 6-29　OB1 中调用 FB1 的程序

将程序下载到 PLC 中，将 CPU 切换到 RUN 模块，给 I0.0 置 1，则可以看到 M2.0 产生周期为 10s 的方波。

使用以上方法处理多个定时器或计数器的背景数据被包含在它们所在的函数块的背景数据块中，而不需要为每个定时器或计数器设置一个单独的背景数据块。因此减少了处理数据的时间，更能合理地利用存储空间。在共享的多重数据块中，定时器、计数器的数据结构间不会产生相互作用。

6.3.2.2　用于用户生成的函数块的多重背景

【例 6-8】　使用多重背景设计一个两台电机 Y-△ 降压启动控制的程序。

【解】　（1）新建一个项目，生成一个名为"电机星三角起停控制"的函数块 FB1，去掉它的"优化的块访问"属性。

（2）双击块 FB1，在接口区定义变量如图 6-30 所示。根据电机 Y-△ 降压启动的主电路，在 FB1 中编写程序如图 6-31 所示。

电机星三角起停控制

	名称	数据类型	默认值	保持	可从 HMI/...
▼	Input				
■	start	Bool	false	非保持	☑
■	stop	Bool	false	非保持	☑
▼	Output				
■	KM2	Bool	false	非保持	☑
■	KM3	Bool	false	非保持	☑
▼	InOut				
■	KM1	Bool	false	非保持	☑
▼	Static				
■ ▶	T0	IEC_TIMER		非保持	☑
■ ▶	T1	IEC_TIMER		非保持	☑
■ ▶	IEC_Timer_0_Instance	TON_TIME		非保持	☑
▶	Temp				
▼	Constant				
■	Time1	Time	t#500ms		
■	Time0	Time	T#5s		

图 6-30　FB1 中的接口区变量定义

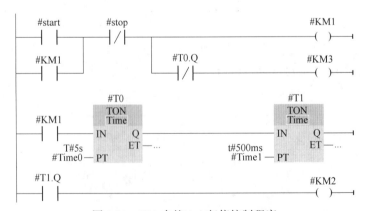

图 6-31　FB1 中的 Y-△ 起停控制程序

（3）为了实现多重背景，生成一个名为"多台电机控制"的函数块 FB2，去掉 FB2

的"优化的块访问"属性。在它的接口区生成两个数据类型为"电机星三角起停控制"的静态变量"1号电机"和"2号电机"。每个静态变量内部的输入参数、输出参数等局部变量是自动生成的，与FB1"电机星三角起停控制"的相同，如图6-32所示。

多台电机控制					
	名称	数据类型	偏移里	默认值	可从HM
◄□ ►	Input				☐
◄□ ►	Output		圖		☐
◄□ ►	InOut				☐
◄□ ▼	Static				☐
◄□ ■ ▼	1号电机	"电机星三角起停...			☑
◄□	■ ▼ Input				☐
◄□	■ start	Bool		false	☑
◄□	■ stop	Bool		false	☑
◄□	■ ▼ Output				☐
◄□	■ KM2	Bool		false	☑
◄□	■ KM3	Bool		false	☑
◄□	■ ▼ InOut				☐
◄□	■ KM1	Bool		false	☑
◄□	■ ▼ Static				☐
◄□	■ ► T0	IEC_TIMER			☑
◄□	■ ► T1	IEC_TIMER			☑
◄□	■ ► IEC_Timer_0_In...	TON_TIME			☑
◄□ ■ ►	2号电机	"电机星三角起停...			☑

图6-32 FB2的接口区中定义静态变量

(4) 双击打开FB2，调用FB1"电机星三角起停控制"，出现调用选项对话框，如图6-33所示，单击选中"多重背景DB"，对话框中有对多重背景的解释。选中列表中的"1号电动机"，用FB2的静态变量"1号电动机"提供FB1"电机星三角起停控制"的背景数据。用同样的方法在FB2中再次调用FB1，用FB2的静态变量"2号电机"提供FB1的背景数据。FB2中的程序如图6-34所示。

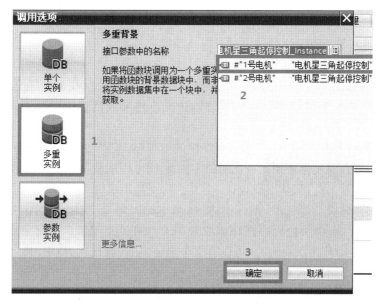

图6-33 在FB2中调用FB1时的调用选项

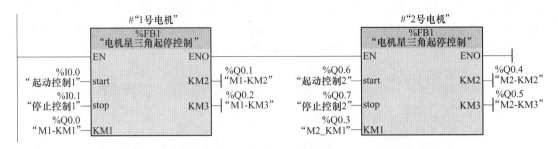

图 6-34 FB2 中的程序

（5）在 OB1 中调用 FB2"多台电机控制"，其背景数据块为"电机控制 DB"（DB2）。除了没有临时变量 Temp 和常数 Constant 外，FB2 的背景数据块与图 6-30 中 FB1 的接口区中的变量相同，只有静态变量"1 号电机"和"2 号电机"。两次调用 FB1 的背景数据都在 FB2 的背景数据块 DB2 中。在 OB1 中调用 FB2 的程序如图 6-35 所示。

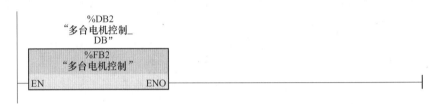

图 6-35 OB1 中的程序

6.4 组织块（OB）及其应用

组织块（OB）是操作系统与用户程序的接口，由操作系统调用，组织块用来实现 PLC 循环扫描控制和中断程序的执行、PLC 的启动和错误处理等功能。组织块的程序是用户编写的，熟悉各类组织块的使用对于提高编程效率有很大的帮助。

每个组织块必须有一个唯一的 OB 编号，123 之前的某些编号是保留的，其他 OB 的编号应大于等于 123。CPU 中特定的事件触发组织块的执行，OB 不能相互调用，也不能被 FC 和 FB 调用。只有启动事件（例如诊断中断事件或周期性中断事件）可以启动 OB 的执行。

（1）程序循环组织块。OB1 是用户程序中的主程序，CPU 循环执行操作系统程序，在每一次循环中，操作系统程序调用一次 OB1。因此 OB1 中的程序也是循环执行的。允许有多个程序循环组织块 OB，默认的是 OB1，其他程序循环组织块 OB 的编号应大于等于 123。

（2）启动组织块。当 CPU 的工作模式从 STOP 切换到 RUN 时，执行一次启动（Startup）组织块，来初始化程序循环组织块 OB 中的某些变量。执行完启动组织块 OB 后，开始执行程序循环组织块 OB。可以有多个启动 OB，默认的为 OB100，其他启动组织块 OB 的编号应大于等于 123。

（3）中断组织块。用于处理中断的组织块，主要包括循环中断、时间中断、延迟中断、硬件中断等组织块。

6.4.1　中断的概述

中断处理用来实现对特殊内部事件或外部事件的快速响应。如果没有中断事件出现，CPU 循环执行组织块 OB1 和它调用的块。如果出现中断事件，例如诊断中断和时间延迟中断等，因为 OB1 的中断优先级最低，操作系统在执行完当前程序的当前指令（即断点处）后，立即响应中断。CPU 暂停正在执行的程序块，自动调用一个分配给该事件的组织块（即中断程序）来处理中断事件。执行完中断组织块后，返回被中断的程序的断点处继续执行原来的程序。这意味着部分用户程序不必在每次循环中处理，而是在需要时才被及时地处理。处理中断事件的程序放在该事件驱动的组织块 OB 中。

6.4.2　启动组织块及其应用

组织块（OB）是操作系统与用户程序的接口，出现启动组织块的事件时，由操作系统调用对应的组织块。如果当前不能调用 OB，则按照事件的优先级将其保存到队列。如果没有为该事件分配 OB，则会触发默认的系统响应。启动组织块的事件的属性见表 6-3，为 1 的优先级最低。

表 6-3　启动 OB 的事件

事件类型	OB 编号	OB 个数	启动事件	OB 优先级
程序循环	1 或≥123	≥1	启动或结束前一个程序循环 OB	1
启动	100 或≥123	≥0	从 STOP 切换到 RUN 模式	1
时间中断	≥10	最多 2 个	已达到启动时间	2
延时中断	≥20	最多 4 个	延时时间结束	3
循环中断	≥30		固定的循环时间结束	8
硬件中断	≥40	≥50	上升沿（≤16 个）、下降沿（≤16 个）	18
			HSC 计数值=设定值，计数方向变化，外部复位，最多各 6 次	18
状态中断	55	0 或 1	CPU 接收到状态中断，例如从站中的模块更改了操作模式	4
更新中断	56	0 或 1	CPU 接收到更新中断，例如更改了从站或设备的插槽参数	4
制造商中断	57	0 或 1	CPU 接收到制造商或配置文件特定的中断	4
诊断错误中断	82	0 或 1	模块检测到错误	5
拔出/插入中断	83	0 或 1	拔出/插入分布式 I/O 模块	6
机架错误	86	0 或 1	分布式 I/O 的 I/O 系统错误	6
时间错误	80	0 或 1	超过最大循环时间，调用的 OB 仍在执行，错过时间中断，STOP 期间错过时间中断，从中断队列溢出，因为中断负荷过大丢失中断	22

启动组织块用于系统初始化，CPU 从 STOP 切换到 RUN 时，执行一次启动 OB。执行完后，读入输入过程映像，开始执行 OB1。允许生成多个启动 OB，默认的是 OB100，其他启动 OB 的编号应大于等于 123。一般只需要一个启动组织块。

【**例 6-9**】 S7-1200 PLC 中要利用实时时钟，如交通灯不同时间段切换不同的控制策略，等启动运行时，需要检测实时时钟是否丢失，若丢失，则警示灯 Q0.7 点亮。

【**解**】 （1）新建一个项目，命名为"启动组织块的应用"，在项目视图的项目树中，双击 PLC 设备程序块下的"添加新块"项，选择添加组织块，如图 6-36 所示。选择添加"Startup"类型的组织块，则自动新建编号为 100 的组织块。如果再重建一个启动组块，则其编号要大于等于 123。

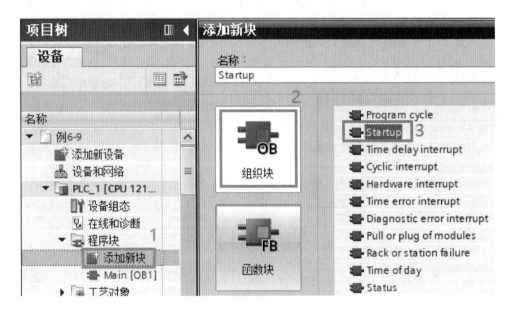

图 6-36 生成启动组织块

（2）在 OB100 中编写程序如图 6-37 所示，则当 S7-1200 PLC 从 STOP 转到 RUN 时，若实时时钟丢失，则输出 Q0.7 指示灯亮。

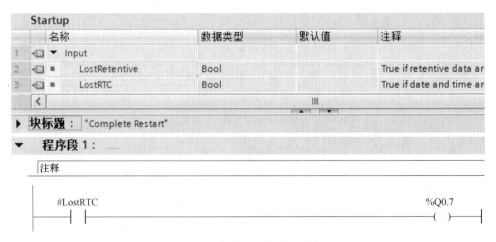

图 6-37 启动组织块应用举例

6.4.3 循环中断组织块及其应用

循环中断组织块以设定的循环时间（1~60000ms）周期性地执行，而与程序循环 OB 的执行无关。循环中断和延时中断组织块的个数之和最多允许 4 个，循环中断 OB 的编号应为 OB30~OB38，或大于等于 123。

循环中断组织块用于按一定时间间隔循环执行中断程序，例如周期性地定时执行闭环控制系统的 PID 运算程序等。循环中断组织块 OB 的启动时间间隔，是基本时钟周期 1ms 的整数倍，时间范围为 1~60000ms。

TIA 博途软件中有 9 个固定循环中断组织块（OB30~OB38），另有 11 个未指定。

【例 6-10】 每隔 100ms，CPU1215DC/DC/DC 采集一次通道 0 上的模拟量数据。

【解】 （1）新建一个项目，命名为"循环中断组织块的应用"，在项目视图的项目树中，双击 PLC 设备程序块下的"添加新块"项，选择添加"组织块"，选中出现的对话框中的"Cyclic interrupt"，将循环中断的时间间隔（循环时间）由默认值 100ms 修改为 1000ms，默认的编号为 OB30。操作方法如图 6-38 所示。

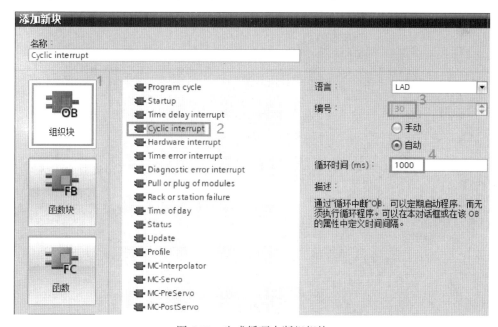

图 6-38 生成循环中断组织块

（2）双击打开项目树中的 OB30，选中巡视窗口的"属性"→"常规"→"循环中断"，可以设置循环时间和相移。相移是相位偏移的简称，用于防止循环时间有公倍数的几个循环中断 OB 同时启动，导致连续执行中断程序的时间太长，相移的默认值为 0。如果循环中断 OB 的执行时间大于循环时间，将会启动时间错误 OB。操作方法如图 6-39 所示。

（3）在 OB30 中编写 PLC 程序，如图 6-40 所示。

（4）在 CPU 运行期间，可以使用 OB1 中的 SET_CINT 指令重新设置循环中断的循环时间和相移，时间的单位为 μs；使用 QRY_CINT 指令可以查询循环中断的状态。这两条

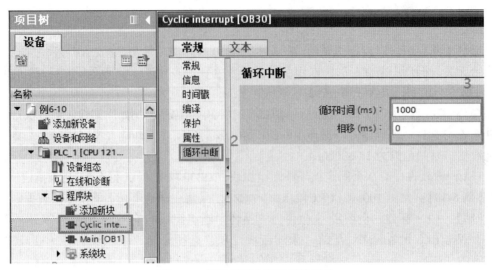

图 6-39   设置循环中断组织块属性

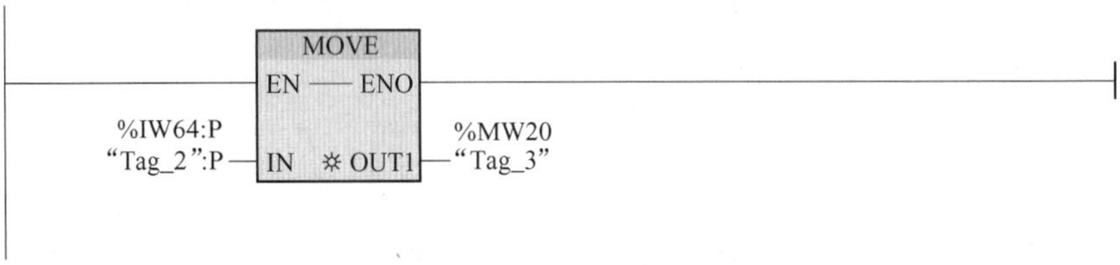

图 6-40   OB30 中的程序

指令在"扩展指令"选项的"中断"文件夹中。OB1 中的程序如图 6-41 所示。

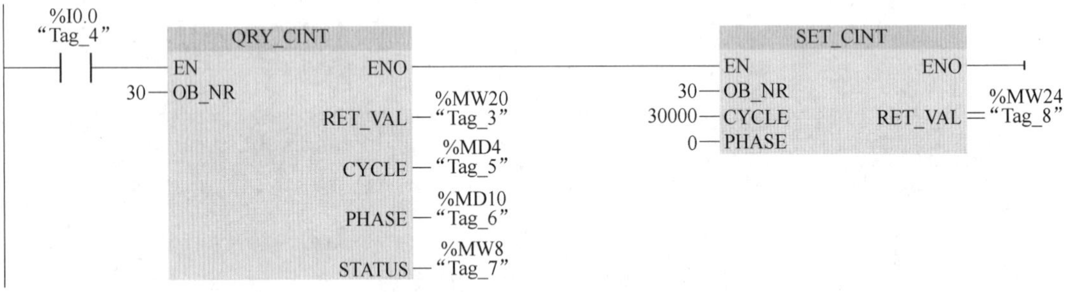

图 6-41   查询与设置循环中断

在程序中，若令 I0.0 为 1 状态，执行 QRY_CINT 指令和 SET_CINT 指令，将循环时间由 1s 修改为 3s。图 6-41 中的 MD4 是 QRY_CINT 指令读取的循环时间（单位为 μs），MB9 是读取的状态字 MW8 的低位字节，M9.4 为 1 表示已下载 OB30，M9.2 为 1 表示已启用循环中断。

6.4.4 时间中断组织块及其应用

时间中断又称为"日时钟中断"，它用于在设置的日期和时间时产生一次中断，或者从设置的日期时间开始，周期性地重复产生中断，例如每分钟、每小时、每天、每周、每月、月末、每年产生一次时间中断，可以用专用的指令来设置、激活和取消时间中断，时间中断 OB 的编号应为 10~17，或大于等于 123。

6.4.4.1 时间中断指令简介

可以用"SET-TINT""CAN-TINT""ACT-TINT"设置、取消和激活日期时间中断，参数见表 6-4。

表 6-4 "SET-TINT" "CAN-TINT" "ACT-TINT" 的参数

参数	声明	数据类型	存储区间	参 数 说 明
OB_NR	INPUT	INT	I、Q、M、DB、L 和常数	OB 的编号
SDT	INPUT	DT	DB、L 和常数	开始日期和开始时间
PERIOD	INPUT	WORD	I、Q、M、DB、L 和常数	从启动点 SDT 开始的周期： W#16#0000 一次 W#16#0201 每分钟 W#16#0401 每小时 W#16#1001 每日 W#16#1202 每周 W#16#1401 每月 W#16#1801 每年 W#16#2001 月末
RET_VAL	OUTPUT	INT	I、Q、M、DB、L	如果出错，则 RET_VAL 的实际参数将包含错误代码

6.4.4.2 时间中断组织块的应用

要启动时间中断组织块，必须提前设置并激活相关的时间中断（指定启动时间和持续时间），并将时间中断组织块下载到 CPU 中。设置和激活时间中断有三种方法，分别介绍如下：

在时间中断的"属性"中设置并激活时间中断，如图 6-42 所示，这种方法最简单。

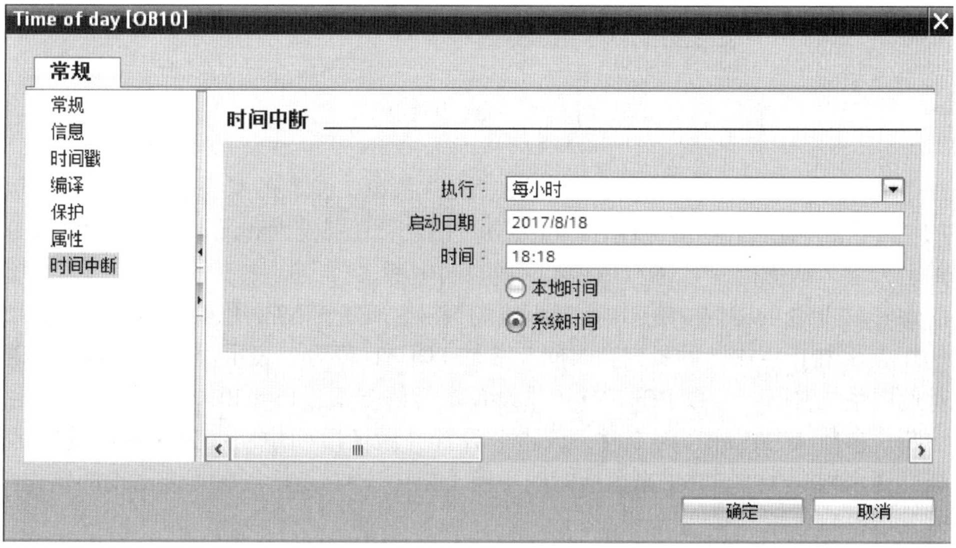

图 6-42 设置和激活时间中断

（2）在时间中断的"属性"中设置"启动日期"和"时间"，在执行文本框内选择"从未"，再通过程序中调用"ACT-TINT"指令激活中断。

（3）通过调用"SET-TINT"指令设置时间中断，再通过程序中调用"ACT-TINT"指令激活中断。

下面用一个实例来说明日期中断组织块的使用方法。

【例 6-11】 从 2017 年 8 月 18 日 18 时 18 分起，每小时中断一次，并将中断次数记录在一个存储器中。

【解】 （1）在项目视图中生成一个名为"时间中断例程"的新项目，在项目视图的项目树中，双击 PLC 设备程序块下的"添加新块"项，选择添加"组织块"，选中出现的对话框中的"Time of day"组织块，默认的编号为 10，默认的语言为 LAD。

（2）在 OB1 中编写程序，查询时间中断的状态，设置和激活时间中断 OB10。启动时间中断的指令在指令列表的"扩展指令"选项板的"中断"文件夹中，程序如图 6-43 所示。

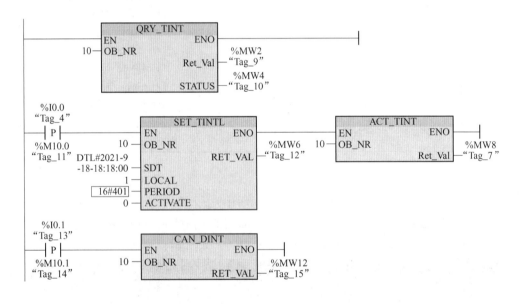

图 6-43   OB1 中的程序

程序中 QRY_TINT 指令用来查询时间中断的状态，读取的状态字用 MW4 保存。在 I0.0 的上升沿，调用指令 SET_TINTL 和 ACT_TINT 来分别设置和激活时间中断 OB10。在 I0.1 的上升沿，调用指令 CAN_TINT 来取消时间中断。

图 6-43 中指令的参数 OB_NR 是组织块的编号，SET_TINTL 用来设置时间中断，它的参数 SDT 是开始产生中断的日期和时间。参数 LOCAL 若为 1 表示使用本地时间，若为 0 则表示使用系统时间。参数 PERIOD 用来设置执行的方式，16#0401 表示每小时产生一次时间中断。参数 ACTIVATE 为 1 时，该指令设置并激活时间中断；为 0 时仅设置时间中断，需要调用指令 ACT_TINT 来激活时间中断。RET_VAL 是执行时可能出现的错误代码，为 0 时无错误。

（3）在 OB10 中编写中断服务程序，每产生一次中断计数一次，存放在存储器 MW40 中。程序如图 6-44 所示。

图 6-44　OB10 中的程序

6.4.5　延时中断组织块及其应用

PLC 的普通定时器的工作过程与扫描工作方式有关，其定时精度较差。如果需要高精度的延时，应使用延时中断。在指令 SRT_DINT 的 EN 使能流输入的上升沿，启动延时过程，该指令的延时时间为 1~60000ms，精度为 1ms。延时时间到时触发延时中断，调用指定的延时中断组织块。循环中断和延时中断组织块的个数之和最多允许 4 个，延时中断 OB 的编号应为 20~23，或大于等于 123。

6.4.5.1　指令简介

可以用"SRT_DINT"和"CAN_DINT"指令，设置、取消激活延时中断，参数见表 6-5。

表 6-5　设置、取消激活延时中断

参数	声明	数据类型	存储区间	参数说明
OB_NR	INPUT	INT	I、Q、M、DB、L 和常数	延时时间后要执行 OB 的编号
DTIME	INPUT	DTIME	DB、L 和常数	延时时间（1~60000ms）
SIGN	INPUT	WORD	I、Q、M、DB、L 和常数	调用延时中断 OB 时，OB 的启动事件信息中出现的标识符
RET_VAL	OUTPUT	INT	I、Q、M、DB、L	如果出错，则 RET_VAL 的实际参数将包含错误代码

6.4.5.2　延时中断组织块的应用举例

【例 6-12】　当 I0.0 为上升沿时，延时 5s 执行 Q0.0 置位；当 I0.1 为上升沿时，Q0.0 复位。

【解】　（1）生成一个名为"延时中断例程"的新项目。打开项目视图中的文件夹"\ PLC_1 \ 程序块"，双击其中的"添加新块"，选择"Time delay interrupt"生成名为"延时中断"的延时中断组织块 OB20，以及全局数据块 DB1。操作方法如图 6-45 所示。

（2）在主程序 OB1 中激活中断，取消激活中断。其程序如图 6-46 所示。当 I0.0 为上升沿时，启动延时中断，延时 5s 时，执行 OB20 的中断服务程序使 Q0.0 置位，当 I0.1 为上升沿时，取消延时中断，使 Q0.0 复位。

图 6-45   添加延时中断组织块

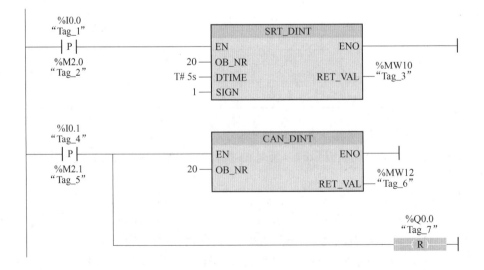

图 6-46   OB1 中的程序

（3）中断程序在 OB20 中，如图 6-47 所示。

图 6-47 OB20 中的程序

6.4.6 硬件中断组织块及其应用

6.4.6.1 硬件中断事件与硬件中断组织块

硬件中断组织块用于处理需要快速响应的过程事件。出现硬件中断事件时，立即中止当前正在执行的程序，改为执行对应的硬件中断 OB。

最多可以生成 50 个硬件中断 OB，在硬件组态时定义中断事件，硬件中断 OB 的编号应为 40~47，或大于等于 123。S7-1200 支持下列硬件中断事件：

（1）CPU 内置的数字量输入和信号板的数字量输入的上升沿事件和下降沿事件；

（2）高速计数器（HSC）的当前计数值等于设定值（CV = RV）；

（3）HSC 的方向改变，即计数值由增大变为减小，或由减小变为增大；

（4）HSC 的数字量外部复位输入的上升沿，计数值被复位为 0。

如果在执行硬件中断 OB 期间，同一个中断事件再次发生，则新发生的中断事件丢失。如果一个中断事件发生，在执行该中断 OB 期间，又发生多个不同的中断事件，则新发生的中断事件进入排队，等待第一个中断 OB 执行完毕后依次执行。

6.4.6.2 硬件中断事件的处理方法

（1）给一个事件指定一个硬件中断 OB，这种方法最为简单方便，应优先采用。

（2）多个硬件中断 OB 分时处理一个硬件中断事件，需要用 DETACH 指令取消原有的 OB 与事件的连接，用 ATTACH 指令将一个新的硬件中断 OB 分配给中断事件。

6.4.6.3 硬件中断组织块的应用举例

【例 6-13】 编制一段程序，记录用户使用 I0.0 按钮的次数。

【解】 （1）打开项目视图，生成一个名为"硬件中断 1"的新项目。打开项目视图中的文件夹"\ PLC_1 \ 程序块"，双击其中的"添加新块"，单击打开的对话框中的"组织块"按钮，选中"Hardware interrupt"（硬件中断），生成一个硬件中断组织块，OB 的编号为 40，语言为 LAD（梯形图）。将块的名称修改为"硬件中断 1"，单击"确定"按钮。操作过程如图 6-48 所示。

（2）选中硬件 CPU 模块，点击"属性"选项卡，如图 6-49 所示，选中"通道 0"，启用上升沿检测，选择硬件中断组织块为"Hardware interrupt"。

（3）编写程序。在组织块 OB40 中编写程序如图 6-50 所示，每次压下按钮，调用一次 OB40 的中断服务程序一次，MW20 中的数值加 1，也就记录了使用按钮的次数。

图 6-48　添加硬件中断组织块

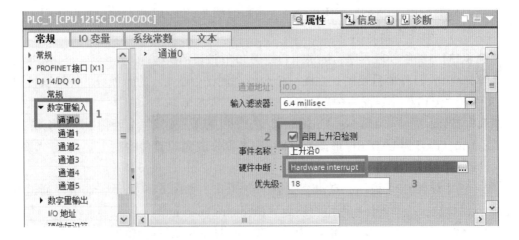

图 6-49　信号模块的属性界面

图 6-50　OB40 中的程序

6.4.7　错误处理组织块

6.4.7.1　错误处理概述

S7-1200 PLC 具有很强的错误检测和处理能力，错误是指 PLC 内部的功能性错误或编程错误，而不是外部设备的故障。CPU 检测到错误后，操作系统调用对应的组织块，用户可以在组织块中编程，对发生的错误采取相应的措施。对于大多数错误，如果没有编写相应的组织块处理程序，出现错误时 CPU 将进入 STOP 模式。

6.4.7.2　错误的分类

被 S7-1200 CPU 检测到，并且用户可以通过组织块对其进行处理的错误分为异步错误和同步错误两个基本类型。

（1）异步错误。异步错误是与 PLC 硬件或操作系统密切相关的错误，与程序执行无关，后果严重。异步错误 OB 具有最高等级的优先级，其他 OB 不能中断它们。同时有多个相同优先级的异步错误 OB 出现，将按出现错误的顺序处理。

S7 系统程序可以检测出下列错误：不正确的 CPU 功能、系统程序执行中的错误、用户程序中的错误和 I/O 中的错误。根据错误类型的不同，CPU 将采取不同的措施，如进入 STOP 模式或调用一个错误处理 OB。用于处理异步故障的组织块见表 6-6。

表 6-6　异步错误组织块

OB 号	错误类型	例　　子	优先级
OB80	时间错误	超出最大循环扫描时间	26
OB81	电源故障	后备电池失效	2~28
OB82	诊断中断	有诊断能力模块的输入断线	
OB83	插入/移除中断	在运行时移除 S7-1200 的信号模块	
OB84	CPU 硬件故障	MPI 接口上出现错误的信号电平	
OB85	程序执行错误	更新映像区错误（模块有缺陷）	
OB86	机架错误	扩展设备或 DP 从站故障	
OB87	通讯错误	读取信息格式错误	
OB121	编程错误	在程序中调用一个 CPU 中并不存在的块	与被中断的错误 OB 优先级相同
OB122	I/O 访问错误	访问一个模块有故障或不存在的模块	

（2）同步错误。同步错误是与程序执行有关的错误，其 OB 的优先级与出现错误时被中断的块的优先级相同。对错误进行处理后，可以将处理结果返回被中断的块。用于处理

同步故障的组织块见表 6-7。

表 6-7 同步错误组织块

OB 号	错误类型	例 子	优先级
OB121	编程错误	在程序中调用一个 CPU 中并不存在的块	与被中断的错误
OB122	I/O 访问错误	访问一个模块有故障或不存在的模块	OB 优先级相同

（3）使用错误处理组织块有以下优点：

1）为避免发生某错误时 CPU 进入停机状态，可以在 CPU 中建立一个相应的空错误组织块；

2）可以在错误 OB 块中编程实现所希望的响应，如果需要，在执行完规定指令后，调用系统功能 SFC 46 申请停机；

3）在错误组织块的启动信息中包含有错误的特征，可以在程序中使用；

4）关于错误组织块的详细描述参见在线帮助或系统和标准功能手册；

5）当 CPU 不支持某些错误 OB 时，相关的错误信息就不会记录在 OB 块中。

6.5 工业搅拌系统的 PLC 控制实例

6.5.1 项目背景

在化工、机械等行业的生产过程中，液体搅拌是十分重要的环节，液体搅拌的关键是保证混料过程中原料的准确性和比例以及保证原料的充分混合。采用通用计算机控制，尽管可以达到控制精度，但成本高，对工作环境要求高，对现场操作人员要求也高。采用 PLC 实现液体搅拌控制，不但可以对液体搅拌过程的各个环节精确控制，而且大大降低成本，可直接应用于工业现场，对现场操作人员的要求也不高。本节介绍一种采用 PLC 对工业搅拌系统进行控制的方法，其电路结构简单，投资少，可靠性好，自动化程度高。

6.5.2 工业搅拌系统的工艺分析

工业搅拌系统主要通过两种配料（A、B）在一个混合罐中由搅拌器混合在一起，然后通过排料阀排出。工业搅拌系统分为 4 部分，配料 A、配料 B、搅拌区、排料区。其中电动机和泵有 3 台，配料 A 进料泵、配料 B 进料泵、搅拌电动机。阀门有 5 个，配料 A 入口阀、配料 A 进料阀、配料 B 入口阀、配料 B 进料阀、排料阀。配料 A 和配料 B 的每个配料管都配有一个入口阀和进料阀，还有一个进料泵。配料管中有流量传感器，检测是否有配料流过。工业搅拌过程示意图如图 6-51 所示。

系统的工艺过程如下：

（1）配料区的配料 A 和配料 B 的每个配料管配有一个入口阀和进料阀，还有一个进料泵。配料管中还有流量传感器，检测是否有配料流过。配料 A 和配料 B 的功能如下：

1）进料泵和阀的启停控制：按下起动按钮，启动进料泵，1s 后，必须打开入口阀和进料阀；当罐装满传感器指示混合罐装满后，进料泵必须关闭，当排料阀打开时，进料泵同样也要关闭；在进料泵停止后，阀门必须关闭，以防止配料泄漏。

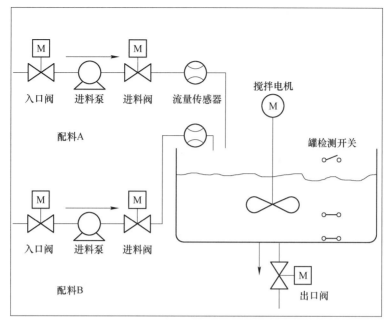

图 6-51　工业搅拌过程示意图

2）故障报警与检测。进料泵启动 7s 后，流量传感器会报溢出；当进料泵运行时，若流量传感器没有流量信号，则进料泵关闭。

3）维护。当进料泵启动次数大于 50 次时，必须进行维护，用指示灯点亮来提示。

（2）搅拌区的混合罐中装有 3 个传感器是混合罐装满传感器（装满之后，触点断开）、罐不空传感器、罐液体最低限位传感器（达到最低限位，触点关闭）。搅拌区的功能如下：

1）当液面指示混合罐装满时，关闭进料阀，搅拌电动机起动。搅拌一定的时间后，关闭搅拌电动机；当"液面高度低于最低限位"，或者排料阀打开时，搅拌电动机关闭。

2）故障检测。如果搅拌电动机在启动后 10s 内没有达到电动机的额定转速，则电动机必须停止。

3）维护。搅拌电动机的启动次数超过 50 次，必须进行维护。

（3）排料区中的成品排出由螺线管阀门控制，排料区的功能如下：

1）搅拌电动机停止后，打开排料阀，当混合罐排空时，阀门必须关闭；

2）当搅拌电动机工作或混合罐排空时排料阀必须关闭。

6.5.3　工业搅拌系统的需求分析

6.5.3.1　分析任务，明确输入、输出信号的类型和点数

（1）手动/自动选择开关，工业搅拌系统要求有手动/自动两种工作模式，手动模式用于设备的调试和系统复位。

（2）在手动模式下，若按下进料泵 A 启动按钮，启动进料泵 A，1s 后，打开入口阀 A 和进料阀 A，达到中液位时停止或运行一段时间后停止。若按进料泵 A 停止按钮，则停

止进料泵 A。按下进料泵 B 启动按钮，启动进料泵 B，1s 后，打开入口阀 B 和进料阀 B，达到中液位时停止或运行一段时间后停止。若按进料泵 B 停止按钮，则停止进料泵 B。按下搅拌电动机启动按钮，电动机开始搅拌，一段时间后停止。若按搅拌电动机停止按钮，则停止搅拌电动机。按下排料泵启动按钮，启动排料泵，当达到低液位时，或按停止按钮时，停止进料阀。

（3）在自动模式下，按下启动按钮，装置就开始按下列约定的规律操作：

1）进料泵 A 起动 1s 后，入口阀 A 和进料阀 A 打开，液体 A 流入混合罐内；当液面到达 SL2 时，SL2 接通，停止进料泵 A，关闭入口阀 A 和进料阀 A；启动进料泵 B，1s 后，入口阀 B 和进料阀 B 打开，液体 B 流入混合罐内。

2）当液面到达 SL3 时，SL3 接通，停止进料泵 B，关闭入口阀 B 和进料阀 B，搅拌电动机开始搅动。

3）搅拌电动机工作 10s 后停止搅拌，出料阀打开，开始放出混合液体。当液面到达 SL1 时，关闭出料阀，开始下一周期。

（4）故障报警与检测：进料泵启动 7s 后，流量传感器会报溢出；当进料泵运行时，若流量传感器没有流量信号，则进料泵关闭。如果搅拌电机在启动后 10s 内没有达到电机的额定转速，则电机必须停止。

（5）维护：当进料泵、搅拌电动机的启动次数大于 50 次时，必须进行维护，用指示灯点亮来提示。

经分析可知，系统需要开关 2 个，按钮 8 个，流量传感器 2 个，液位传感器 3 个，指示灯 9 个，电动机 3 台，电磁阀 5 个。共有输入点共 12 个点，输出点共 17 个。

6.5.3.2　工业搅拌系统输入输出信号

对工业搅拌系统中的输入输出信号的设备进行选型并列表记录，见表 6-8。

表 6-8　工业搅拌系统输入输出信号

序号	器件名称	数量/个	选型
1	真空断路器	1	SCHNEIDER
2	普通按钮	8	WYQYLA128A
3	旋钮开关	1	SA16
4	指示灯	10	APT AD16-16C
5	流量传感器（模拟量）	2	FS100-300L-61-20PN8-H1141
6	液位传感器（开关量）	3	GCD310
7	接触器	3	CJl2T-250/3
8	电磁阀	5	HTJ-250-25
9	接线端子	200	
10	各色导线	若干	

6.5.4　工业搅拌系统的硬件设计与接线

（1）根据控制任务和输入输出点数选择合适的 CPU 型号及相应的模块。根据控制要求考虑到系统扩展，需要共 19 个输入点，其中数字量 17 个。模拟量 2 路；输出点共 17 个，全部为数字量。根据控制要求选择 S7-1200 系列 PLC，其中 CPU1214 和 CPU1215 都是 14 点输入和 10 点输出，自带 2 路模拟量输入和 2 路模拟量输出，还缺 3 点输入和 7 点输出。根据实际情况选择 CPU1215C DC/DC/DC 的 CPU 模块以及 1 个 8 入 8 出的数字量模块。工业搅拌系统的模块选型表见表 6-9。

表 6-9　工业搅拌系统模块选型表

序号	器件名称	数量/个	选型
1	CPU 模块（带 2 路模拟量输入）	1	CPU1215C DC/DC/DC
2	数字量输入输出模块	1	DI 8x24V DC/DQ 8xRelay_1

（2）输入输出设备的 I/O 地址分配表见表 6-10。

表 6-10　I/O 地址分配表

序号	输入设备	地址	序号	输出设备	地址
1	进料泵 A-start	I0.0	1	配料 A 入口 -YA	Q0.0
2	进料泵 A-stop	I0.1	2	配料 A 进料 -YA	Q0.1
3	配料 A-flow	IW64	3	配料 A 进料泵-KM	Q0.2
4	进料泵 B-start	I0.3	4	配料 A 进料泵-HL	Q0.3
5	进料泵 B-stop	I0.4	5	进料泵 A-故障 HL	Q0.4
6	配料 B-flow	IW66	6	进料泵 A-维护 HL	Q0.5
7	搅拌电动机- start	I0.6	7	配料 B 入口 -YA	Q0.6
8	搅拌电动机-stop	I0.7	8	配料 B 进料 -YA	Q0.7
9	搅拌电动机-speed	I1.0	9	配料 B 进料泵-KM	Q1.0
10	排料阀-start	I1.1	10	配料 B 进料泵-HL	Q1.1
11	排料阀-stop	I1.2	11	进料泵 B-故障 HL	Q2.0
12	混合罐液位-未满 H	I1.3	12	进料泵 B-维护 HL	Q2.1
13	混合罐液位-非空 M	I1.4	13	搅拌电动机- KM	Q2.2
14	混合罐液位-低 L	I1.5	14	搅拌电动机-HL	Q2.3
15	急停开关	I2.0	15	搅拌电动机-故障 HL	Q2.4
16	复位维护指示灯	I2.1	16	搅拌电动机-维护 HL	Q2.5
17	自动模式-start	I2.2	17	排料阀-YV	Q2.6
18	自动模式-stop	I2.3	18	排料阀运行-HL	Q2.7
19	手动、自动切换开关	I2.4			

6.5.5　控制系统程序设计

6.5.5.1　控制系统程序结构

在进行系统设计之前,首先分析系统功能,从前面的分析可以看出系统有多台电动机和多个阀门,如果采用线性化或模块化编程,会有较多的重复编程,而用结构化编程可以减少工作量。通过分析系统的控制要求可发现,系统的控制对象主要是三台电动机和 5 个阀门,而它们的控制特点是相似的,可以把具有相同功能的电动机设计成一个函数块,把具有相似功能 的阀门的控制设计成一个 FC,在 OB1 中根据需要来调用 FB 和 FC,搅拌过程的分层调用结构图,如图 6-52 所示。

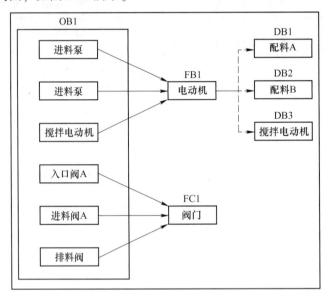

图 6-52　搅拌过程的分层调用结构图

6.5.5.2　生成电动机控制的函数块 FB

A　FB 实现的功能

电动机的 FB 包括以下逻辑功能:

(1) 启动和停止电动机。当电动机启动时,电动机运行指示灯亮;电动机停止时,运行指示灯灭。

(2) 设备的起停有互锁条件,在 OB1 中体现。

(3) 设备启动则监控定时器启动,定时时间到且未收到设备相应信号则搅拌电动机停止。

(4) 启动次数大于 50 次,则维护指示灯亮。

B　FB 的变量声明表

根据电动机的功能要求,设计 FB 的变量声明表,如图 6-53 所示。

C　FB 中的程序

电动机 FB 的梯形图程序如图 6-54 所示。程序段 1 为动电动机的启停控制,程序段 2

为故障处理程序，程序段 3 为电动机维护程序。

电动机控制

	名称	数据类型	默认值	注释
▼	Input			
■	start	Bool	false	起动
■	stop	Bool	false	停止
■	Response	Bool	false	电动机信号传感器
■	Reset-Maint	Bool	false	复位故障指示灯按钮
▼	Output			
■	Motor-HL	Bool	false	电动机运行指示灯
■	Fault	Bool	false	故障指示灯
▼	InOut			
■	motor-km	Bool	false	电动机接触器
■	Maint	Bool	false	维护指示灯
▼	Static			
■ ▶	T0	IEC_TIMER		
■	start-chishu	Int	0	电动机起动的次数
▼	Temp			
■	temp1	Bool		

图 6-53　FB 的变量声明表

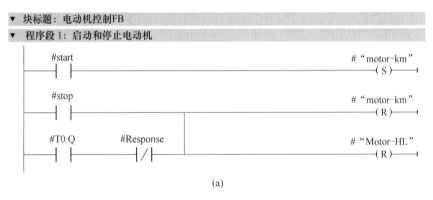

▼ 块标题：电动机控制FB

▼ 程序段 1：启动和停止电动机

(a)

▼ 程序段 2：启动监控定时器，定时到，未收到设备相应信号则故障灯亮，则停止电动机，否则运行指示灯亮

(b)

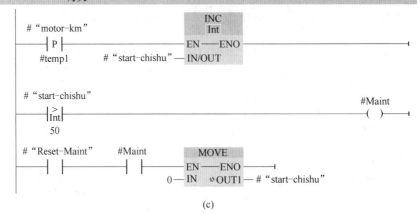

图 6-54　FB 中的梯形图程序

（a）程序段 1；（b）程序段 2；（c）程序段 3

6.5.5.3　生成阀门控制的函数块 FC

A　FC 实现的功能

入口阀和进料阀以及排料阀的功能包含以下逻辑功能：

（1）一个用于打开阀门的输入，一个用于关闭阀门的输入；

（2）打开和关闭阀门时，相应的指示灯亮；

（3）互锁状态在 OB1 中体现。

B　FC 的变量声明表

根据阀门的功能要求，设计 FC 的变量声明表，如图 6-55 所示。

阀门控制			
名称	数据类型	默认值	注释
▼ Input			
■ OPEN	Bool		打开阀门信号
■ CLOSE	Bool		关闭阀门信号
▼ Output			
■ OPEN_DSP	Bool		阀门打开指示
▼ InOut			
■ Valus	Bool		阀门
■ <新增>			

图 6-55　FC 的变量声明表

阀门 FC 的梯形图程序如图 6-56 所示，程序为打开和关闭阀门，并且运行指示灯亮。

6.5.5.4　生成 OB1

根据控制要求，工业搅拌系统有手动和自动两种工作模式，这里只在 OB1 中生成一个手动程序，自动程序由读者自行设计。

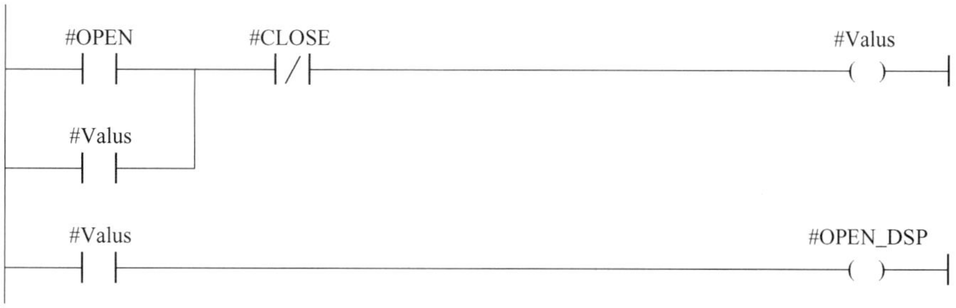

图 6-56 FC 中的梯形图程序

OB1 实现的功能如下：

（1）完成互锁功能，用#Enable_Motor 来控制电动机或泵的启动，用#Enable_Value 来控制阀门的启动；

（2）提供监控定时器；

（3）为 FB 提供不同的数据块。

OB1 组织块的局部变量如图 6-57 所示。

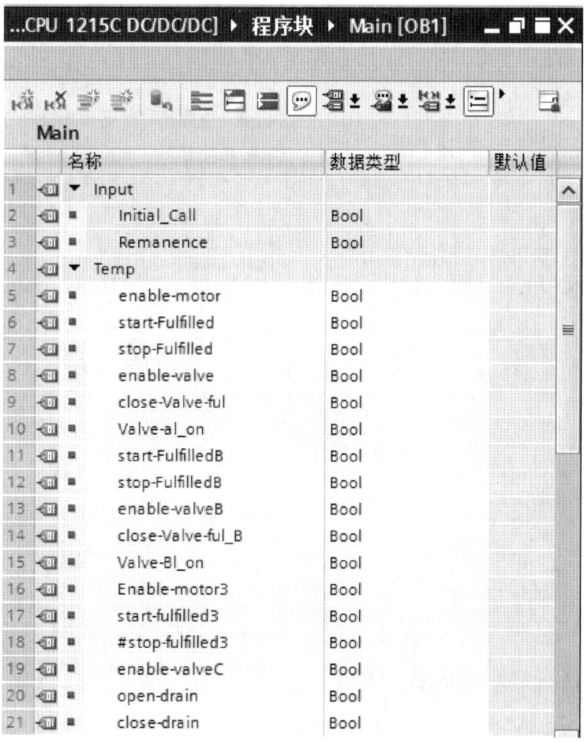

图 6-57 OB1 组织块中的局部变量

在图 6-58 中，有使能电动机变量（enable-motor），使能阀门变量（enable-valve）、启动电动机信号使能变量（start-fulfilled）、停止电动机信号使能变量（stop-fulfilled）、关闭阀门信号使能变量（close-valve-ful）及指示信号等。OB1 梯形图程序如图 6-58 所示。

程序段1: 进料泵互锁, 在混料罐未满且排料阀未开
的前提下, 允许起动电机

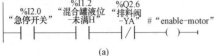

(a)

程序段2: 使能进料泵A的起动

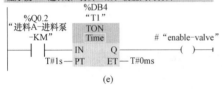

(b)

程序段3: 使能进料泵A的停止

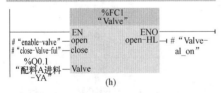

(c)

程序段5: 进料泵A打开1s后, 使能阀门打开

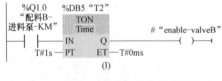

(e)

程序段6: (停止进料后)使能阀门关闭

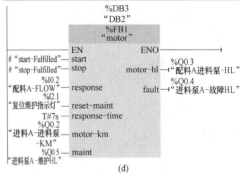

(f)

程序段7: 配料A入口阀

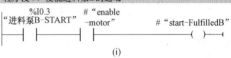

(g)

程序段8: 配料A进料阀

(h)

程序段4: 调用DB2配料A进料泵的控制

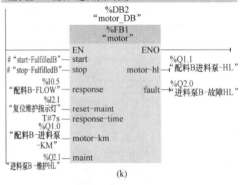

(d)

程序段9: 使能进料泵B的起动

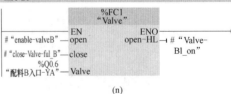

(i)

程序段10: 使能进料泵B的停止

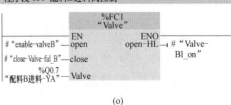

(j)

程序段11: 配料B进料泵, 调用DB2

(k)

程序段14: ...

(n)

程序段12: 进料泵B打开1s后, 使能阀门打开

(l)

程序段13: 使能配料B阀门关闭

(m)

程序段15: 配料B进料阀控制

(o)

程序段 16: 搅拌电动机互锁, 在混合罐液面高于最低限且排料阀不开的前提下

```
    %I2.0          %I1.4          %Q2.6
 "急停开关"    "混合罐液位-低L"  "排料阀-YA"        # "Enable-motor3"
┤ ├──────────┤ ├──────────┤/├────────────────( )┤
```

(p)

程序段 17: 使能搅拌电动机的起动

```
    %I0.6       # "Enable-
 "搅拌电机-START"  motor3"
┤ ├──────────┤ ├──────────────────────────# "start-fulfilled3"
                                              ( )
```

(q)

程序段 18: 使能搅拌电动机的停止

```
    %I0.7
 "搅拌电机-STOP"                           # "#stop-fulfilled3"
┤ ├──┬─────────────────────────────────────( )
     │
  # "Enable-
    motor3"
┤/├──┘
```

(r)

程序段 19: 搅拌电动机FB,调用DB6

```
                    %DB6
                 "motor_DB_1"
                ┌─────────────┐
                │    %FB1      │
                │   "motor"    │
              ──┤ EN      ENO  ├──────────────
# "start-fulfilled3"─┤ start        │    %Q2.3
# "stop-fulfilled3"──┤ stop  motor-hl├─"搅拌电机-HL"
    %I1.5         │              │    %Q2.4
 "电机运行信号"────┤ response fault├─"搅拌电机-故障HL(1)"
    %I2.1         │              │
 "复位维护指示灯"──┤ reset-maint  │
    t#3s─────────┤ response-time │
    %Q2.2        │              │
 "搅拌电机-KM"────┤ motor-km     │
    %Q2.5        │              │
 "搅拌电机-维护HL"─┤ maint        │
                └─────────────┘
```

(s)

程序段 20: 排料阀互锁, 在混合罐不空且搅拌电机不工作的前提下

```
                    %I1.3
    %I2.0        "混合罐液位        %Q2.2
 "急停开关"       -非空M"       "搅拌电机-KM"      # "enable-valveC"
┤ ├──────────┤ ├──────────┤/├────────────────( )
```

(t)

程序段 21: 能使排料阀打开

```
    %I1.0       # "enable-
 "排料阀-START"  valveC"                       # "open-drain"
┤ ├──────────┤ ├──────────────────────────────( )
```

(u)

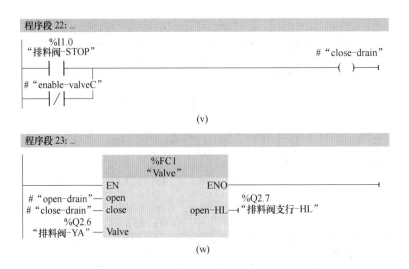

图 6-58   OB1 中的梯形图程序

(a) 程序段 1；(b) 程序段 2；(c) 程序段 3；(d) 程序段 4；(e) 程序段 5；(f) 程序段 6；(g) 程序段 7；
(h) 程序段 8；(i) 程序段 9；(j) 程序段 10；(k) 程序段 11；(l) 程序段 12；(m) 程序段 13；(n) 程序段 14；
(o) 程序段 15；(p) 程序段 16；(q) 程序段 17；(r) 程序段 18；(s) 程序段 19；(t) 程序段 20；
(u) 程序段 21；(v) 程序段 22；(w) 程序段 23

习　题

6-1 S7-1200 PLC 中数据块有哪些类型，其主要区别是什么？

6-2 什么情况应使用函数块？

6-3 为什么要在程序中使用临时变量？

6-4 请简述结构化编程的优点。

6-5 组织块与 FB 和 FC 有什么区别？

6-6 CPU 开始运行的时候，首先执行的是什么程序，应该在哪个程序块中为变量做初始化。

6-7 怎样实现多重背景？

6-8 用循环中断组织块 OB30，每 2.8s 将 QW1 的值加 1。在 I0.2 的上升沿，将循环时间修改为 1.5s。设计出主程序和 OB30 的程序。

6-9 编写程序，用 I0.2 启动时间中断，在指定的日期时间将 Q0.0 置位，在 I0.3 的上升沿取消时间中断。

6-10 编写程序，在 I0.3 的下降沿时调用硬件中断组织块 OB40，将 MW10 加 1。在 I0.2 的上升沿时调用硬件中断组织块 OB41，将 MW10 减 1。

7 S7-1200 PLC 的工艺功能及其应用

【知识要点】

S7-1200 PLC 高速计数器的应用，运动控制和 PID 控制。

【学习目标】

了解 S7-1200 PLC 的工艺功能，PLC 的高速计数器的使用方法；熟悉 PLC 在运动控制和过程控制中的应用。

本章介绍 S7-1200 PLC 的工艺功能，主要包括 S7-1200 PLC 高速计数器的应用、运动控制和 PID 控制。本章的内容难度较大，学习时应多投入时间。建议读者学习本章内容时，最好在真实的 PLC 上运行和调试程序，否则本章相关的程序仿真效果不好或者不能掌握。

7.1　PLC 的高速计数器及其应用

7.1.1　高速计数器简介

高速计数器能对超出 CPU 普通计数器能力的脉冲信号进行测量，S7-1200 CPU 提供了多个高速计数器（HSC1～HSC6）以响应快速脉冲输入信号。高速计数器的计数速度比 PLC 的扫描速度要快得多，因此高速计数器可独立于用户程序工作，不受扫描时间的限制。用户通过相关指令和硬件组态控制计数器的工作，高速计数器的典型应用是利用光电编码器测量转速和位移。

7.1.1.1　高速计数器的工作模式

高速计数器有 5 种工作模式，每个计数器都有时钟、方向控制和复位启动等特定输入。对于两个相位计数器，两个时钟都可以运行在最高频率，高速计数器的最高计数频率取决于 CPU 的类型和信号板的类型。在正交模式下，可选择 1 倍速、双倍速或 4 倍速输入脉冲频率的内部计数频率。下面分别介绍高速计数器的 5 种工作模式。

（1）单相计数，内部方向控制。单相计数的原理如图 7-1 所示，计数器采集并记录时钟信号的个数，当内部方向信号为高电平时，计数器的当前数值增加；当内部方向信号为低电平时，计数器的当前数值减小。

（2）单相计数，外部方向控制。单相计数的原理如图 7-1 所示，计数器采集并记录时钟信号的个数，当外部方向信号（例如外部按钮信号）为高电平时，计数器的当前数值增加；当外部方向信号为低电平时，计数器的当前数值减小。

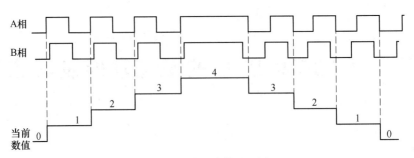

图 7-1 单相计数原理图

（3）两相计数，两路时钟脉冲输入。加减两相计数原理如图 7-2 所示，计数器采集并记录时钟信号的个数，加计数信号端子和减信号计数端子分开。当加计数有效时，计数器的当前数值增加；当减计数有效时，计数器的当前数值减少。

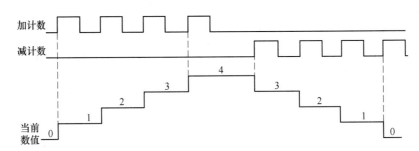

图 7-2 加减两相计数原理图

（4）A/B 相正交计数。A/B 相正交计数原理如图 7-3 所示，计数器采集并记录时钟信号的个数。A 相计数信号端子和 B 相信号计数端子分开，当 A 相计数信号超前时，计数器的当前数值增加；当 B 相计数信号超前时，计数器的当前数值减少。利用光电编码器（或者光栅尺）测量位移和速度时，通常采用这种模式。S7-1200 PLC 支持 1 倍速、双倍速或 4 倍速输入脉冲频率。

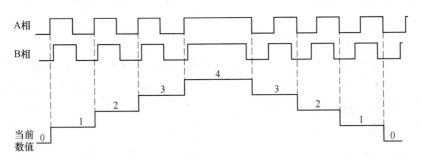

图 7-3 A/B 相正交计数原理图

（5）监控 PTO 输出。HSC1 和 HSC2 支持此工作模式，在此工作模式，不需要外部接线，用于检测 PTO 功能发出的脉冲。如用 PTO 功能控制步进驱动系统或者伺服驱动系统，可利用此模式监控步进电动机或者伺服电动机的位置和速度。

7.1.1.2 高速计数器的硬件输入

S7-1200 CPU 提供最多 6 个高速计数器，不同型号略有差别，例如 CPU1211C 最多支持 4 个。S7-1200 CPU 高速计数器的性能见表 7-1。

表 7-1 S7-1200 CPU 高速计数器的性能

CPU/信号板	CPU 输入通道	1 相或者 2 相位模式	A/B 相正交相位模式
CPU1211C	Ia. 0 ~ Ia. 5	100kHz	80kHz
CPU1212C	Ia. 0 ~ Ia. 5	100kHz	80kHz
	La. 6 ~ Ia. 7	30kHz	20kHz
CPU1214C CPU1215C	Ia. 0 ~ Ia. 5	100kHz	80kHz
	Ia. 6 ~ Ib. 1	30kHz	20kHz
CPU1217C	Ia. 0 ~ Ia. 5	100kHz	80kHz
	la. 6 ~ Ib. 1	30kHz	20kHz
	Ib. 2 ~ Ib. 5	1MHz	1MHz
SB1221，200kHz	Ie. 0 ~ Ie. 3	200kHz	160kHz
SB1223，200kHz	Ie. 0 ~ Ie，1	200kHz	160kHz
SB1223	Ie. 0 ~ Ie. 1	30kHz	20kHz

注意：CPU1217C 的高速计数功能最为强大，是因为这款 PLC 主要针对运动控制设计。

高速计数器的硬件输入接口与普通数字量接口使用相同的地址，已经定义用于高速计数器的输入点不能再用于其他功能。但某些模式下，没有用到的输入点还可以用作开关量输入点。S7-1200 PLC 模式和输入分配见表 7-2。

表 7-2 S7-1200 PLC 模式和输入分配

项目		描 述	输入点			功能
HSC	HSCI	使用 CPU 上集成 I/O 或信号板或 PTO0	I0. 0 I4. 0 PTO 0	I0. 1 I4. 1 PTO0 方向	I0. 3	
	HSC2	使用 CPU 上集成 I/O 或信号板或 PTO1	I0. 2 PTO1	I0. 3 PTO1 方向	I0. 1	
	HSC3	使用 CPU 上集成 I/O	I0. 4	I0. 5	I0. 7	
	HSC4	使用 CPU 上集成 I/O	I0. 6	I0. 7	I0. 5	
	HSC5	使用 CPU 上集成 I/O 或信号板或 PTO0	I1. 0 I4. 0	I1. 1 I4. 1	I1. 2	
	HSC6	使用 CPU 上集成 I/O	I1. 3	I1. 4	I1. 5	

续表7-2

项目	描　　述	输入点		功能
模式	单相计数，内部方向控制	时钟		
			复位	
	单相计数，外部方向控制	时钟	方向	计数或频率
			复位	计数
	两相计数，两路时钟脉冲输入	加时钟	减时钟	计数或频率
			复位	计数
	A/B 相正交计数	A 相	B 相	计数或频率
			Z 相	计数
	监控 PTO 输出	时钟	方向	计数

注意：在不同的工作模式下，同一物理输入点可能有不同的定义，使用时需要查看表7-2；用于高数计数器的物理点，只能使用 CPU 上集成 I/O 或信号模块，不能使用扩展模块，如 SM1221 数字量输入模块。

7.1.1.3　高速计数器的寻址

S7-1200 CPU 将每个高速计数器的测量值存储在输入过程映像区内。数据类型是双整数型（DINT），用户可以在组态时修改这些存储地址，在程序中可以直接访问这些地址。由于过程映像区受扫描周期的影响，在一个扫描周期中不会发生变化，但高速计数器中的实际值可能在一个周期内变化，因此用户可以通过读取物理地址的方式读取当前时刻的实际值，例如 ID1000：P。

高速计数器默认的地址见表 7-3。

表 7-3　高速计数器默认的地址

高速计数器编号	默认地址	高速计数器编号	默认地址
HSC1	ID1000	HSC4	ID1012
HSC2	ID1004	HSC5	ID1016
HSC3	ID1008	HSC6	ID1020

7.1.1.4　指令介绍

高速计数器（HSC）指令共有两条，高速计数时，不是一定要使用，以下仅介绍 CTRL-HSC 指令。高速计数指令 CTRL_HSC 的格式见表 7-4。

7.1.2　高速计数器的应用举例

与其他小型 PLC 不同，使用 S7-1200 PLC 的高速计数器完成高速计数器功能，主要的工作是硬件配置，简单的高数计数甚至不需要编写程序，只要进行硬件配置即可。以下用一个例子说明高速计数器的应用。

表 7-4 高速计数指令 CTRL_HS 格式

LAD	SCL	输入/输出	参 数 说 明
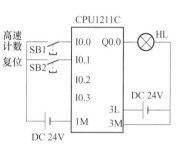	"CTRL_HSC_1_DB" (hsc：= W#16#0, dir：= False, cv：= False, rv：= False, period：= False, new_dir：= 0, new_cv：= L#0, new_rv：= L#0, new_period：= 0, busy = >_bool_out_) ;	HSC	HSC 标识符
		DIR	1：请求新方向
		CV	1：请求设置新的计数器值
		RV	1：请求设置新的参考值
		PERIOD	1：请求设置新的周期值（仅限频率测量模式）
		NEW_DIR	新方向，1：向上；-1：向下
		NEW_CV	新计数器值
		NEW_RV	新参考值
		NEW_PERIOD	以秒为单位的新周期值（仅限频率测量模式）： 1000：1s 100：0.1s 10：0.01s
		BUSY	处理状态
		STATUS	运行状态

注：状态代码（STATUS）为 0 时，表示没有错误，为其他数值表示有错误，具体可以查看手册或者在线帮助。

【例 7-1】 用高速计数器 HSC1 计数，当计数值达到 500~1000 之间时报警，报警灯 Q0.0 亮。原理图如图 7-4 所示（高速输入端子处用一个按钮代替）。

【解】 (1) 硬件配置：

1) 新建项目，添加 CPU。打开 TIA 博途软件，新建项目 "HSC1"，单击项目树中的 "添加新设备" 选项，添加 "CPU1211C"，如图 7-5 所示，再添加硬件中断组织块 "OB40"。

图 7-4 原理图

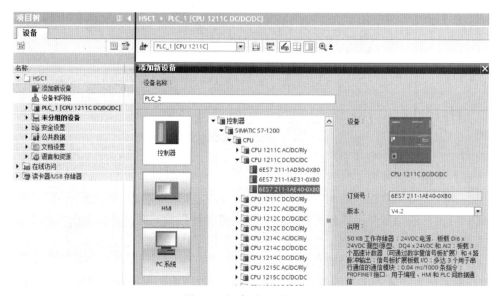

图 7-5 新建项目添加 CPU

2）启用高速计数器。在设备视图中，选中"属性"→"常规"→"高速计数器（HSC）"，勾选"启用该高速计数器"选项，如图 7-6 所示。

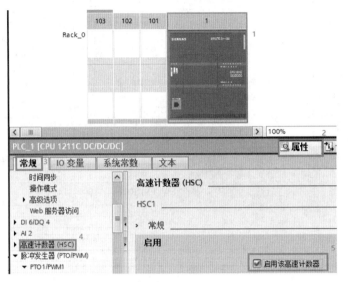

图 7-6　启动高速计数器图

3）配置高速计数器的功能。在设备视图中，选中"属性"→"常规"→"高速计数器（HSC）"→"HSC"→"功能"，配置选项如图 7-7 所示。

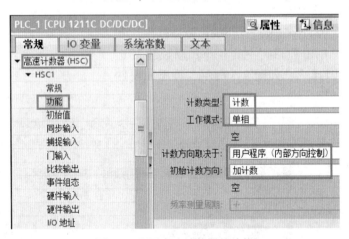

图 7-7　配置高速计数器的功能

①计数类型分为计数、时间段、频率和运动控制四个选项。

②工作模式分为单相、两相、A/B 相和 A/B 相四倍分频，此内容在前面已经介绍了。

③计数方向的选项与工作模式相关。当选择单相计数模式时，计数方向取决于内部程序，控制和外部物理输点控制。当选择 AB 相或两相模式时，没有此选项。

④初始计数方向分为增计数和减计数。

4）配置高速计数器的参考值和初始值。在设备视图中，选中"属性"→"常规"→"高速计数器（HSC）"→"HSC"→"初始值"，配置选项如图 7-8 所示。

图 7-8　配置高速计数器的参考值和初始值

①初始计数器值是指当复位后，计数器重新计数的起始数值，本例为 0。

②初始参考值是指当计数值达到此值时，可以激发一个硬件中断。

5）时间配置。在设备视图中，选中"属性"→"常规"→"高速计数器（HSC）"→"HSC1"→"事件组态"单击 按钮，选择硬件中断事件"Hardware interrupt"选项，配置选项如图 7-9 所示。

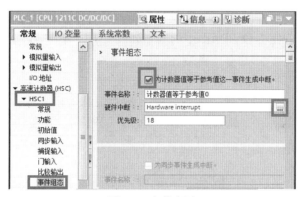

图 7-9　事件配置

6）配置硬件输入。在设备视图中，选中"属性"→"常规"→"高速计数器（HSC）"→"HSC1"→"硬件输入"，配置选项如图 7-10 所示，硬件输入地址可不更改。硬件输入定义了高速输入的输入点的地址。

图 7-10　配置硬件输入

7）配置 I/O 地址。在设备视图中，选中"属性"→"常规"→"高速计数器（HSC）"→"HSC1"→"I/O 地址"，配置选项如图 7-11 所示，I/O 地址可不更改。本例占用 IB1000~IB1003，共 4 个字节，实际就是 ID1000。

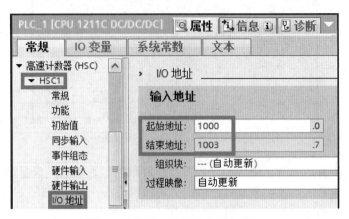

图 7-11　配置 I/O 地址中后会显示

8）查看硬件标识符。在博途 V14 的时候硬件标识符在设备组态--属性--常规--硬件标识符，但是当西门子博途升级到 V15 的时候，用这种方法已经查不到了。在需要添加硬件标识符的地方，点开图 7-12 所示图中的变量列表，可以看到类似下图这样的 PN 物理层接口。

HSC1 的硬件标识符是 257。硬件标识符不能更改，在编写程序时，要用到。在设备视图中，选中"属性"→"常规"→"高速计数器（HSC）"→"HSC1"→"硬件标识符"硬件标识符不能更改，此数值（257）在编写程序时，要用到。

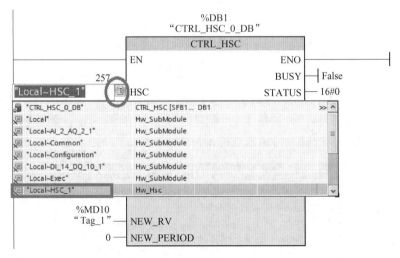

图 7-12　查看硬件标识符

9）修改输入滤波时间。在设备视图中，选中"属性"→"常规"→"DI6/DO4"→"数字量输入"→"通道 0"，如图 7-13 所示，将输入滤波时间从原来的 6.4ms 修改到 3.2μs（3.2 microsec），这个步骤极为关键。此外要注意，在此处的上升沿和下降沿不能启用。

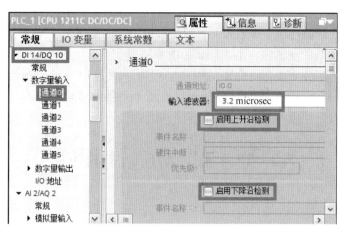

图 7-13 修改输入滤波时间

（2）编写程序。打开硬件中断组织块 OB40，编写 LAD 程序如图 7-14 所示。

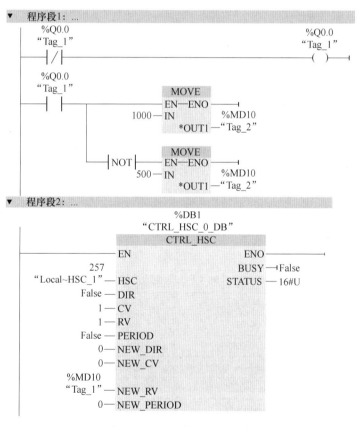

图 7-14 OB40 中的 LAD 程序

程序段 1 中，每次进入中断时，Q0.0 的状态发生改变，例如，当第一次中断时，Q0.0 置位，当下一次再中断时，Q0.0 会复位，或 Q0.0 为 1，MD10 置为 1000，当 Q0.0 断开时，MD10 置为 500。

程序段 2 是 HSC 端是硬件标识符，插入系统变量，会自动显示其值是 257，CV 为 1，表示请求设置新的计数器值，RV 为 1 表示请求设置新的参考值，NEW_CV 是指新的初始值，NEW-RV 是指新的预置值，由 MD10 的内容决定。

至此程序编制部分完成，将完成的组态与程序下载到 CPU 即可执行，当前的计数值可在 ID1000 中读出，关于高速计数器指令块，若不需要修改硬件组态中的参数，可不需要调用，系统仍可以计数。

7.2　PLC 在运动控制中的应用

7.2.1　运动控制简介

运动控制起源于早期的伺服控制。简单地说，运动控制就是对机械运动部件的位置、速度等进行实时的控制管理，使其按照预期的运动轨迹和规定的运动参数进行运动。本章的运动控制的驱动对象是伺服系统。

S7-1200 PLC 在运动控制中使用了轴的概念，通过轴的配置，包括硬件接口、位置定义、动态性能和机械特性等，与相关的指令块组合使用，可实现绝对位置、相对位置、点动、转速控制以及寻找参考点等功能。

S7-1200 PLC 的运动控制指令块符合 PLC open 规范。

7.2.2　S7-1200 PLC 的运动控制功能

S7-1200 CPU 提供两种方式的开环运动控制：

（1）脉宽调制（PWM）：内置于 CPU 中，用于速度、位置或占空比控制；

（2）运动轴：内置于 CPU 中，用于速度和位置控制。

CPU 提供了最多四个数字量输出，这四个数字量输出可以配置为 PWM 输出，或者配置为运动控制输出。为 PWM 操作配置输出时，输出的周期是固定的，脉宽或脉冲占空比可通过程序进行控制。脉宽的变化可在应用中控制速度或位置。S7-1200 CPU 高速脉冲输出的性能见表 7-5。

表 7-5　S7-1200 CPU 高速脉冲输出的性能

CPU/信号板	CPU/信号板输出通道	脉冲频率	支 持 电 压	
CPU1211C	Qa. 0-Qa. 3	100kHz	+24V PNP 型	
CPU1212C	Qa. 0-Qa. 3	100kHz		
	Qa. 4-Qa. 5	20kHz		
CPU1214C、CPU1215C	Qa. 0-Qa. 3	100kHz		
	Qa. 4-Qb. 1	20kHz		
CPU1217C	Qa. 0-Qa. 3	1MHz		
	Qa. 4-Qb. 1	100kHz		
	SB1222，200kHz		Qe. 0、Qe. 1	200kHz
SB1223，200kHz	Qe. 0、Qe. 1	20kHz		
SB1223				

脉冲串操作（PTO）按照给定的脉冲个数和周期输出一串方波（占空比 50%），如图 7-15 所示。PTO 可以产生单段脉冲串或多段脉冲串，可以 μs 或 ms 为单位指定脉冲宽度和周期。

图 7-15 PTO 原理

7.2.3 S7-1200 PLC 的运动控制指令

（1）MC_Power 系统使能指令块。轴在运动之前，必须用使能指令块，其具体参数说明见表 7-6。

表 7-6 MC_Power 系统使能指令块的参数

LAD	输入/输出	参 数 的 含 义
MC_Power EN ENO Axis Status Enable Busy StartMode Error StopMode ErrorID ErrorInfo	EN	使能
	Axis	已配置好的工艺对象名称
	StopMode	模式 0 时，按照配置好的急停曲线停止；模式 1 时，为立即停止，输出脉冲立即封死
	Enable	为 1 时，轴使能；为 0 时，轴停止
	ErrorID	错误 ID 码
	ErrorInfo	错误信息

（2）MC_Reset 错误确认指令块。如果存在一个错误需要确认，必须调用错误确认指令块进行复位，例如轴硬件超程，处理完成后，必须复位。其具体参数说明见表 7-7。

表 7-7 MC_Reset 错误确认指令块的参数

LAD	输入/输出	参 数 的 含 义
MC_Reset EN ENO Axis Done Execute Busy Restart Error ErrorID ErrorInfo	EN	使能
	Axis	已配置好的工艺对象名称
	Execute	上升沿使能
	Busy	是否忙
	ErrorID	错误 ID 码
	ErrorInfo	错误信息

（3）MC_Home 回参考点指令块。参考点在系统中有时作为坐标原点，对于运动控制系统是非常重要的。回参考点指令块具体参数说明见表 7-8。

表 7-8　MC_Home 回参考点指令块的参数

LAD	输入/输出	参数的含义
MC_Home EN　ENO Axis　Done Execute　Error Position Mode	EN	使能
	Axis	已配置好的工艺对象名称
	Execute	上升沿使能
	Position	当轴达到参考输入点的绝对位置（模式 2、3）；位置值（模式 1）；修正值（模式 2）
	Mode	为 0、1 时直接绝对回零；为 2 时被动回零；为 3 时主动回零
	Done	1：任务完成
	Busy	1：正在执行任务

（4）MC_Halt 停止轴指令块。MC_Halt 停止轴指令块用于停止轴的运动，当上升沿使能 Execute 后，轴会按照已配置的减速曲线停车。停止轴指令块具体参数说明见表 7-9。

表 7-9　MC_Halt 停止轴指令块的参数

LAD	输入/输出	参数的含义
MC_Halt EN　ENO Axis　Done Execute　Busy CommandAborted Error ErrorID ErrorInfo	EN	使能
	Axis	已配置好的工艺对象名称
	Execute	上升沿使能
	Done	1：速度达到零
	Busy	1：正在执行任务
	CommandAborted	1：任务在执行期间被另一任务中止

（5）MC_MoveRelative 相对定位轴指令块。MC_MoveRelative 相对定位轴指令块的执行不需要建立参考点，只需要定义距离、速度和方向即可。当上升沿使能 Execute 后，轴按照设定的速度和距离运行，其方向由距离中的正负号（+/-）决定。相对定位轴指令块具体参数说明见表 7-10。

表 7-10　MC_MoveRelative 相对定位轴指令块的参数

LAD	输入/输出	参数的含义
MC_MoveRelative EN　ENO Axis　Done Execute　Busy Distance　CommandAborted Velocity Error ErrorID ErrorInfo	EN	使能
	Axis	已配置好的工艺对象名称
	Execute	上升沿使能
	Distance	运行距离（正或者负）
	Velocity	定义的速度限制：启动/停止速度 < Velocity < 最大速度
	Done	1：已达到目标位置
	Busy	1：正在执行任务
	CommandAborted	1：任务在执行期间被另一任务中止

（6）MC_MoveAbsolute 绝对定位轴指令块。MC_MoveAbsolute 绝对定位轴块的执行需要建立参考点，通过定义距离、速度和方向即可。当上升沿使能 Execute 后，轴按照设定的速度和绝对位置运行。绝对定位轴指令块具体参数说明见表 7-11。

表 7-11　MC_MoveAbsolute 绝对定位轴指令块的参数

LAD	输入/输出	参数的含义
MC_MOVEABSOLUTE EN　　　　ENO 　　　　　Done 　　　　　Busy Axis　　　Command 　　　　　Aborted 　　　　　Error Execute　　ErrorId Position Velocity Acceleration Deceleration Jerk Direction	EN	使能
	Axis	已配置好的工艺对象名称
	Execute	上升沿使能
	Position	绝对目标位置
	Velocity	定义的速度限制：启动/停止速度 < Velocity <最大速度
	Done	1：已达到目标位置
	Busy	1：正在执行任务
	CommandAborted	1：任务在执行期间被另一任务中止

7.2.4　S7-1200 PLC 的运动控制实例

S7-1200 PLC 的运动控制任务的完成，正确配置运动控制参数是非常关键的，下面将用例子介绍一个完整的运动控制实施过程，其中包含配置运动控制参数内容。

【例 7-2】　某设备上有一套伺服驱动系统，伺服驱动器的型号为 ASD-B-20421-B，伺服电动机的型号为 ECMA-C30604PS，是三相交流同步伺服电动机。控制要求如下：

压下复位按钮 SB1，伺服驱动系统回原点。压下启动按钮 SB2，伺服电动机带动滑块向前运行 50mm，停 2s，然后返回原点完成一个循环过程。压下急停按钮 SB3 时，系统立即停止。运行时，灯以 1s 的周期闪亮。设计原理图，并编写程序。

【解】　（1）主要软硬件配置：

1）1 套 TIA Portal V14 SP1；

2）1 台伺服电动机，型号为 ECMA-C30604PS；

3）1 台伺服驱动器，型号为台达 ASD-B-20421-B；

4）1 台 CPU 1212C。

设计原理图如图 7-16 所示。

（2）硬件组态：

1）新建项目，添加 CPU。打开 TIA 博途软件，新建项目 "MotionControl"，单击项目树中的"添加新设备"选项，添加"CPU 1212C"，启用脉冲发生器。在设备视图中，

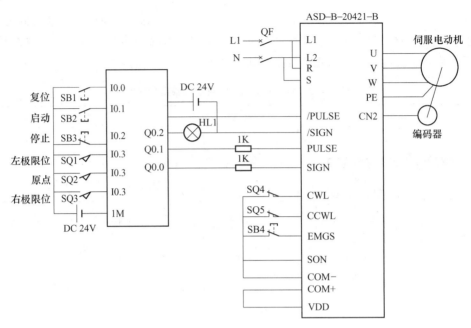

图 7-16　设计原理图

选中"属性"→"常规"→"脉冲发生器（PTO/PWM）"→"PTO1/PWM1"→"参数分配"，勾选"启用该脉冲发生器"选项，表示启用了"PTO1/PWM1"脉冲发生器，如图 7-17 所示。

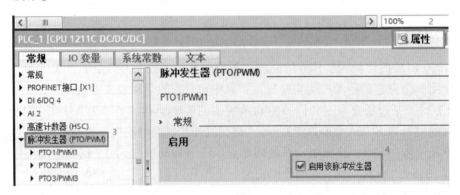

图 7-17　启用脉冲发生器

2）选择脉冲发生器的类型。在设备视图中，选中"属性"→"常规"→"脉冲发生器（PTO/PWM）"→"PTO1/PWM1"→"参数分配"，选择信号类型为"PTO（脉冲 A 和方向 B）"。信号类型有五个选项，分别是：PWM、PTO（脉冲 A 和方向 B）、PTO（正数 A 和倒数 B）、PTO（A/B 移相）和 PTO（A/B 移相-四倍频）。

配置硬件输出。在设备视图中，选中"属性"→"常规"→"脉冲发生器（PTO/PWM）"→"PTO1/PWM1"→"硬件输出"，选择脉冲输出点为 Q0.0，勾选"启用方向输出"，选择方向输出为 Q0.1。

查看硬件标识符。在设备视图中，选中"属性"→"常规"→"脉冲发生器（PTO/

PWM）"→"PTO1/PWM1"→"硬件标识符"，可以查看到硬件标识符为 265，此标识符在编写程序时要用到。

（3）工艺对象"轴"配置：工艺对象"轴"配置是硬件配置的一部分，由于这部分内容非常重要，因此单独进行讲解。

"轴"表示驱动的工艺对象，"轴"工艺对象是用户程序与驱动的接口。工艺对象从用户程序收到运动控制命令，在运行时执行并监视执行状态。"驱动"表示步进电动机加电源部分或者伺服驱动加脉冲接口的机电单元。运动控制中，必须要对工艺对象进行配置才能应用控制指令块。工艺配置包括三个部分：工艺参数配置、轴控制面板和诊断面板，以下分别进行介绍。

1）工艺参数配置。参数配置主要定义了轴的工程单位（如脉冲数/分钟、转/分钟）、软硬件限位、启动/停止速度和参考点的定义等。工艺参数的配置步骤如下：

①插入新对象。在 TIA Portal 软件项目视图的项目树中，选择"Motion Control"→"PLC_1"→"工艺对象"→"插入新对象"，双击"插入新对象"，如

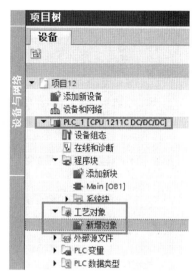

图 7-18 插入新对象

图 7-18 所示；弹出如图 7-19 所示的界面，选择"运动控制"→"TO_PositioningAxis"，单击"确定"按钮。

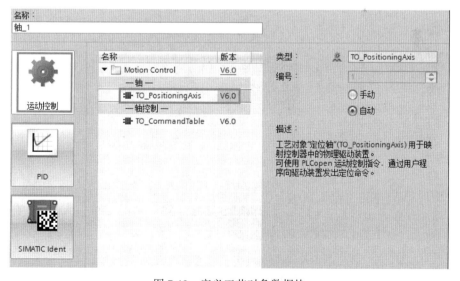

图 7-19 定义工艺对象数据块

②配置常规参数。在"功能图"选项卡中，选择"基本参数"→"常规"，"驱动器"项目中有三个选项：PTO（表示运动控制由脉冲控制）、模拟驱动装置接口（表示运动控制由模拟量控制）和 PROFIdrive（表示运动控制由通信控制）。本例选择"PTO"选

项，测量单位可根据实际情况选择，本例选用默认设置，如图 7-20 所示。

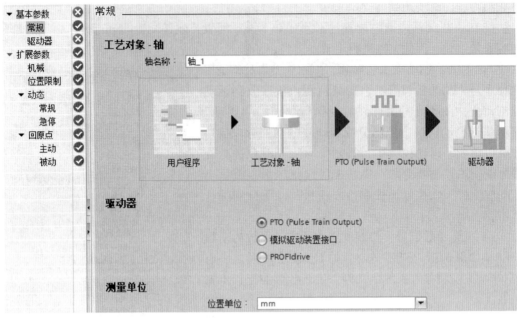

图 7-20 配置常规参数

③配置驱动器参数。在"功能图"选项卡中，选择"基本参数"→"驱动器"，选择脉冲发生器为"Pulse_1"，其对应的脉冲输出点和信号类型以及方向输出，都已经在硬件配置时定义了，在此不作修改，如图 7-21 所示。

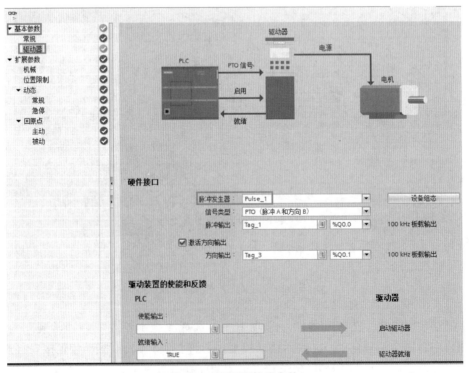

图 7-21 配置驱动器参数

"驱动器的使能和反馈"在工程中经常用到，当 PLC 准备就绪，输出一个信号到伺服驱动器的使能端子上，通知伺服驱动器，PLC 已经准备就绪。当伺服驱动器准备就绪后发出一个信号到 PLC 的输入端，通知 PLC，伺服驱动器已经准备就绪。本例中没有使用此功能。

④配置机械参数。在"功能图"选项卡中，选择"扩展参数"→"机械"，设置"电机每转的脉冲数"为"1000"，此参数取决于伺服电机自带编码器的参数。"电机每转的负载位移"取决于机械结构，如伺服电机与丝杠直接相连，则此参数就是丝杠的螺距，本例为"10.0"，如图 7-22 所示。

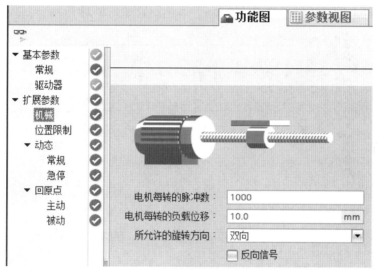

图 7-22　配置机械参数

⑤配置位置限制参数。在"功能图"选项卡中，选择"扩展参数"→"位置限制"，勾选"启用硬限位开关"和"启用软限位开关"，如图 7-23 所示。

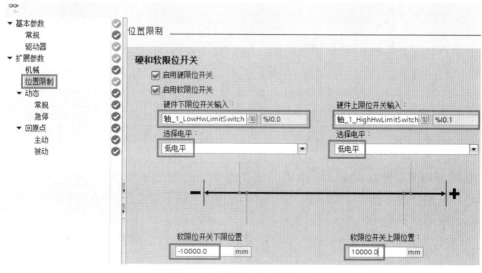

图 7-23　配置位置限制参数

在"硬件下限位开关输入"中选择"I0.0",在"硬件上限位开关输入"中选择"I0.1",选择电平为"低电平",这些设置必须与原理图匹配。由于本例的限位开关在原理图中接入的是常闭触点,而且是 PNP 输入接法,因此当限位开关起作用时为"低电平",所以此处选择"低电平";如果输入端是 NPN 接法,那么此处也应选择"低电平",这一点要特别注意。

软限位开关的设置根据实际情况确定,本例设置为"-1000"和"1000"。

⑥配置动态参数。在"功能图"选项卡中,选择"扩展参数"→"动态"→"常规",根据实际情况修改最大转速、启动/停止速度和加速时间/减速时间等参数(此处的加速时间和减速时间是正常停机时的数值),本例设置如图 7-24 所示。

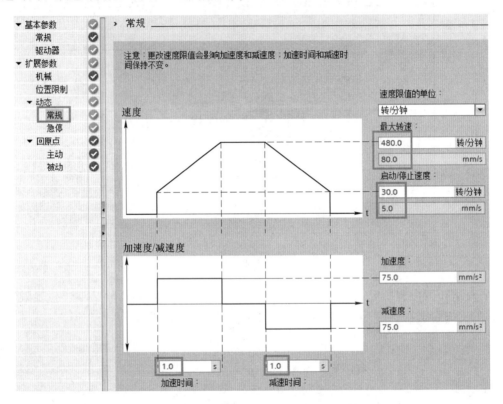

图 7-24 配置动态参数(1)

在"功能图"选项卡中,选择"扩展参数"→"动态"→"急停",根据实际情况修改减速时间等参数(此处的减速时间是急停时的数值),本例设置如图 7-25 所示。

⑦ 配置回原点参数。在"功能图"选项卡中,选择"扩展参数"→"回原点"→"主动",根据原理图选择"输入原点开关"是 I0.4。由于输入是 PNP 电平,所以"选择电平"选项是"高电平"。

"起始位置偏移量"为 0,表明原点就在 I0.4 的硬件物理位置上。本例设置如图 7-26 所示。

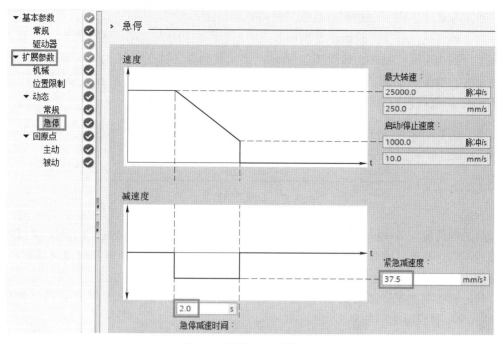

图 7-25 配置动态参数（2）

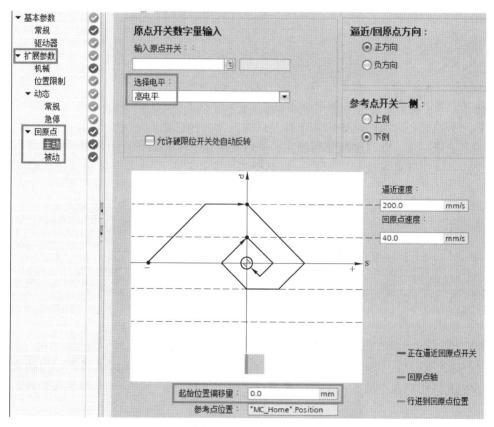

图 7-26 配置回原点

回参考点（原点）的过程有以下三种常见的情况：

第一种情况：滑块的起始位置在参考点的左侧，在到达参考点的右边沿时，从接近速度减速至到达速度已完成，如图 7-27 所示。当检测到参考点的左边沿时，电动机减速至到达速度，轴按照此速度移动到参考点的右边并停止，此时的位置计数器会将参数 Position 中的值设置为当前参考点。

图 7-27   回原点情形之一

第二种情况：滑块的起始位置在参考点的左侧，在到达参考点的右边沿时，从接近速度减速至到达速度已完成，如图 7-28 所示。由于在右边沿位置，轴未能减速至到达速度，轴会停止当前运动并以到达速度反向运行，直至检测到参考点右边沿上升沿，轴再次停止，然后轴按照此速度移动到参考点的右边下降沿并停止，此时的位置计数器会将参数 Position 中的值设置为当前参考点。

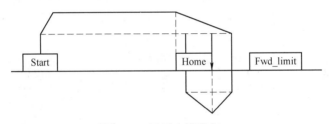

图 7-28   回原点情形之二

第三种情况：滑块的起始位置在参考点的右侧，轴在正向运动中没有检测到参考点，直至碰到右限位点，此时轴减速到停止，并以接近速度反向运行；当检测到左边沿后，轴减速停止，并以到达速度正向运行，直至检测到右边沿，回参考点过程完成，如图 7-29 所示。

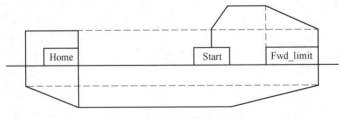

图 7-29   回原点情形之三

2）轴控制面板。用户可以使用轴控制面板调试驱动设备、测试轴和驱动的功能，轴控制面板允许用户在手动方式下实现参考点定位、绝对位置运动、相对位置运动和点动等功能。

使用轴控制面板并不需要编写和下载程序代码。

①点动控制。在 TIA Portal 软件项目视图的项目树中，选择"Motion Control"→"PLC_1"→"工艺对象"→"插入新对象"→"Axis 1"→"调试"，如图 7-30 所示；双击"调试"选项，打开轴控制面板，如图 7-31 所示，先单击"激活"和"启用"按钮，再选中"点动"选项，之后单击"正向"或者"反向"按钮，伺服电动机以设定的速度正向或者反向运行，并在轴控制面板中，实时显示当前位置和速度。

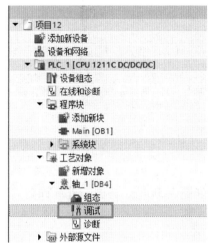

图 7-30　打开轴控制面板　　　　　图 7-31　用轴控制面板进行点动控制

②定位控制。在轴控制面板中。先单击"激活"和"启用"按钮，再选中"定位"选项，之后单击"相对"按钮，伺服电动机以设定的速度从当前位置向设定位置运行，并在轴控制面板中，实时显示当前位置和速度。因为没有回原点，所以不能以绝对位移运动，这种情况，"绝对"按钮显示为灰色。

如果已经回原点，"绝对"和"相对"按钮均是亮色，则表明可以进行绝对位移运动和相对位移运动控制。

③回原点控制。在轴控制面板中，先单击"激活"和"启用"按钮，再选中"回原点"选项，之后单击"设置回原点位置"按钮，则当前位置为原点。这样操作后，就可以进行绝对位移位置控制操作。

3）诊断面板。无论在"手动模式"还是"自动模式"中，都可以通过在线方式查看诊断面板。诊断面板用于显示轴的关键状态和错误消息。

①状态和错误位。在 TIA Portal 软件项目视图的项目树中，选择"Motion Control"→"PLC_1"→"工艺对象"→"Axis 1"→"诊断"，如图 7-32 所示；双击"诊断"选项，打开诊断面板，如图 7-33 所示。因为没有错误，右下侧显示"正常"字样，关键的信息用绿色的方块提示用户，无关信息则是灰色方块提示。

在状态和错误位界面中，错误的信息用红色方框提示用户，如"已逼近硬限位开关"前面有红色的方框，表示硬限位开关已经触发，因此用户必须看 I0.0 和 I0.1 限位开关。

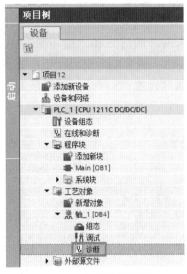

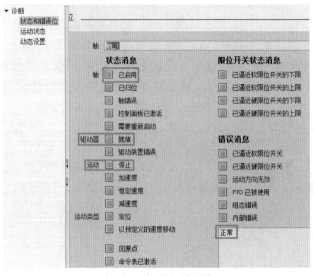

图 7-32 打开诊断面板   图 7-33 状态和错误位

②运动状态。选中并双击"运动状态"选项，弹出如图 7-34 所示界面，此界面包含位置设定值、目标位置、速度设定值和剩余行进距离等参数。

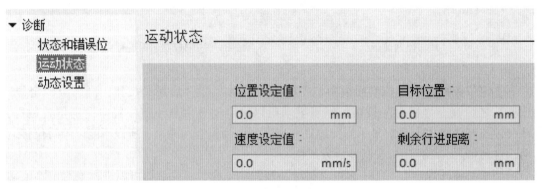

图 7-34 运动状态

③动态设置。选中并双击"动态设置"选项，弹出如图 7-35 所示界面，此界面包含加速度、减速度、加加速度和紧急减速度等参数。

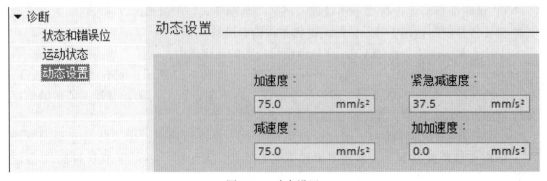

图 7-35 动态设置

(4) 创建数据块和编写程序：创建数据块如图 7-36 所示，编写程序如图 7-37 所示。

X-DB

	名称	数据类型	起始值	保持
1	▼ Static			
2	X_HOME_EX	Bool	false	
3	X_HOME_done	Bool	false	
4	X_MAB_EX	Bool	false	
5	X_MAB_done	Bool	false	

图 7-36 数据块

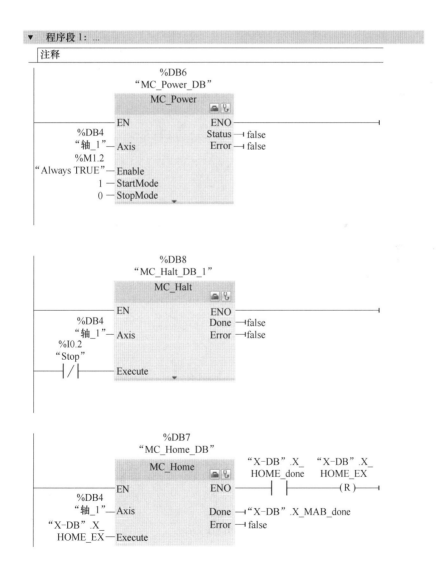

▼ 程序段 4：...

注释

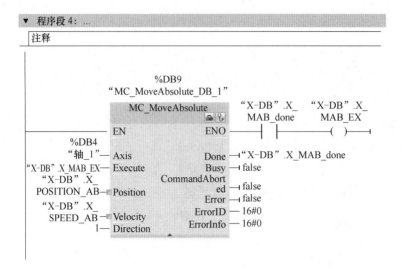

▼ 程序段 5：...

注释

▼ 程序段 6：...

注释

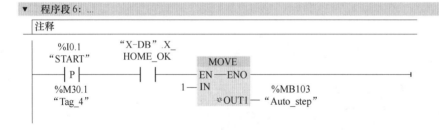

▼ 程序段 7：...

注释

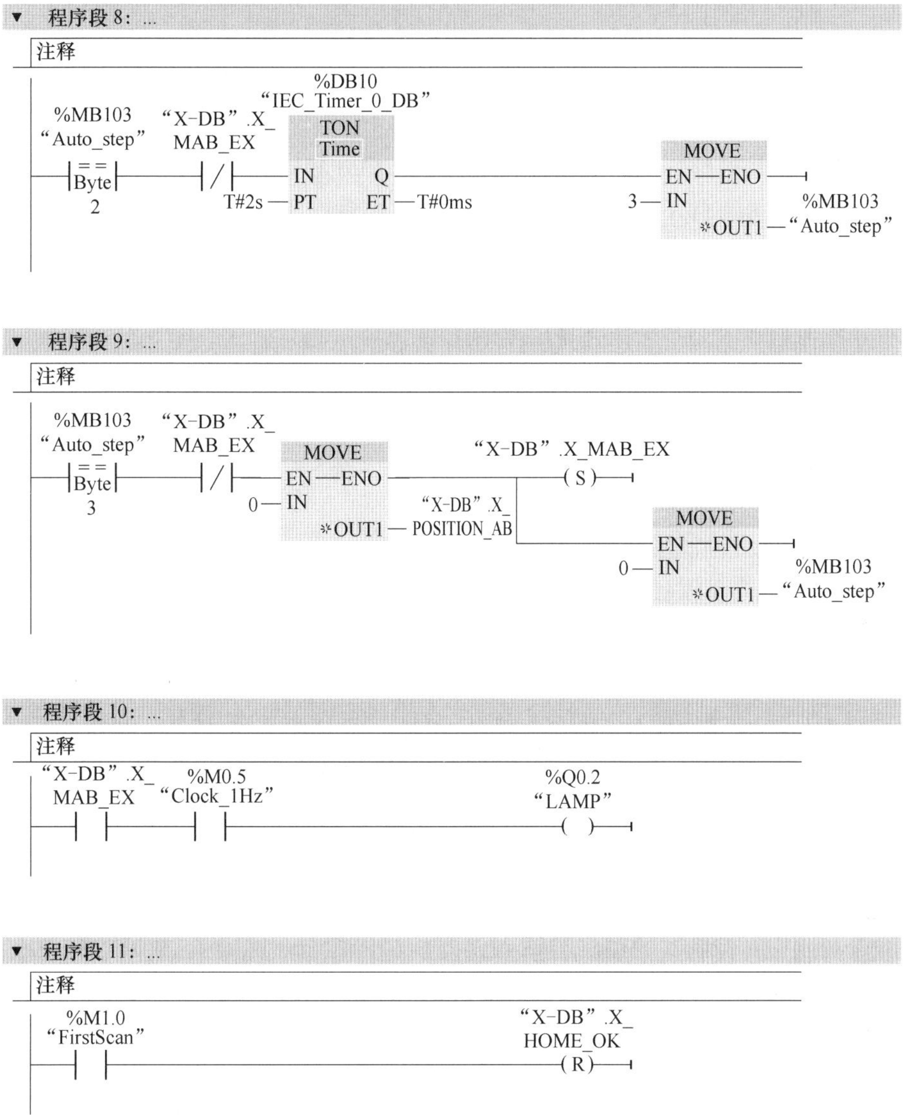

▼ 程序段 8：...

注释

%MB103 "Auto_step" ==Byte 2 | "X-DB".X_MAB_EX /| | %DB10 "IEC_Timer_0_DB" TON Time — IN Q / T#2s — PT　ET — T#0ms | MOVE EN — ENO 3 — IN　*OUT1 — %MB103 "Auto_step"

▼ 程序段 9：...

注释

%MB103 "Auto_step" ==Byte 3 | "X-DB".X_MAB_EX /| | MOVE EN — ENO 0 — IN　*OUT1 — "X-DB".X_POSITION_AB | "X-DB".X_MAB_EX (S) | MOVE EN — ENO 0 — IN　*OUT1 — %MB103 "Auto_step"

▼ 程序段 10：...

注释

"X-DB".X_MAB_EX | %M0.5 "Clock_1Hz" | %Q0.2 "LAMP" ( )

▼ 程序段 11：...

注释

%M1.0 "FirstScan" | "X-DB".X_HOME_OK (R)

图 7-37　编写程序

7.3　PLC 在过程控制中的应用

7.3.1　PID 控制原理简介

在过程控制中，按偏差的比例（P）、积分（I）和微分（D）进行控制的 PID 控制器（也称为 PID 调节器）是应用最广泛的一种自动控制器。它具有原理简单、易于实现、适用面广、控制参数相互独立、参数选定比较简单和调整方便等优点，而且在理论上可以证明。对于过程控制的典型对象"一阶滞后+纯滞后"与"二阶滞后

+纯滞后"的控制对象，PID 控制器是一种最优控制。PID 调节规律是连续系统动态品质校正的一种有效方法，它的参数整定方式简便，结构改变灵活（如可为 PI 调节、PD 调节等）。长期以来，PID 控制器被广大科技人员及现场操作人员所采用，并积累了大量的经验。

PID 控制器就是根据系统的误差，利用比例、积分和微分计算出控制量来进行控制。当被控对象的结构和参数不能完全掌握，或得不到精确的数学模型时、控制理论的其他技术难以采用时，系统控制器的结构和参数必须依靠经验和现场调试来确定，这时应用 PID 控制技术最为方便。因此，当不完全了解一个系统和被控对象，或不能通过有效的测量手段来获得系统参数时，最适合采用 PID 控制技术。

7.3.1.1　比例（P）控制

比例控制是一种最简单、最常用的控制方式，如放大器、减速器和弹簧等，比例控制器能立即成比例地响应输入的变化量。但仅有比例控制时，系统输出存在稳态误差（steady-state error）。

7.3.1.2　积分（I）控制

在积分控制中，控制器的输出量是输入量对时间积累。对一个自动控制系统，如果在进入稳态后存在稳态误差，则称这个控制系统是有稳态误差或简称有差系统（system with steady-state error）。为了消除稳态误差，在控制器中必须引入"积分项"。积分项对误差的运算取决于时间的积分，随着时间的增加，积分项会增大。所以即便误差很小，积分项也会随着时间的增加而加大，它推动控制器的输出增大，使稳态误差进一步减小，直到等于零。因此，采用比例+积分（PI）控制器，可以使系统在进入稳态后无稳态误差。

7.3.1.3　微分（D）控制

在微分控制中，控制器的输出与输入误差信号的微分（即误差的变化率）成正比关系。自动控制系统在克服误差的调节过程中可能会出现振荡甚至失稳，其原因是存在有较大的惯性组件（环节）或有滞后（delay）组件，具有抑制误差的作用，其变化总是落后于误差的变化。解决的办法是使抑制误差的作用的变化"超前"，即在误差接近零时，抑制误差的作用就应该是零。这就是说，在控制器中仅引入"比例"项往往是不够的，比例项的作用仅是放大误差的幅值，因而需要增加的是"微分项"，它能预测误差变化的趋势，这样，具有比例+微分的控制器就能够提前使抑制误差的控制作用等于零，甚至为负值，从而避免被控量的严重超调。所以对有较大惯性或滞后的被控对象，比例+微分（PD）控制器能改善系统在调节过程中的动态特性。

7.3.1.4　闭环控制系统特点

控制系统一般包括开环控制系统和闭环控制系统。开环控制系统（Open-loop Control System）是指被控对象的输出（被控制量）对控制器（controller）的输出没有影响，在这种控制系统中，系统的输入影响输出而不受输出影响。因其内部没有形成闭合的反馈环，像是被断开的环。闭环控制系统（Closed-loop Control System）的特点是系统被控对象的输出（被控制量）会返送回来，影响控制器的输出，形成一个或多个闭环。闭环控制系统有正反馈和负反馈，若反馈信号与系统给定值信号相反，则称为负反馈（Negative

Feedback）；若极性相同，则称为正反馈。一般闭环控制系统均采用负反馈，又称为负反馈控制系统。可见，闭环控制系统性能远优于开环控制系统。

7.3.1.5 PID 控制器的主要优点

PID 控制器成为应用最广泛的控制器，它具有以下优点。

（1）PID 算法蕴含了动态控制过程中过去、现在和将来的主要信息，而且其配置几乎最优。其中，比例（P）代表了当前的信息，起纠正偏差的作用，使过程反应迅速。微分（D）在信号变化时有超前控制作用，代表将来的信息。在过程开始时强迫过程进行，过程结束时减小超调，克服振荡，提高系统的稳定性，加快系统的过渡过程。积分（I）代表了过去积累的信息，它能消除静差，改善系统的静态特性。此三种作用配合得当，可使动态过程快速、平稳、准确，收到良好的效果。

（2）PID 控制适应性好，有较强的鲁棒性，对各种工业应用场合，都可在不同的程度上应用，特别适于"一阶惯性环节+纯滞后"和"二阶惯性环节+纯滞后"的过程控制对象。

（3）PID 算法简单明了，各个控制参数相对较为独立，参数的选定较为简单，形成了完整的设计和参数调整方法，很容易为工程技术人员所掌握。

（4）PID 控制根据不同的要求，针对自身的缺陷进行了不少改进，形成了一系列改进的 PID 算法。例如，为了克服微分带来的高频干扰的滤波 PID 控制，为克服大偏差时出现饱和超调的 PID 积分分离控制，为补偿控制对象非线性因素的可变增益 PID 控制等，这些改进算法在一些应用场合取得了很好的效果。同时，当今智能控制理论的发展，又形成了许多智能 PID 控制方法。

7.3.1.6 PID 的算法

PID 控制系统原理框图如图 7-38 所示。

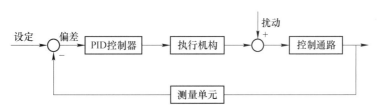

图 7-38　PID 控制系统原理框图

PID 算法 S7-1200/1500 PLC 内置了三种 PID 指令，分别是 PID_Compact、PID_3Step 和 PID_Temp。

PID_Compact 是一种具有抗积分饱和功能，并且能够对比例作用和微分作用进行加权的 PID 控制器。PID 算法根据以下等式工作：

$$y = K_P \left[(bwx) + \frac{1}{T_I}(w - x) + \frac{T_D s}{aT_D s + 1}(cw - x) \right]$$

式中，y 为 PID 算法的输出值；K_P 为比例增益；s 为拉普拉斯运算符；b 为比例作用权重；w 为设定值；x 为过程值；T_I 为积分作用时间；T_D 为微分作用时间；a 为微分延迟系数（微分延迟 $T = aT_D$）；c 为微分作用权重。

【关键点】上述公式是非常重要的，根据这个公式读者必建立一个概念增益 K_P。增加可以直接导致输出值 y 的快速增加，T_I 的减小可以直接导致积分项数值的减少，微分项数值的大小随着微分时间 T_D 的增加而增加，从而直接导致 y 增加。理解了这一点，对于正确调节 P、I、D 三个参数是至关重要的。

PID_Compact 指令控制系统方框图如图 7-39 所示。

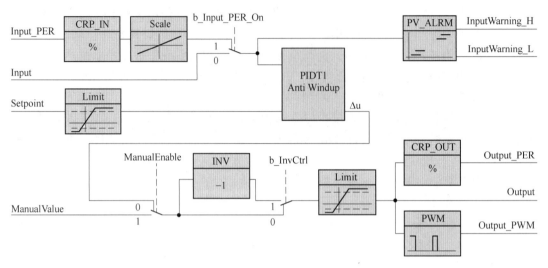

图 7-39　PID_Compact 控制系统方框图

使用 PID_3Step 指令可对具有阀门自调节的 PID 控制器或具有积分行为的执行器进行组态。它与 PID_Compact 指令的最大区别在于前者有两路输出，而后者只有一路输出。

PID_Temp 指令提供了一种可对温度过程进行集成调节的 PID 控制器。

S7-1200 CPU 提供的 PID 控制器回路数量受到 CPU 的工作内存及支持 DB 块数量的限制，建议不要超过 16 路 PID 回路。用户可以手动调试 PID 参数，也可以使用参数自整定功能。此外，STEP7 还提供了 PID 调试窗口，可以通过曲线直观地了解控制器和被控对象的状态。

7.3.2　PID 控制器的参数整定

PID 控制器的参数整定是控制系统设计的核心内容。它是根据被控过程的特性，确定 PID 控制器的比例系数、积分时间和微分时间的大小。PID 控制器参数整定的方法很多，概括起来有如下两大类。

一是理论计算整定法。它主要依据系统的数学模型，经过理论计算确定控制器参数。这种方法所得到的计算数据未必可以直接使用，还必须通过工程实际进行调整和修改。

二是工程整定法。它主要依赖于工程经验，直接在控制系统的试验中进行，且方法简单、易于掌握，在工程实际中被广泛采用。PID 控制器参数的工程整定方法，主要有临界比例法、反应曲线法和衰减法。这三种方法各有特点，其共同点都是通过试验，然后按照工程经验公式对控制器参数进行整定。但无论采用哪一种方法所得到的控制器参数，都需要在实际运行中进行最后的调整与完善。

（1）整定的方法和步骤。现在一般采用的是临界比例法，利用该方法进行 PID 控制器参数的整定步骤如下：

1）首先预选择一个足够短的采样周期让系统工作；

2）仅加入比例控制环节，直到系统对输入的阶跃响应出现临界振荡，记下这时的比例放大系数和临界振荡周期；

3）在一定的控制制度下，通过公式计算得到 PID 控制器的参数。

（2）PID 参数的经验值。在实际调试中，只能先大致设定一个经验值，然后根据调节效果修改，常见系统的经验值如下：

1）对于温度系统：P（%）20~60，I（min）3~10，D（min）0.5~3；

2）对于流量系统：P（%）40~100，I（min）0.1~1；

3）对于压力系统：P（%）30~70，I（min）0.4~3；

4）对于液位系统：P（%）20~80，I（min）1~5。

7.3.3 PID 指令及其应用

PID_Compact 指令块的参数分为输入参数和输出参数，指令块的视图分为扩展视图和集成视图，不同的视图中看到的参数不一样，扩展视图中看到的参数多。表 7-12 中的 PID_Compact 指令是扩展视图，可以看到亮色和灰色字迹的所有参数，而集成视图中可见的参数少，只能看到含亮色字迹的参数，不能看到灰色字迹的参数。扩展视图和集成视图可以通过指令块下边框处的"三角"符号相互切换。

PID_Compact 指令块的参数分为输入参数和输出参数，其含义见表 7-12。

表 7-12 PID_Compact 指令块的参数

LAD	输入/输出	含 义
	Setpoint	自动模式下的给定值
	Input	实数类型反馈
	Input_PER	整数类型反馈
	ManualEnable	0 到 1，上升沿，手动模式 1 到 0，下降模式，自动模式
	ManualValue	手动模式下的输出
	Reset	重新启动控制器
	ScaledInput	当前输入值
	Output	实数类型输出
	Output_PER	整数类型输出
	Output_PWM	PWM 输出
	SetpointLimit_H	当反馈值高于高限时设置
	SetpointLimit_L	当反馈值低于低限时设置
	InputWarning_H	当反馈值高于高限报警时设置
	InputWarning_L	当反馈值低于低限报警时设置
	State	控制器状态

LAD 图（PID_Compact 指令块）：
EN、Setpoint、Input、Input_PER、Disturbance、ManualEnable、ManualValue、ErrorAck、Reset、ModeActivate、Mode
ENO、ScaledInput、Output、Output_PER、Output_PWM、SetpointLimit_H、SetpointLimit_L、InputWarning_H、InputWarning_L、State、Error、ErrorBits

7.3.4　PID 控制应用举例

以下用一个例子介绍 PID 控制的应用。

【例7-3】　有一台电炉，要求炉温控制在一定的范围。

电炉的工作原理如下：当设定电炉温度后，CPU 1211C 经过 PID 运算后由 Q0.0 输出一个脉冲串送到固态继电器，固态继电器根据信号（弱电信号）的大小控制电热丝的加热电压（强电）的大小（甚至断开），温度传感器测量电炉的温度，温度信号经过变送器的处理后输入到模拟量输入端子，再送到 CPU 1211C 进行 PID 运算，如此循环。编写控制程序。

【解】　（1）主要软硬件配置：

1）1 套 TIA Portal V14SP1；

2）1 台 CPU 1211C；

3）1 根网线；

4）1 台电炉。

其 I/O 接线原理图如图 7-40 所示。

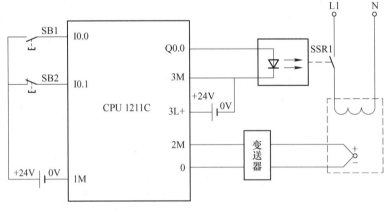

图 7-40　I/O 接线原理图

（2）硬件组态：

1）新建项目，添加 CPU。打开 TIA 博途软件，新建项目 "PID"，在项目树中，单击 "添加新设备" 选项，添加 "CPU 1211C"。

2）新建变量表。新建变量和数据类型，如图 7-41 所示。

		名称	数据类型	地址	保持	可从 …	从 H…	在 H…
1	▣	设定温度	Real	%MD20	☐	☑	☑	☑
2	▣	测量温度	Int	%IW66	☐	☑	☑	☑
3	▣	PWM输出	Bool	%Q0.0	☐	☑	☑	☑
4	▣	Eroor	DWord	%MD10	☐	☑	☑	☑
5	▣	PIDD_Sate	Word	%MW16	☐	☑	☑	☑

默认变量表

图 7-41　变量表

（3）参数配置：

1）添加循环组织块。在 TIA 博途软件的项目树中，选择"PID"→"PLC_1"→"程序块"→"添加程序块"选项，双击"添加程序块"，选择"组织块"→"Cyclic interrupt"选项，单击"确定"按钮。

2）插入 PID_Compact 指令块。添加完循环中断组织块后，选择"指令树"→"工艺"→"PID 控制"→"PID_Compact"选项，将"PID_Compact"指令块拖拽到循环中断组织中。添加完"PID_Compact"指令块后，会弹出如图 7-42 所示的界面，单击"确定"按钮，完成对"PID_Compact"指令块的背景数据块的定义。

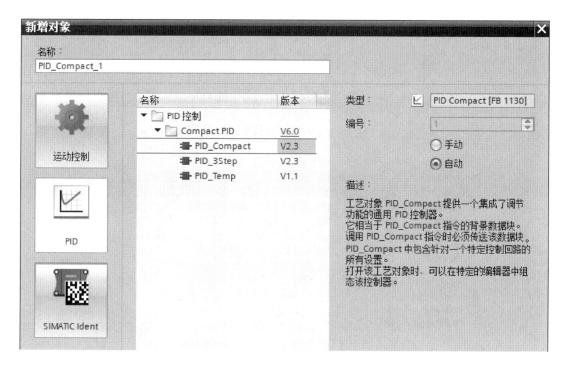

图 7-42　插入对象

3）基本参数配置。先选中已经插入的指令块，再选择"属性"→"组态"→"基本设置"，作如图 7-43 所示的设置。当 CPU 重启后，PID 运算变为自动模式，需要注意的是"PID_Compact"指令块输入参数 Mode，最好不要赋值。

"设定温度""测量温度"和"PWM 输出"三个参数，通过其右侧的图片按钮选择。

4）过程值设置。先选中已经插入的指令块，再选择"属性"→"组态"→"过程值设置"，作如图 7-44 所示的设置。把过程值的下限设置为 0.0，把过程值的上限设置为传感器的上限值 120.0，这就是温度传感器的量程。

5）高级设置。选择"项目树"→"PID1"→"PLC_1"→"工艺对象"→"PID_Compact_1"→"组态"选项，如图 7-45 所示，双击"组态"，打开"组态"界面。

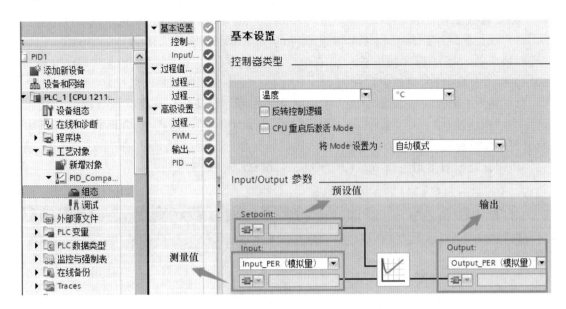

图 7-43 基本设置

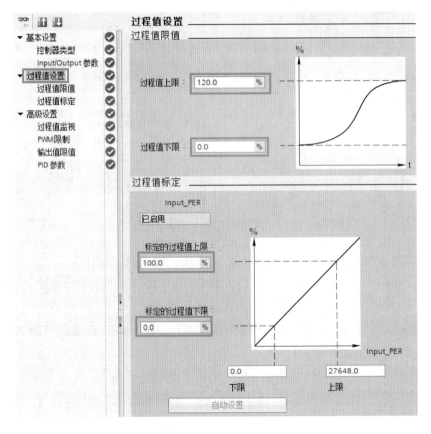

图 7-44 过程值设定

①过程值监视。选择"功能视野"→"高级设置"→"过程值监视"选项，设置如图 7-46 所示。当测量值高于此数值会报警，但不会改变工作模式。

②PWM 限制。选择"功能视野"→"高级设置"→"PWM 限制"选项，设置如图 7-47 所示。代表输出接通和断开的最短时间，如固态继电器的导通和断开切换时间。

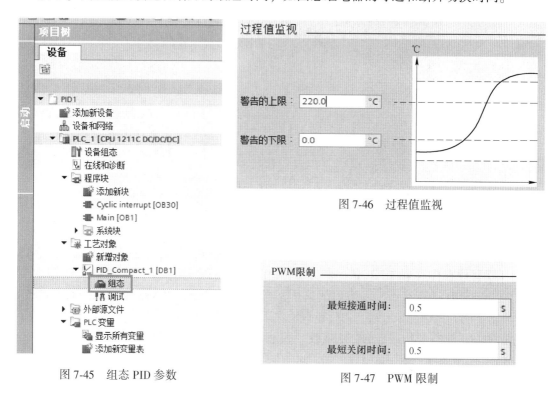

图 7-45　组态 PID 参数

图 7-46　过程值监视

图 7-47　PWM 限制

③PID 参数。选择"功能视野"→"高级设置"→"PID 参数"选项，设置如图 7-48 所示，不启用"启用手动输入"，使用系统自整定参数；调节规则使用"PID"控制器。

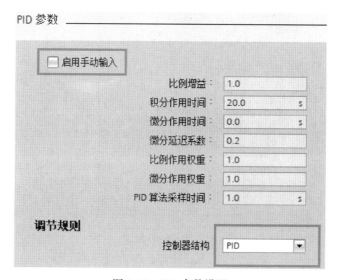

图 7-48　PID 参数设置

④输出值限值。选择"功能视野"→"高级设置"→"输出值限值"选项,设置如图 7-49 所示。"输出值限值"一般使用默认值,不修改。

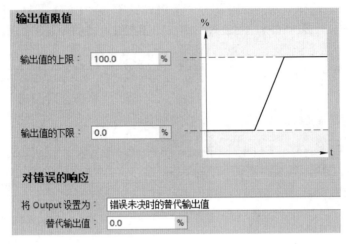

图 7-49   输出值限值

而"将 Output 设置为:"有三个选项,当选择"错误未决时的替代输出值"时,PID 运算出错,以替代值输出,当错误消失后,PID 运算重新开始;当选择"错误待定时的当前值"时,PID 运算出错,以当前值输出,当错误消失后,PID 运算重新开始;当选择"非活动"时,PID 运算出错,之后错误消失后,PID 运算不会重新开始,在这种模式下,如希望重启,则需要用编程的方法实现。因此,这个项目的设置至关重要。

(4)程序编写:编写 LAD 程序,如图 7-50 所示。

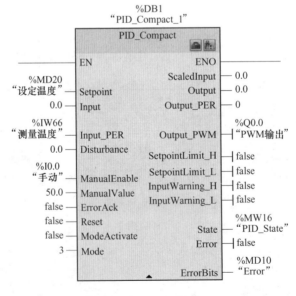

图 7-50   LAD 程序

(5)自整定:很多品牌的 PLC 都有自整定功能。S7-1200/1500 PLC 有较强的自整定功能，这大大减少了 PID 参数整定的时间，对初学者更是如此，可借助 TIA 博途软件的调试面板进行 PID 参数的自整定。

1）打开调试面板，打开 S7-1200/1500 PLC 调试面板有两种方法。

方法 1：选择"项目树"→"PID1"→"PLC_1"→"工艺对象"→"PID_Compact_1"→"调试"选项，如图 7-51 所示，双击"调试"，打开"调试面板"界面。

方法 2：单击指令块 PID_Compact 上的图标，如图 7-52 所示，即可打开"调试面板"。

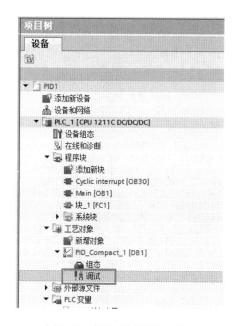

图 7-51　打开调试面板方法 1　　　　图 7-52　打开调试面板方法 2

2）自整定的条件，自整定正常运算需满足以下两个条件：

①|设定值-反馈值|>0.3×|输入高限-输入低限|；

②|设定值-反馈值|>0.5×|设定值|。

当自整定时，有时弹出"启动预调节出错。过程值过于接近设定值"信息，通常问题在于不符合以上两条整定条件。

3）调试面板，调试面板如图 7-52 所示，包括四个部分，下面分别介绍。

①调试面板控制区：启动和停止测量功能、采样时间以及调试模式选择。

②趋势显示区：以曲线的形式显示设定值、测量值和输出值，这个区域非常重要。

③调节状态区：包括显示 PID 调节的进度、错误、上传 PID 参数到项目和转到 PID 参数。

④控制器的在线状态区：用户在此区域可以监视给定值、反馈值和输出值，并可以手动强制输出值，勾选"手动"前方的方框，用户在" Output"栏内输入百分比形式的输出值，并单击"修改"按钮图片即可。

自整定过程，单击如图 7-53 所示界面中"1"处的"Start"按钮（按钮变为"Stop"），开始测量在线值，在"调节模式"下面选择"预调节"，再单击"2"处的"Start"按钮（按钮变为"Stop"），预调节开始。当预调节完成后，在"调节模式"下面选择"精确调节"，再单击"2"处的"Start"按钮（按钮变为"Stop"），精确调节开始。预调节和精确调节都需要消耗一定的运算时间，需要用户等待。

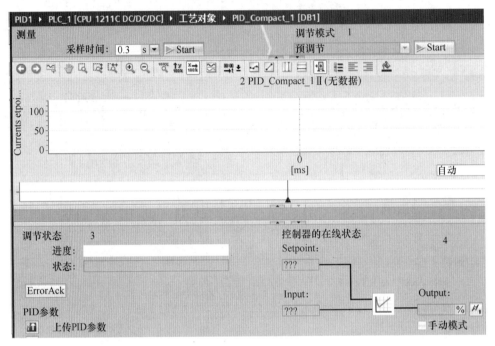

图 7-53 调试面板

（6）上传参数和下载参数：

当 PID 自整定完成后，单击如图 7-54 所示左下角的"上传 PID 参数"按钮图片，参数从 CPU 上传到在线项目中。

图 7-54 自整定

单击"转到 PID 参数"按钮图片，弹出如图 7-55 所示界面，单击"监控所有"图片，勾选"启用手动输入"选项，单击"下载"按钮图片，修正后的 PID 参数可以下载到 CPU 中去。

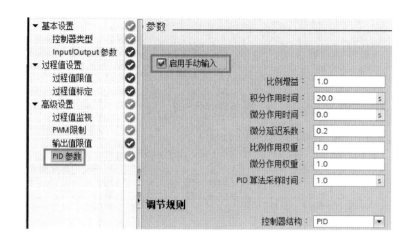

图 7-55　下载 PID 参数（1）

需要注意的是，单击工具栏上的"下载到设备"按钮，并不能将更新后的 PID 参数下载到 CPU 中。正确的做法是：在菜单栏中，选择"在线"→"下载并复位 PLC 程序"，如图 7-56 所示，单击"下载并复位 PLC 程序"选项，之后的操作与正常下载程序相同，在此不再赘述。

图 7-56　下载 PID 参数（2）

下载 PID 参数还有一种方法。在项目树中，如图 7-57 所示，选择"PLC_1"，单击鼠标右键，弹出快捷菜单，单击"比较"→"离线在线"选项，弹出如图 7-58 所示的界面。选择"有蓝色和橙色标识的选项"，单击下拉按钮图片，在弹出的菜单中，选中并单击"下载到设备"选项，最后单击工具栏中的"执行"按钮图片，PID 参数即可下载到CPU 中去。下载完成后"有蓝色和橙色标识的选项"变为"绿色"，如图 7-59 所示，表明在线项目和 CPU 中的程序、硬件组态和参数都是完全相同的。

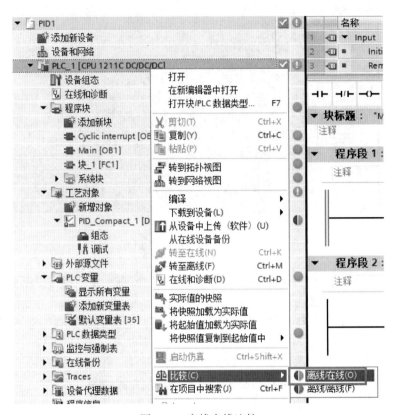

图 7-57 离线在线比较

图 7-58 下载 PID 参数 (3)

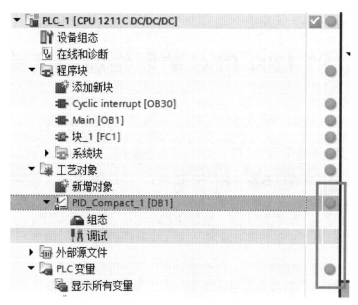

图 7-59　PID 参数下载完成

习　题

7-1 S7-1200 PLC 的高速计数器有哪些工作模式？

7-2 S7-1200 PLC 的高速计数器都可以实现哪些功能？

7-3 请画出 PLC 模拟量单闭环控制系统的框图。

7-4 TIA Portal 软件中如何进行模拟量模块的配置？

7-5 如何访问 PID_Compact 指令的工艺背景数据块？

7-6 简述 PID 控制器功能的结构。

7-7 简述 S7-1200 PLC 中运动控制功能是如何实现的？

8 S7-1200 PLC 的网络通信及其应用

【知识要点】

S7-1200 PLC 数据通信的基本概念，S7-1200 PLC 的以太网通信基本知识及使用注意事项。

【学习目标】

了解 PLC 数据通信的基本概念，掌握 S7-1200 PLC 的以太网协议和网络结构，以太网通信指令及其使用方法。熟悉工业通信网络的设计要点。

通过本章的学习，使读者了解只有通过联网通信才能更好地使用 PLC，把 PLC 的控制发挥到极致。

8.1 S7-1200 PLC 的通信基础

8.1.1 S7-1200 PLC 的通信功能

S7-1200 PLC 本机上集成了 1~2 个 PROFINET 通信接口，支持以太网和基于 TCP/IP 的通信标准。使用这个通信接口可以实现 S7-1200 PLC 与编程设备的通信、与 HMI 触摸屏的通信，以及与其他 CPU 之间的通信。这个 PROFINET 物理接口支持 10/100Mbit/s 的 RJ-45 连接器，支持电缆交叉自适应，因此一个标准的或是交叉的以太网线都适用于该接口。

S7-1200 PLC 的 PROFINET 通信接口支持以下通信协议及服务：TCP、ISO on TCP、S7 通信（服务器端）。目前 S7-1200 PLC 只支持 S7 通信的服务器端，还不能支持客户端的通信。下面先简要介绍几个协议。

8.1.1.1 传输控制协议：TCP

TCP 是由 RFC793 描述的标准协议，可以在通信对象之间建立稳定、安全的服务连接。如果数据用 TCP 来传输，传输的形式是数据流，没有传输长度及信息帧的起始、结束信息。在以数据流的方式传输时接收方不知道一条信息的结束和下一条信息的开始，因此，发送方必须确定信息的结构让接收方能够识别。在多数情况下，TCP 应用了 TCP/IP，它位于 ISO 参考模型的第 4 层。

该协议有以下特点：

由于它与硬件紧密相关，因此它是一种高效的通信协议，适合用于中等大小或较大的数据量（最多 8K 字节）；它为应用带来了更多的便利，比如错误恢复、流控制、可靠性，这些是由传输的报文头进行确定的；它是一种面向连接的协议，非常灵活地用于只支持

TCP 的第三方系统，有路由功能，应用固定长度数据的传输，发送的数据报文会被确认，使用端口号对应用程序寻址；大多数用户应用协议（例如 TELNET 和 FTP）都使用 TCP。

8.1.1.2 基于 TCP 的 ISO 传输服务的协议：ISO on TCP

ISO on TCP 是一种能够将 ISO 应用移植到 TCP/IP 网络的机制。该协议有以下特点：

它是一种与硬件关系紧密的高效通信协议，适合用于中等大小或较大的数据量（最多 8K 字节）；与 TCP 相比，它的消息提供了数据结束标识符并且它是面向消息的，具有路由功能，可用于 WAN，可用于实现动态长度数据传输；由于使用 SEND/RECEIVE 编程接口的缘故，需要对数据管理进行编程；通过传输服务访问点（TSAP，Transport Service Access Point），TCP 协议允许有多个连接访问单个 IP 地址（最多 64K 个连接），借助 RFC1006，TSAP 可唯一标识与同一个 IP 地址建立通信的端点连接。

8.1.1.3 S7 通信

所有 SIMATIC S7 控制器都集成了用户程序，可以读写数据的 S7 通信服务。不管使用哪种总线系统都可以支持 S7 通信服务，即以太网、PROFIBUS 和 MPI 网络中都可使用 S7 通信。此外，使用适当的硬件和软件的 PC 系统也可支持通过 S7 协议的通信。

S7 通信协议具有如下特点：

有独立的总线介质；可用于所有 S7 数据区；一个任务最多传送达 64kB 数据；第 7 层协议可确保数据记录的自动确认。因为对 SIMATIC 通信的最优化处理，所以在传送大量数据时对处理器和总线产生低负荷。

S7-1200 PLC 的 PROFINET 通信接口所支持的最大通信连接数如下：

（1）3 个连接用于 HMI 触摸屏与 CPU 的通信。

（2）1 个连接用于编程设备与 CPU 的通信。

（3）3 个连接用于 S7 通信的服务器端连接，可以实现与 S7-200、S7-300 以及 S7-400 PLC 的以太网 S7 通信。

（4）8 个连接用于 Open IE，即 TCP、ISO on TCP 的编程通信，使用 T-block 指令来实现。

S7-1200 PLC 可以同时支持以上 15 个通信连接，这些连接数是固定不变的，不能自定义。

S7-1200 PLC 的 PROFINET 接口有两种网络连接方法：直接连接和网络连接。

（1）直接连接。当一个 S7-1200 PLC 与一个编程设备，或一个 HMI，或一个 PLC 通信时，也就是说只有两个通信设备时，实现的是直接通信。直接连接不需要使用交换机，用网线直接连接两个设备即可。

（2）网络连接。当多个通信设备进行通信时，也就是说通信设备数量为两个以上时，实现的是网络连接，多个通信设备的网络连接需要使用以太网交换机来实现。

可以使用导轨安装的西门子 CSM1277 的 4 口交换机连接其他 CPU 及 HMI 设备。CSM1277 交换机是即插即用的，使用前不用进行任何设置。

与 S7-1200 PLC 有关的 PLC 之间的通信方法有以下 3 种：

（1）S7-1200 PLC 与 S7-1200 PLC 之间的以太网通信。S7-1200 PLC 与 S7-1200 PLC 之间的以太网通信可以通过 TCP 或 ISO on TCP 来实现，使用的指令是在双方 CPU 调用 T-block 指令来实现。

2）S7-1200 PLC 与 S7-200 PLC 之间的以太网通信。S7-1200 PLC 与 S7-200 PLC 之间的通信只能通过 S7 通信来实现，因为 S7-1200 PLC 的以太网模块只支持 S7 通信。由于 S7-1200 PLC 的 PROFINET 通信接口只支持 S7 通信的服务器端，所以在编程方面，S7-1200 PLC 不用做任何工作，只需在 S7-200 PLC 一侧将以太网设置成客户端，并用 ETH_XFR 指令编程通信。

（3）S7-1200 PLC 与 S7-300/400 PLC 之间的以太网通信。S7-1200 PLC 与 S7-300/400 PLC 之间的以太网通信方式相对来说要多一些，可以采用下列方式：TCP、ISO on TCP 和 S7 通信。采用 TCP 和 ISO on TCP 这两种协议进行通信所使用的指令是相同的，在 S7-1200 PLC 中使用 T-block 指令编辑通信。如果是以太网模块，在 S7-300/400 PLC 中使用 AG_SEND、AG_RECV 编程通信。

对于 S7 通信，S7-1200 PLC 的 PROFINET 通信接口只支持 S7 通信的服务器端，所以在编程和建立连接方面，S7-1200 PLC 不用做任何工作，只需在 S7-300/400 CPU 一侧建立单边连接，并使用 PUT、GET 指令进行通信。

8.1.2　通信过程

实现两个 CPU 之间通信的具体操作步骤如下：

（1）建立硬件通信物理连接：由于 S7-1200 PLC 的 PROFINET 物理接口支持交叉自适应功能，因此连接两个 CPU 既可以使用标准的以太网电缆也可以使用交叉的以太网线。两个 CPU 可以直接连接，不需要使用交换机。

（2）配置硬件设备：在"Device View"中配置硬件组态。

（3）分配永久 IP 地址：为两个 CPU 分配不同的永久 IP 地址。

（4）在网络连接中建立两个 CPU 的逻辑网络连接。

（5）编程配置连接及发送、接收数据参数：在两个 CPU 里分别调用 TSEND_C、TRCV_C 通信指令，并配置参数，使能双边通信。

8.1.3　通信指令

8.1.3.1　OUC 通信指令概述

OUC（Open User Communication），即开放式通信，适用于与其他品牌 PLC 通信，也适用于西门子各型号 PLC 之间通信。S7-1200 PLC 中所有需要编程的以太网通信都使用开放式以太网通信指令块 T-block 来实现，所有 T-block 通信指令必须在 OB1 中调用。调用 T-block 通信指令并配置两个 CPU 之间的连接参数，定义数据发送或接收信息的参数。STEP7 Basic 提供了两套通信指令：不带连接管理的通信指令和带连接管理的通信指令。

通信指令见表 8-1，不带连接的通信指令的功能如图 8-1 所示，带连接的通信指令的功能如图 8-2 所示，连接参数的关系如图 8-3 所示。

表 8-1　通信指令

不带连接管理的通信指令		带连接管理的通信指令	
指　令	功　　能	指　令	功　　能
TCON	建立以太网连接	TSEND_C	建立以太网连接并发送数据

续表 8-1

不带连接管理的通信指令		带连接管理的通信指令	
指 令	功 能	指 令	功 能
TDISCON	断开以太网连接	TRCV_C	建立以太网连接并接收数据
TSEND	发送数据		
TRCV	接收数据		

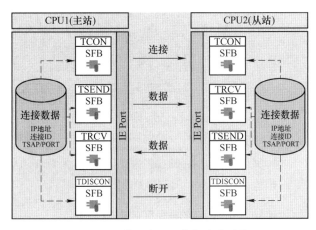

图 8-1 不带连接的通信指令的功能

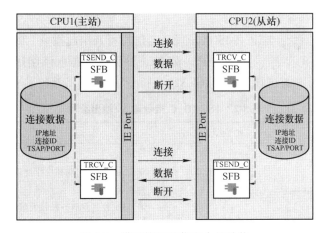

图 8-2 带连接的通信指令的功能

实际上 TSEND_C 指令实现的是 TCON、TDISCON 和 TSEND 三个指令综合的功能，而 TRCV_C 指令是 TCON、TDISCON 和 TRCV 指令的集合。

TSEND_C 指令用于建立与另一个通信伙伴站的 TCP 或 ISO on TCP 连接，发送数据并可以控制结束连接。TSEND_C 指令的功能为：

（1）要建立连接，设置 TSEND_C 的参数 CONT = 1，成功建立连接后，TSEND_C 置位 DONE 参数一个扫描周期为 1；

（2）如果需要结束连接，那么设置 TSEND_C 的参数 CONT = 0，连接会立即自动中

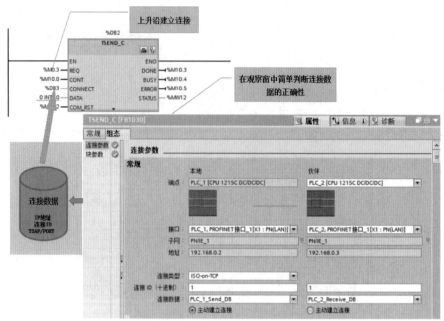

图 8-3　连接参数的关系

断，这也会影响接收站的连接，造成接收缓存区的内容丢失；

（3）要建立连接并发送数据，将 TSEND_C 的参数设为 CONT = 1，并需要给参数 REQ 一个上升沿，成功执行完一个发送操作后，TSEND_C 会置位 DONE 参数一个扫描周期。

8.1.3.2　通信指令说明

（1）TSEND_C 指令：TCP 和 ISO on TCP 通信均可调用此指令，TSEND_C 可与伙伴站建立 TCP 或 ISO_on_TCP 通信连接、发送数据，并且可以终止该连接。设置并建立连接后，CPU 会自动保持和监视该连接。TSEND_C 指令输入/输出参数见表 8-2。

表 8-2　TSEND_C 指令输入/输出参数

LAD	输入/输出	说　明
	EN	使能
	REQ	在上升沿时，启动相应作业以建立 ID 所指定的连接
	CONT	控制通信连接： 0：数据发送完成后断开通信连接 1：建立并保持通信连接
	LEN	通过作业发送的最大字节数
	CONNECT	指向连接描述的指针
	DATA	指向发送区的指针
	BUSY	状态参数，可具有以下值： 0：发送作业尚未开始或已完成 1：发送作业尚未完成，无法启动新的发送作业
	DONE	上一请求已完成且没有出错后，DONE 位将保持为 TRUE 一个扫描周期时间
	STATUS	故障代码
	ERROR	是否出错：0 表示无错误，1 表示有错误

（2）TRCV_C 指令：TCP 和 ISO on TCP 通信均可调用此指令，TRCV_C 可与伙伴 CPU 建立 TCP 或 ISO on TCP 通信连接，可接收数据，并且可以终止该连接。设置并建立连接后，CPU 会自动保持和监视该连接。TRCV_C 指令输入/输出参数见表 8-3。

表 8-3　TRCV_C 指令输入/输出参数

LAD	输入/输出	说　明
	EN	使能
	EN_R	启用接收
	CONT	控制通信连接： 0：数据接收完成后断开通信连接 1：建立并保持通信连接
	LEN	通过作业接收的最大字节数
	CONNECT	指向连接描述的指针
	DATA	指向接收区的指针
	BUSY	状态参数，可具有以下值： 0：接收作业尚未开始或已完成 1：接收作业尚未完成，无法启动新的接收作业
	DONE	上一请求已完成且没有出错后，DONE 位将保持为 TRUE 一个扫描周期时间
	STATUS	故障代码
	ERROR	是否出错：0 表示无错误，1 表示有错误

LAD 图中功能块内容：TRCV_C，EN，ENO，EN_R，DONE，CONT，LEN，BUSY，ADHOC，ERROR，CONNECT，DATA，STATUS，ADDR，RCVD_LEN，COM_RST

8.2　S7-1200 PLC 的开放式用户通信及应用

8.2.1　S7-1200 PLC 之间的 ISO on TCP 协议通信

8.2.1.1　开放式用户通信

基于 CPU 集成的 PN 接口的开放式用户通信是一种程序控制的通信方式，这种通信只受用户程序的控制，可以用程序建立和断开事件驱动的通信连接，在运行期间也可以修改连接。

在开放式用户通信中，S7-300/400/1200/1500 可以用指令 TCON 来建立连接，用指令 TDSICON 来断开连接。指令 TSEND 和 TRCV 用于通过 TCP 和 ISO on TCP 协议发送和接收数据；指令 TUSEND 和 TURCV 用于通过 UDP 协议发送和接收数据。

S7-1200/1500 除了使用上述指令实现开放式用户通信，还可以使用指令 TSEND_C 和 TRCV_C，通过 TCP 和 ISO on TCP 协议发送和接收数据。这两条指令有建立和断开连接的功能，使用它们以后不需要调用 TCON 和 TDISCON 指令，上述指令均为函数块。

8.2.1.2　两台 S7-1200 PLC 之间的 ISO on TCP 协议通信举例。

【例 8-1】有两台设备，由 S7-1200 PLC 控制，要求从设备 1 上 CPU 1215C 的 MB10 发出 1 个字节到设备 2 的 CPU 1215C 的 MB10。

【解】 S7-1200 PLC 之间的 OUC 通信，可以采用很多连接方式，如 TCP、ISO-on-TCP 和 UDP 等，以下仅介绍 ISO-on-TCP 连接方式。

S7-1200 PLC 间的以太网通信硬件配置如图 8-4 所示，本例用到的软硬件如下：2 台 CPU 1215C；2 根带 RJ-45 接头的屏蔽双线（正线）；1 台个人电脑（含网卡）；1 套 TIA Portal VI5.1。

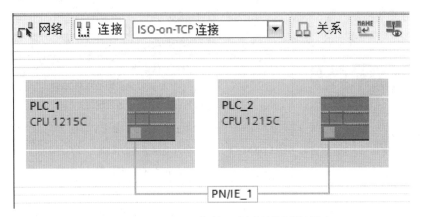

图 8-4 S7-1200 PLC 间的以太网通信硬件配置

（1）新建项目，并进行硬件配置。打开 TIA Portal VI5.1，新建项目，本例命名为 "ISO on TCP"，再单击"项目视图"按钮，切换到项目视图，在 TIA 博途软件项目视图 的项目树中，双击"添加新设备"按钮，先后添加两个 CPU 模块"CPU 1215C"模块，并启用时钟存储器字节，如图 8-5 所示。

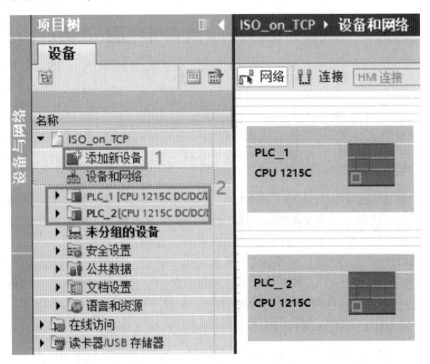

图 8-5 新建项目硬件配置

（2）IP 地址设置。选中 PLC_1 的"设备视图"选项卡（标号 1 处），再选中 CPU 1215C 模块绿色的 PN 接口（标号 2 处），选中"属性"（标号 3 处）选项卡，再选中"以太网地址"（标号 4 处）选项，再设置 IP 地址（标号 5 处），如图 8-6 所示。

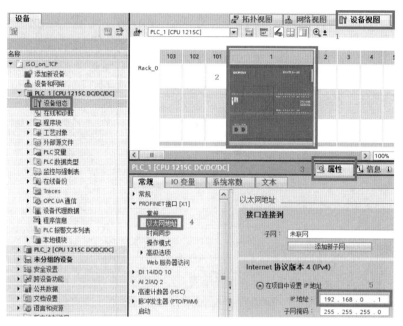

图 8-6 配置 IP 地址（客户端）

用同样的方法设置 PLC_2 的 IP 地址为 192.168.0.2。

（3）调用函数块 TSEND_C。在 TIA 博途软件项目视图的项目树中，打开"PLC_1"的主程序块，再选中"指令"→"通信"→"开放式用户通信"，再将"TSEND_C"拖拽到主程序块，如图 8-7 所示。

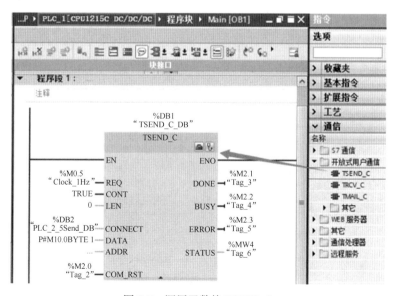

图 8-7 调用函数块 TSEND_C

（4）配置客户端连接参数。选中"属性"→"连接参数"，如图 8-8 所示。先选择连接类型为"ISO on TCP"，组态模式选择"使用组态的连接"，在连接数据中，单击"新建"，伙伴选择为"未指定"。

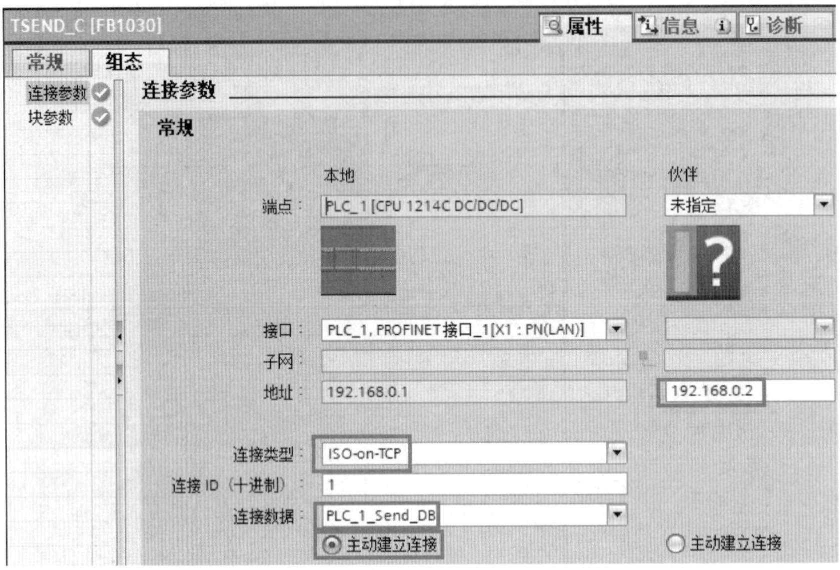

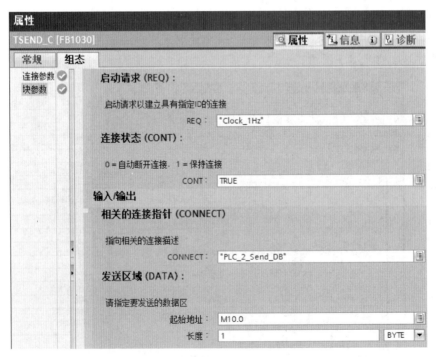

图 8-8 配置 PLC_1 连接参数

（5）配置客户端块参数。按照如图 8-9 所示配置块参数，每一秒激活一次发送请求，每次将 MB10 中的信息发送出去。

图 8-9 配置 TSEND_C 的块参数

（6）调用函数块 TRCV_C。在 TIA 博途软件项目视图的项目树中，打开 "PLC_2" 主程序序块，再选中 "指令" → "通信" → "开放式用户通信"，再将 "TRCV_C" 拖拽到主程序序块，如图 8-10 所示。

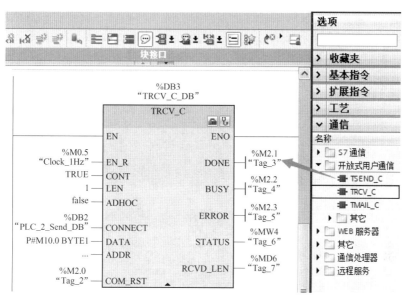

图 8-10　调用函数块 TRCV_C

（7）配置服务器连接参数。选中 "属性" → "连接参数"，如图 8-11 所示。先选择连接类型为 "1SO on TCP"，组态模式选择 "使用组态的连接"，在连接数据选择 "PLC_2 Receive DB"、伙伴选择为 "未指定"，且 "未指定" 为主动建立连接，也就是主控端，即客户端。

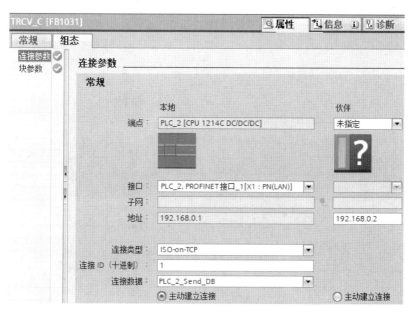

图 8-11　配置 PLC_2 连接参数

（8）配置服务器块参数。按照如图 8-12 所示配置 TRCV_C 的块参数，每一秒激活一次接收操作，每次将伙伴站发送来的数据存储在 MB10 中。

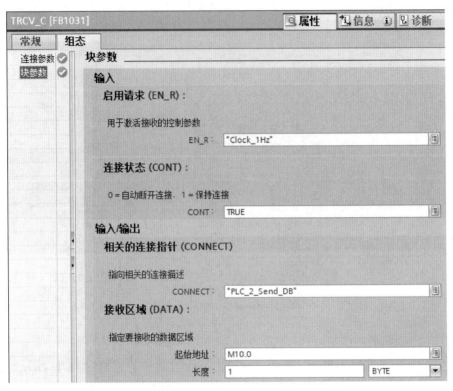

图 8-12　配置 TRCV_C 块参数

（9）编写程序。客户端的 LAD 如图 8-13 所示，服务器的 LAD 如图 8-14 所示。程序中指令的参数说明见表 8-2 和表 8-3。

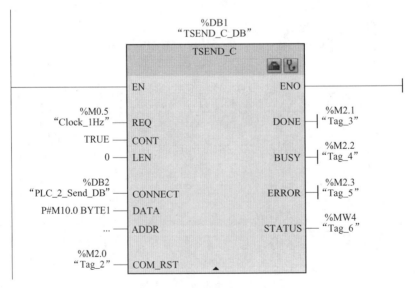

图 8-13　客户端的 LAD 程序

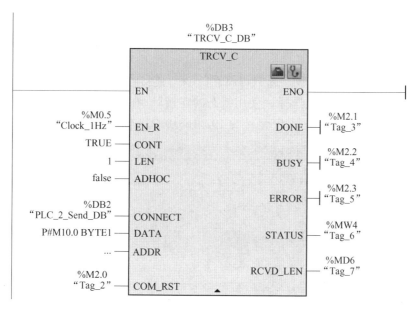

图 8-14 服务器的 LAD 程序

8.2.2 S7-1500 PLC 与 S7-1200 PLC 之间的 OUC 通信（TCP）及其应用

OUC（开放式用户通信）包含 ISO Transport（ISO 传输协议）、ISO-on-TCP、UDP 和 TCP/IP 通信方式，在前述章节已经介绍了 S7-1200 PLC 与 S7-1200 PLC 之间的 OUC 通信，采用 ISO-on-TCP 通信方式。以下将用一个例子介绍 S7-1500 PLC 与 S7-1200 PLC 之间的 OUC 通信，采用 TCP 通信方式。

【例 8-2】 有两台设备，分别由一台 CPU 1511-1-PN 和一台 CPU 1211C 控制，要求从设备 1 上的 CPU 1511-1-PN 的 MB10 发出 1 个字节到设备 2 的 CPU 1211C 的 MB10。

【解】 S7-1500 PLC 与 S7-1200 PLC 间的以太网通信硬件配置如图 8-15 所示，本例用到的软硬件如下：1 台 CPU 1511-1 PN；1 台 CPU 1211C；2 根带 RJ45 接头的屏蔽双绞线（正线）；1 台个人电脑（含网卡）；1 台 4 口交换机；1 套 TIA Portal VI5.1。

IP地址：192.168.0.1   IP地址：192.168.0.2

图 8-15 S7-1500 PLC 与 S7-1200 PLC 之间的以太网通信硬件配置图

（1）新建项目，并进行硬件配置。打开 TIA Portal VI5.1，再新建项目，本例命名为"TCP_1500 to1200"，单击"项目视图"按钮，切换到项目视图。在 TIA 博途软件项目视图的项目树中，双击"添加新设备"按钮，先添加 CPU 模块"CPU 1511-1PN"，并启用时钟存储器字节；再添加 CPU 模块"CPU 1211C"，并启用时钟存储器字节。

（2）IP 地址设置。先选中 PLC_1 的"设备视图"选项卡，再选中 CPU 1511-1 PN 模块绿色的 PN 接口，选中"属性"选项卡，再选中"以太网地址"选项，再设置 IP 地址为 192.168.0.1，用同样的方法设置 PLC_2 的 IP 地址为 192.168.0.2。

（3）调用函数块 TSEND_C。在 TIA 博途软件项目视图的项目树中，打开"PLC_1"的主程序块，再选中"指令"→"通信"→"开放式用户通信"，再将"TSEND_C"拖拽到主程序块中。

（4）配置客户端连接参数。选中"属性"→"连接参数"，如图 8-16 所示。选择连接类型为"TCP"，组态模式选择"使用组态的连接"，在连接数据中，点击"新建"按钮，伙伴选择为"未指定"，其 IP 地址为 192.168.0.2。本地端口和伙伴端口为 2000。

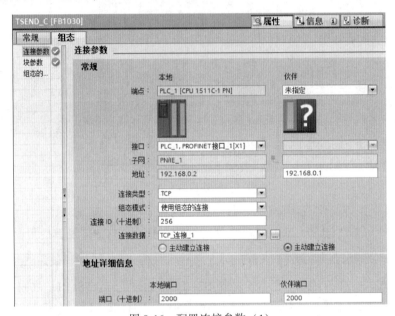

图 8-16　配置连接参数（1）

（5）配置客户端块参数。按照如图 8-17 所示配置参数，每一秒激活一次发送请求，每次将 MB10 中的信息发送出去。

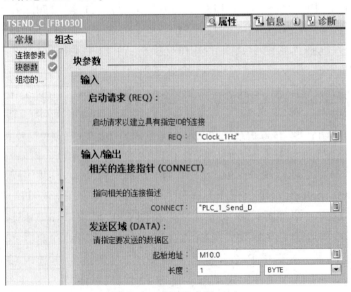

图 8-17　配置块参数（1）

（6）调用函数块 TRCV_C。在 TIA 博途软件项目视图的项目树中，打开"PLC_2"主程序序块，再选中"指令"→"通信"→"开放式用户通信"，再将"TRCV_C"拖拽到主程序序块中。

（7）配置服务器连接参数。选中"属性"→"连接参数"，如图 8-18 所示。先选择连接类型为"TCP"，组态模式选择"使用组态的连接"，伙伴选择为"PLC_1"，且"PLC_1"为主动建立连接，也就是主控端，即客户端。本地端口和伙伴端口为 2000。

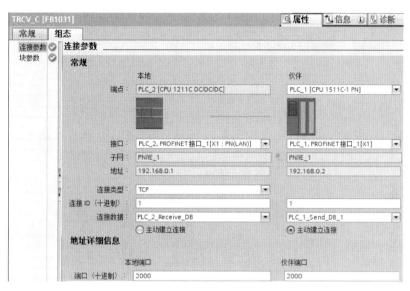

图 8-18　配置连接参数（2）

（8）配置服务器块参数。按照如图 8-19 所示配置参数，每一秒激活一次接收操作，每次将伙伴站发送来的数据存储在 MB10 中。

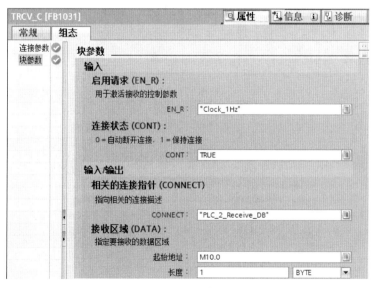

图 8-19　配置块参数（2）

（9）连接客户端和服务器。如图 8-20 所示，选中 PLC_1 的 PN 口（绿色），用鼠标按住不放，拖至 PLC_2 的 PN 口（绿色）后释放鼠标。

图 8-20　连接客户端和服务器

（10）编写程序。客户端的程序如图 8-21 所示，服务器端的程序如图 8-22 所示。

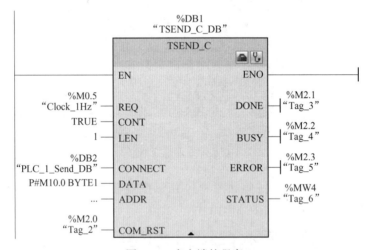

图 8-21　客户端的程序

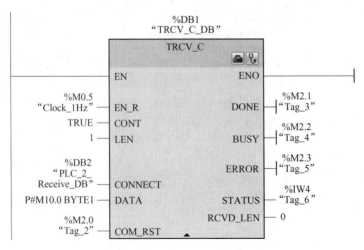

图 8-22　服务器端的程序

8.2.3　S7-1200 PLC 的 UDP 协议通信

UDP 通信是一种简单快速的数据传输协议，位于 ISO/OSI 参考模型的第 4 层，是一种无连接的面向消息的服务。UDP 通信的数据包中仅加入了少量的报头，与 TCP 相比可获得更高的数据吞吐量。其数据传输快速，支持广播、组广播等方式。UDP 通信无流量控制和确认机制，仅利用校验和检查数据的完整性，差错控制水平低。

以下将用一个例子介绍 S7-1200 PLC 与 S7-1200 PLC 之间的 OUC 通信，采用 UDP 通信方式。

【例 8-3】　有两台设备，分别由一台 CPU 1214C 和一台 CPU 1211C 控制，要求从设备 1 上的 CPU 1214C 的 MB10 发出 1 个字节到设备 2 的 CPU 1211C 的 MB10。

【解】　S7-1200 PLC 与 S7-1200 PLC 间的以太网通信硬件配置如图 8-23 所示，本例用到的软硬件如下：1 台 CPU 1214C；1 台 CPU 1211C；2 根带 R45 接头的屏蔽双绞线（正线）；1 台个人电脑（含网卡）；1 台 4 口交换机；1 套 TIA Portal VI5.1。

图 8-23　S7-1200 PLC 与 S7-1200 PLC 之间的以太网通信硬件配置图

（1）新建项目，并进行系统配置。打开 TIA Portal VI5.1，再新建项目，本例命名为"UDP_S7 1200 to 1200"，再单击"项目视图"按钮，切换到项目视图。在项目树中，双击"添加新设备"按钮加 CPU 模块"CPU 1214C"，并启用时钟存储器字节。再添加 CPU 模块"CPU 1211C"，并启用时钟存储器字节。

（2）IP 地址设置。先选中 PLC_1 的"设备视图"选项卡，再选中 CPU 1214C 模块绿色的 PN 接口，选中"属性"选项卡，再选中"以太网地址"选项，再设置 IP 地址为192.168.0.1，用同样的方法配置 PLC_2 的 IP 地址为 192.168.0.2。

（3）创建 UDP 服务如下：

1）创建连接数据 DB 块。在项目树中，选择"程序块"→"添加新块"，选中"DB "→"TCON［SFB109］"单击"确定"按钮，新建连接数据块 DB2，如图 8-24 所示。

2）调用函数块 TCON。在 TIA 博途软件项目视图的项目树中，打开"PLC_1"的主程序块，再选中"指令"→"开放式用户通信"→"其他"，再将指令块"TCON"拖拽到主程序中，如图 8-25 所示。单击"TCON"上的"组态"图标，弹出组态界面如图8-26 所示。

3）创建 UDP。如图 8-26 所示，选择通信伙伴为"未指定"；连接数据为前面创建的DB2，连接类型为"UDP"，连接 ID 为"3"，端口号为"2000"。

图 8-24 创建数据块

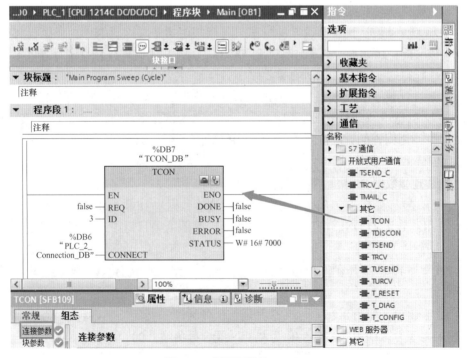

图 8-25 调用函数块 TCON

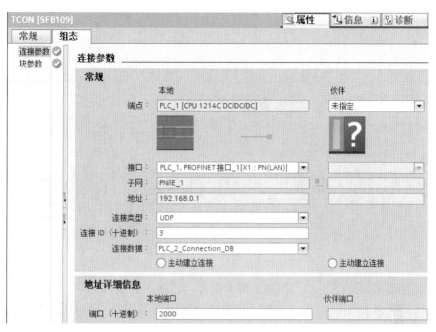

图 8-26　创建 UDP

注意：本地站和伙伴站都不要设置为"主动建立连接"。

（4）创建数据块 DB4。此数据块是系统数据类型 TADDR Param 的指针，定义了远程站的 IP 地址和端口号，如图 8-27 所示。在项目树中，选择"程序块"→"添加新块"，选中"DB"→"TADDR_Param"，单击"确定"按钮，新建连接数据块 DB4。

图 8-27　创建 DB4

打开 DB4，修改其启动值，如图 8-28 所示，该修改值与远程伙伴站的 IP 地址和端口号一致。

		名称	数据类型	起始值	保持	可从 HMI/..	从 H..	在 HMI ..	设定值
1		▼ Static			☐	☐	☐	☐	
2		▼ REM_IP_ADDR	Array[1..4] of USInt		☐	☑	☑	☑	
3		■ REM_IP_ADDR[1]	USInt	192	☐	☑	☑	☑	
4		■ REM_IP_ADDR[2]	USInt	168	☐	☑	☑	☑	
5		■ REM_IP_ADDR[3]	USInt	0	☐	☑	☑	☑	
6		■ REM_IP_ADDR[4]	USInt	2	☐	☑	☑	☑	
7		■ REM_PORT_NR	UInt	2000	☐	☑	☑	☑	
8		■ RESERVED	Word	16#0	☐	☑	☑	☑	

图 8-28　修改 DB4 的启动值

（5）调用函数块 TUSEND。在 TIA 博途软件项目视图的项目树中，打开 "PLC_1" 的主程序块，再选中 "指令" → "开放式用户通信" → "其它"，然后将 "TUSEND" 拖拽到主程序块，如图 8-29 所示。

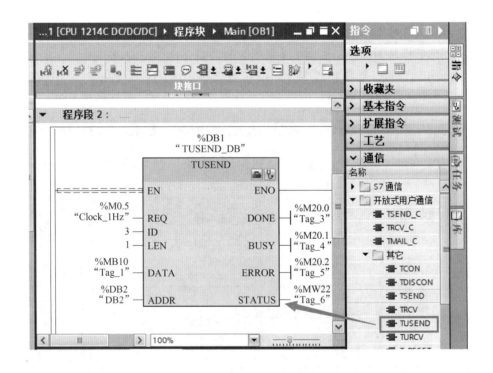

图 8-29　调用函数块 TUSEND

1）TUSEND 指令。TUSEND 指令通过 UDP 将数据发送到参数 ADDR 指定的远程伙伴，启动用于发送数据的作业，要激活 REQ，调用 TUSEND 指令。TUSEND 指令输入/输出参数见表 8-4。

表 8-4 TUSEND 指令的参数

LAD	输入/输出	说　明
	EN	使能
	REQ	在上升沿启动发送作业，传送 DATA 和 LEN 指定的区域中的数据
	ID	引用用户程序与操作系统通信层之间的相关连接
	LEN	通过作业发送的最大字节数
	ADDR	指向接收方的地址的指针，该指针可指向任何存储区，需要 8 字节的结构
	DATA	指向发送区的指针
	BUSY	状态参数，可具有以下值： 0：发送作业尚未开始或已完成 1：发送作业尚未完成，无法启动新的发送作业
	DONE	上一请求已完成且没有出错后，DONE 位将保持为 TRUE 一个扫描周期时间
	STATUS	故障代码
	ERROR	是否出错：0 表示无错误，1 表示有错误

2）TURCV 指令。TURCV 指令通过 UDP 接收数据，参数 ADDR 显示发送方地址。TURCV 成功完成后，参数 ADDR 将包含远程伙伴（发送方）的地址，TURCV 不支持特殊模式。启动用于接收数据的作业，要激活 EN_R，调用 TURCV 指令。TURCV 指令输入/输出参数见表 8-5。

表 8-5 TURCV 指令的参数

LAD	输入/输出	说　明
	EN	使能
	EN_R	启用接收，一般为 TRUE
	ID	引用用户程序与操作系统通信层之间的相关连接
	ADDR	指向接收方的地址的指针，该指针可指向任何存储区，需要 8 字节的结构
	DATA	指向接收区的指针
	NDR	接收到新数据（New Data Received）。 1 = 接收到新数据，0 = 没有接收到新数据
	BUSY	状态参数，可具有以下值： 0：接收作业尚未开始或已完成 1：接收作业尚未完成，无法启动新的接收作业
	STATUS	故障代码
	RCVD_LEN	实际接收到的数据量（字节）
	ERROR	是否出错：0 表示无错误，1 表示有错误

（6）编写发送端程序。在 PLC_1 中，编写发送端 LAD 程序、变量地址，如图 8-30 所示。

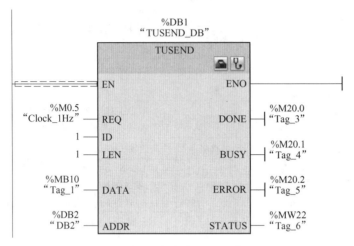

图 8-30 发送端 LAD 程序

（7）在 PLC_2 中创建数据块 DB2。此数据块是系统数据类型 TADDR_Param 的指针，定义了远程站的 IP 地址和端口号。如图 8-31 所示，在项目树中，选择"程序块"→"添加新块"，选中"DB"→"TADDR_Param"，单击"确定"按钮，新建连接数据块 DB2。

图 8-31 创建 DB2

打开 DB2，设置远程伙伴站的 IP 地址和端口号，如图 8-32 所示。

		名称	数据类型	起始值	保持	可从 ...	从 H ...	在 H ...	设定...
1		▼ Static			☐				
2		▼ REM_IP_ADDR	Array[1..4] of USInt		☐	☑	☑	☑	☐
3		■ REM_IP_ADDR[1]	USInt	192	☐	☑	☑	☑	☐
4		■ REM_IP_ADDR[2]	USInt	168	☐	☑	☑	☑	☐
5		■ REM_IP_ADDR[3]	USInt	0	☐	☑	☑	☑	☐
6		■ REM_IP_ADDR[4]	USInt	2	☐	☑	☑	☑	☐
7		■ REM_PORT_NR	UInt	2000	☐	☑	☑	☑	☐
8		■ RESERVED	Word	16#0	☐	☑	☑	☑	☐

图 8-32 修改 DB2 的启动值

（8）调用函数块 TCON。在 TIA 博途软件项目视图的项目树中，打开 "PLC_2" 的主程序块，选中 "指令" → "开放式用户通信" → "其它"，再将指令块 "TCON" 拖拽到主程序中，如图 8-33 所示。单击 "TCON" 上的 "组态" 图标，弹出组态界面如图 8-34 所示。

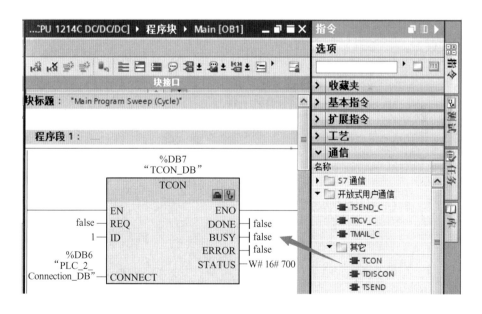

图 8-33 调用函数块 TCON

（9）创建 UDP。如图 8-34 所示，选择通信伙伴为 "未指定"；连接数据为前面创建的 PLC_2_Connection_DB，连接类型为 "UDP"，连接 ID 为 "1"，端口号为 "2000"。

注意：本地站和伙伴站都不要设置为 "主动建立连接"。

（10）编写接收端程序。在 PLC_2 中，编写接收端 LAD 程序，如图 8-35 所示。

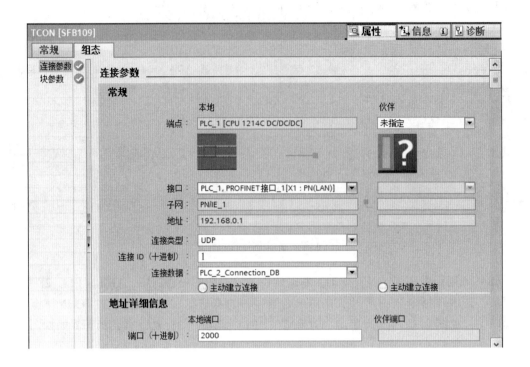

图 8-34 创建 UDP

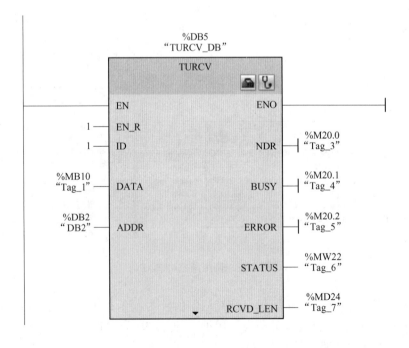

图 8-35 LAD 程序（PLC_2）

8.3　S7-1200 PLC 之间的 S7 通信及其应用

8.3.1　S7 通信简介

S7 通信（S7 Communication）集成在每一个 SIMATIC S7/M7 和 C7 的系统中，属于 OSI 参考模型第 7 层应用层的协议，它独立于各个网络，可以应用于多种网络（MPI、PROFIBUS、工业以太网）。S7 通信通过不断地重复接收数据来保证网络报文的正确。在 SIMATIC S7 中，通过组态建立 S7 连接来实现 S7 通信。在 PC 上，S7 通信需要通过 SAPI-S7 接口函数或 OPC（过程控制用对象链接与嵌入）来实现。

8.3.2　S7 通信应用

【例 8-4】　有两台设备，分别有两台 CPU 1211C 控制，要求从设备 1 上的 CPU 1211C 的 MB10 发出 1 个字节到设备 2 的 CPU 1211C 的 MB10，从设备 2 上的 CPU 1211C 的 MB20 发出 1 个字节到设备 1 的 CPU 1211C 的 MB20。

【解】　S7-1200 PLC 与 S7-1200 PLC 之间的以太网通信硬件配置与图 8-23 类似，本例用到的软硬件如下：2 台 CPU 1211C；1 台 4 口交换机；2 根带 RJ45 接头的屏蔽双绞线（正线）；1 台个人电脑（含网卡）；1 套 TIA Portal V15 SP1。

（1）新建项目，并进行硬件配置。打开 TIA Portal，再新建项目，本例命名为"S7_1200"，再单击"项目视图"按钮，切换到项目视图。在项目树中，双击"添加新设备"按钮，添加 CPU 模块"CPU 1211C"两次，并启动时间寄存器字节。

（2）IP 地址设置。先选中 PLC_1 的"设备视图"选项卡，再选中 CPU 1211C 模块绿色的 PN 接口，选中"属性"选项卡，再选中"以太网地址"选项，然后设置 IP 地址为 192.168.0.1，用同样的方法设置 PLC_2 的 IP 地址为 192.168.0.2。

（3）调用函数块 PUT 和 GET。在 TIA 博途软件项目视图的项目树中，打开"PLC_1"的主程序块，再选中"指令"→"S7 通信"，然后将"PUT"和"GET"拖拽到主程序块，如图 8-36 所示。

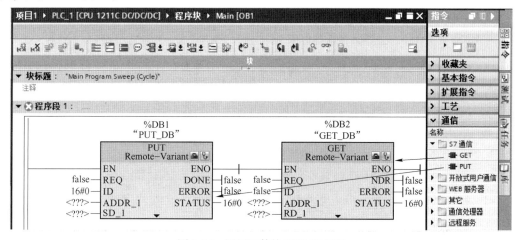

图 8-36　调用函数块 PUT 和 GET

（4）配置客户端连接参数。选中"属性"→"连接参数"，如图 8-37 所示。先选择伙伴为"未知"，其余参数选择默认生成的参数。

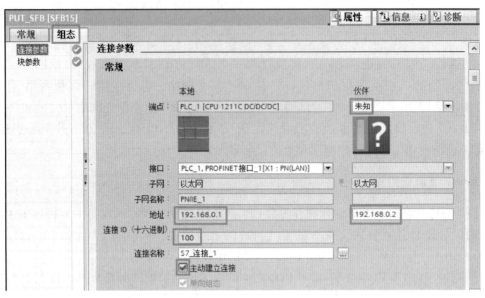

图 8-37　配置参数

（5）配置客户端块参数。发送函数块 PUT 按照如图 8-38 所示配置参数，每一秒激活一次发送操作，每次将客户端 MB10 数据发送到伙伴站 MB10 中。接收函数块 GET 按照如图 8-39 所示配置参数，每一秒激活一次接收操作，每次将伙伴站 MB20 发送来的数据存储在客户端 MB20 中。

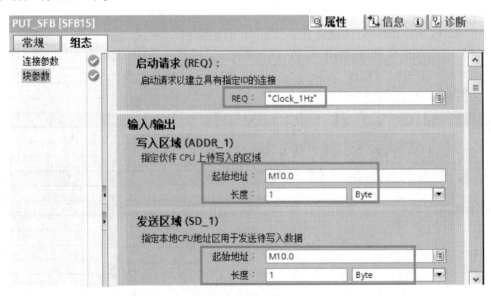

图 8-38　配置块参数（1）

（6）更改连接机制。选中"属性"→"常规"→"防护与安全"→"连接机制"，如

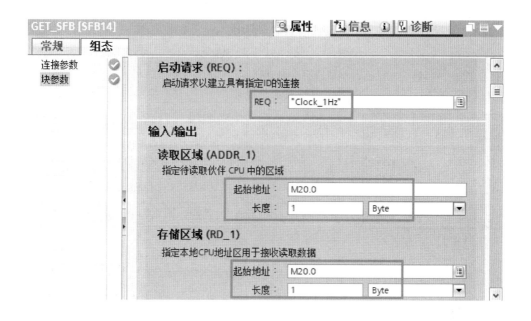

图 8-39   配置块参数 (2)

图8-40所示，勾选"允许来自远程对象的 PUT/GET 通信访问"选项，服务器和客户端都要进行这样的更改。

注意：这一步很容易遗漏，如遗漏则不能建立有效的通信。

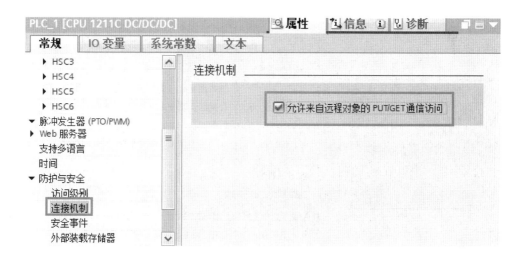

图 8-40   更改连接机制

使用 GET 和 PUT 指令，通过 PROFINET 和 PROFIBUS 连接，创建 S7 CPU 指令说明：

1）PUT 指令。PUT 指令可从远程 S7 CPU 中读取数据，读取数据时，远程 CPU 可处于通信 RUN 或 STOP 模式下。PUT 指令输入/输出参数见表 8-6。

表 8-6　PUT 指令的参数

LAD	输入/输出	说　明
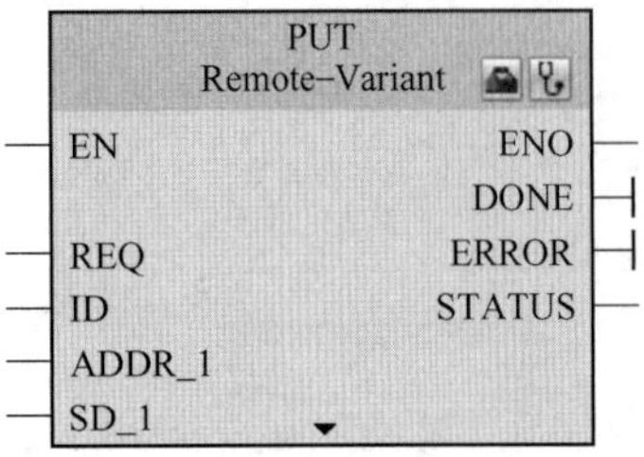	EN	使能
	REQ	上升沿启动发送操作
	ID	S7 连接号
	ADDR_1	指向接收方的地址的指针，该指针可指向任何存储区，需要 8 字节的结构
	SD_1	指向本地 CPU 中待发送数据的存储区
	DONE	0：请求尚未启动或仍在运行 1：已成功完成任务
	STATUS	故障代码
	ERROR	是否出错：0 表示无错误，1 表示有错误

2）GET 指令。使用 GET 指令从远程 S7 CPU 中读取数据，读取数据时，远程 CPU 可处于 RUN 或 STOP 模式下。GET 指令输入/输出参数见表 8-7。

表 8-7　GET 指令的参数

LAD	输入/输出	说　明
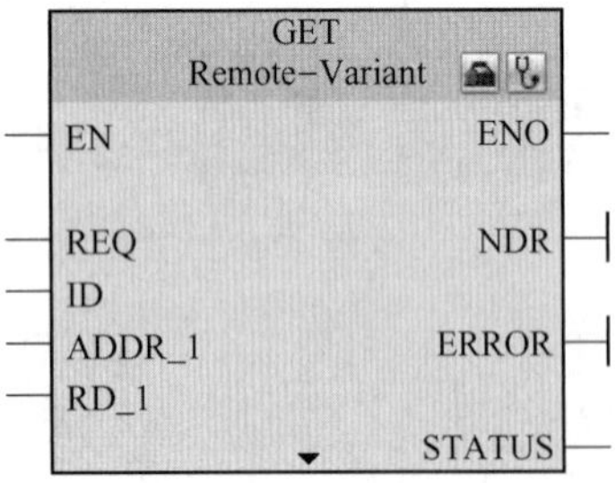	EN	使能
	REQ	上升沿启动发送操作
	ID	S7 连接号
	ADDR_1	指向接收方的地址的指针，该指针可指向任何存储区，需要 8 字节的结构
	RD_1	指向本地 CPU 中待发送数据的存储区
	STATUS	故障代码
	NDR	新数据就绪： 0：请求尚未启动或仍在运行 1：已成功完成任务
	ERROR	是否出错：0 表示无错误，1 表示有错误

（7）编写程序。客户端的 LAD 和 SCL 程序如图 8-41 所示，服务器无需编写程序，这种通信方式称为单边通信，而前述章节的以太网通信为双边通信。

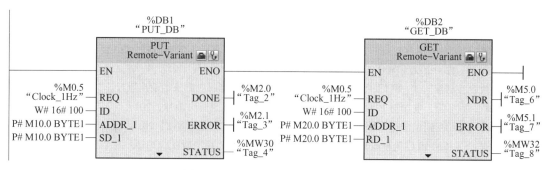

图 8-41 客户端的 LAD 和 SCL 程序

8-1 开放式用户通信有什么特点，指令 TSEND_C 和 TRCV_C 有什么优点？

8-2 简述开放式用户通信的组态和编程的过程。

8-3 UDP 协议通信有什么特点？

8-4 怎样建立 S7 连接？

8-5 客户机和服务器在 S7 通信中各有什么作用？

8-6 S7-1200 作 S7 通信的服务器时，在安全属性方面需要做什么设置？

参 考 文 献

[1] 郭利霞. 李正中. 电气控制与 PLC 应用技术 [M]. 重庆：重庆大学出版社，2014.

[2] 廖常初. S7-1200 PLC 编程及应用 [M]. 北京：机械工业出版社，2017.

[3] 连硕教育教材编写组. 西门子 PLC 精通案例教程 [M]. 北京：机械工业出版社，2009.

[4] 陈志新，宗学军. 电器与 PLC 控制技术 [M]. 北京：电子工业出版社，2019.

[5] 常晓玲. 电气控制系统与可编程控制器 [M]. 北京：机械工业出版社，2014.

[6] 刘长青. S7-1500 PLC 项目设计与实践 [M]. 北京：机械工业出版社，2016.

[7] 哈立德·卡梅尔（美）. PLC 工业控制 [M]. 朱永强，等译. 北京：机械工业出版社，2015.

[8] 廖常初. S7-1200/1500 PLC 应用技术 [M]. 北京：机械工业出版社，2015.

[9] 王淑芳. 电气控制与 S7-1200 PLC 应用技术 [M]. 北京：机械工业出版社，2018.

[10] 刘华波，马艳，等. 西门子 S7-1200 PLC 编程与应用 [M]. 北京：机械工业出版社，2020.

[11] 梁岩. 西门子自动化产品应用技术 [M]. 北京：机械工业出版社，2018.

[12] 姚晓宁. S7-1200 PLC 技术及应用 [M]. 北京：电子工业出版社，2018.

[13] 向晓汉. 西门子 S7-1200 PLC 学习手册 [M]. 北京：化学工业出版社，2020.

[14] 许翏，王淑英. 电气控制与 PLC 应用 [M]. 北京：机械工业出版社，2012.

[15] 郭利霞. 可编程控制器应用技术 [M] 北京：北京理工大学出版社，2009.